# 烟叶原料保障体系及
## 基地建设研究与实践

YANYE YUANLIAO BAOZHANG TIXI JI
JIDI JIANSHE YANJIU YU SHIJIAN

张一扬　李强　朱静娴◎著

吉林大学出版社
JILIN UNIVERSITY PRESS

**图书在版编目（CIP）数据**

烟叶原料保障体系及基地建设研究与实践 / 张一扬，李强，朱静娴著. —长春：吉林大学出版社，2018. 2

ISBN 978-7-5692-1795-7

Ⅰ. ①烟… Ⅱ. ①张… ②李… ③朱… Ⅲ. ①烟叶 - 原料 - 保障体系 - 研究 ②烟叶 - 原料 - 生产基地建设 - 研究 Ⅳ. ①TS42 ②F426.89

中国版本图书馆CIP数据核字（2018）第026920号

书　　名　烟叶原料保障体系及基地建设研究与实践
　　　　　YANYE YUANLIAO BAOZHANG TIXI JI JIDI JIANSHE YANJIU YU SHIJIAN

作　　者　张一扬　李　强　朱静娴　著
策划编辑　刘明明
责任编辑　高欣宇
责任校对　冯慧心
装帧设计　中尚图
出版发行　吉林大学出版社
社　　址　长春市人民大街4059号
邮政编码　130021
发行电话　0431-89580028/29/21
网　　址　http://www.jlup.com.cn
电子邮箱　jdcbs@jlu.edu.cn
印　　刷　北京盛彩捷印刷有限公司
开　　本　710mm × 1000mm　1/16
印　　张　19
字　　数　291千字
版　　次　2018年3月　第1版
印　　次　2018年3月　第1次
书　　号　ISBN 978-7-5692-1795-7
定　　价　59.00元

---

*Preface*

# 前言

围绕国家烟草专卖局提出的“532”和“461”的战略构想，实现原料供应基地化、烟叶品质特色化、生产方式现代化，增强卷烟品牌烟叶原料保障能力，优化基地烟叶市场资源配置，促进基地特色优质烟叶可持续发展，促进烟叶基地区域经济协调发展。通过项目研究，共同搭建品牌原料保障体系及基地区域经济协调发展机制研究与实践的合作平台。

本书对烟叶风格特征及质量特点进行评价指标体系和评价模型研究。采用多元统计方法，对获得数据进行分析，确定对烟叶风格特征起主要作用的成分和指标，并分析风格特征与生态条件的关系，构建特色优质烟叶质量风格特征评价指标体系。采取田间试验和数理统计相结合的方法，进而确立生态条件、烟叶质量与风格特色的关系。采用田间跟踪、地统计学和多元统计方法，一是对核心区进行跟踪生产技术、品种、烟株长相等栽培技术措施，对烟叶质量风格进行定性定量分析，建立核心区特色优质烟叶定向生产技术体系；二是通过基础地理信息数据，土壤、气象数据的空间化分布模型研究，以及土壤、气象空间分布数据推算，形成区域产能规划和分布布局，包括水平分布区域和立体分布范围。

本着政工商研四方共赢的原则，搭建了科研研发及工商研培训交流平台，建立健全了生产体系运行管理制度（项目考核评价制度、技术体系运行管理制度、项目年会制度、定向调拨制度），从而完成了卷烟品牌导向的基地烟叶原料保障体系运行模式。

本书撰写的目的是为我国烟叶原料保障体系和基地建设运行提出理论依据和可操作的案例，为烟叶生产和管理提供借鉴。本书在准备和写作过程中，得到了湖南省烟草公司长沙市公司、浙江中烟工业有限责任公司和宁乡县人民政府的大力支持和帮助，作者一并表示衷心的和诚挚的感谢。撰写和出版过程中得到了周冀衡教授的指导和支持，谨致谢忱！

本书前言、第一章、第二章、第三章、第四章由张一扬著（10万余字），第五章由李强著（5万余字），第六章由朱静娴著（3万余字）。由于作者水平有限，不妥之处在所难免，敬请读者批评指正。

作　者<br>2017年6月

Contents

# 目录

# 第一章 绪 论

“卷烟上水平”，烟叶原料是保障。烟叶资源是一种受总量、结构、产地约束的有限资源。要保障品牌导向的烟叶原料供应，必须以质量控制为核心，建立新型的、完善的工商研政关系，在政策制定、基地建立、制度建设等方面全方位开展相关工作，建立以工业卷烟品牌为导向的烟叶生产体系，形成完整的品牌原料保障体系。

烟叶生产体系建立是一项复杂的系统工程。一般意义的生产体系涉及生产的发展战略，生产流程、生产组织、环节控制、绩效管理、激励机制等方方面面。而烟叶生产体系的概念也遵循上述定义。任何体系都是由若干子体系构成，烟叶生产体系的构成也不例外，大的体系包括技术规范或标准、技术推广、生产服务、质量跟踪、管理考核评价、人才培养等。而生产管理和生产技术是最核心的内容。其目标就是实现烟叶生产的“特色、优质、高效、生态、安全”。烟叶原料的稳定供应是烟叶市场的核心竞争内容，体现在烟叶质量的竞争，归根到底是烟叶生产科技含量的竞争，而科技含量最终落脚在制定科学的生产体系。

对烟叶原料质量稳定性研究国外开展得比较早，并且很成熟。目前国际上一些跨国烟草集团都建立了比较完善、成熟的烟叶原料生产体系，实现原料的稳定供应。联一国际烟草公司作为全球领先的独立烟叶商之一，在世界的许多烟叶生长区域都处于领先位置，为全世界主要跨国卷烟企业包括奥驰亚集团、英美烟草公司、日本烟草国际有限公司等大烟草制造商提供挑选、采购、加工、存储并发运烟叶的全球性服务，联一国际致力于带给全球烟草供应链的价值是继续供应和维持严格的质量标准，生产客户所需要的烟草产品类型。为了满足客户未来的需求，联一国际通过把全球社会责任项目、良好的农业实践、农药残留测试和烟农跟踪项目，与种子开发科学和现代加工标准结合起来，从而提高未来产品的质量。菲莫和BAT公司在全球均建立稳定的烟叶原料生产基地，烟叶质量和数量具有很好的稳定性，同时对原料的采购实行一套完整的保障制度，从而使555及万宝路品牌卷烟在国际上一直保持稳步发展。

在生产技术体系建立方面，津巴布韦、美国、巴西、印度等国家在构建烟叶生产体系上进行了有益的探讨，都有各自不同的烟叶生产管理体系。

津巴布韦烟草生产和销售归口农业和农村发展部下属的烟草产业和营销属（TIMB）管理。合同种植已经成为当前津巴布韦烟叶生产主要模式，通过烟叶种植农场和烟草合作组织开展生产。烟叶公司及其烟草行业组织主要职能是进行烟叶生产、收购、加工和销售，烟叶种植农场和烟草协会是烟农自己组建的服务性组织，提供生产、科研、培训、技术推广、物资组织等服务。所有烟叶必须由津巴布韦烟草拍卖行出售，不得私下交易。

津巴布韦烟叶生产主要有以下几个特点：

（一）得天独厚的生态环境造就优良的烤烟品质。津巴布韦烤烟主要种植在海拔高度为1500米的平坡和丘陵区域，植烟土壤主要为质地较轻的砂土、壤砂土或砂壤土，土层深厚、土壤通透性能很好，pH值大多在4.0～5.3之间，良好的土壤物理结构有利于烟株前期根系下扎和后期肥力调控，使烟株前期能早发旺长、后期能及时脱肥落黄；同时津巴布韦的气候条件也非常适宜烤烟的生长发育和优良品质的形成，烤烟生长发育期内平均温度为21.2℃，昼夜温差较大，光照充足，雨水充沛且分布规律与烟株需水规律相吻合。

（二）高效运行的农场化种植模式。津巴布韦烟叶种植农场主要有三种形式，A1（0.4～5公顷）小型农场，A2（5～25公顷）中型农场和25公顷以上大型商业农场。津巴布韦土地改革以后，小型农场占据了主要地位，但大中型农场由于资金雄厚，生产经营管理水平高，生产规模较大，便于技术的推广与管理以及机械化程度的提高，烟叶生产整体水平较高，烟叶质量普遍较好，受到各国烟草公司的青睐。大中型农场主要聘用生产经验丰富并具有一定管理能力的农场经理对农场进行管理，长期雇用一些无土地的农民种植烟叶，并按生产环节细化用工，逐步将其培育成为农场专业技术工人。大中型农场除了种植烟叶外，还种植其他农作物，并进行畜禽的养殖，实行多种生产经营，增强了农场的生命力，实现农场经营可持续发展。

（三）集约化烘烤。津巴布韦大中型农场烤房大多为集中供热串（阶）式烤房，这类烤房至少为七间联体建设，首尾烤房热量通道闭环串联，相邻烤房之间建有循环串联热量传输通道，烘烤时，各烤房按次序上炕，热空气连续通过烤房，依次对各烤房烟叶进行烘烤，热量利用较为充分。集约化烘烤明显降低了烘烤成本，提高了烟叶烘烤质量和安全性，从而大幅增加了烘烤效益。

（四）主要生产技术环节实现机械化。津巴布韦烟叶生产普遍采用农场化生产组织形式，种植规模较大、集中度较高、地势较为平坦，便于整地、起垄、施肥、移栽、培土、植保、灌溉等主要生产环节实行机械化，从而提高劳动生产率，降低生产用工，实现减工降本和提质增效的目标。

（五）集中运输。津巴布韦农场在烟叶生产的烟用物资、鲜烟运输、原烟交售环节上均采用集中运输的方式，确保运输车辆在每次运输时均能饱和运输，这样不仅减少了运输车辆的使用频率和燃料损耗，避免了资源浪费，最大程度发挥了运输车辆效率，而且减少了生产成本，提高了种烟效益。

（六）确保成熟度，烟叶可用性好。津巴布韦烟叶田间分层落黄明显，采收成熟度较高，烤后烟叶闻香突出，外观表现成熟斑较多，在仓库堆积成熟充分，内在质量好。以上烟叶生产特点为津巴布韦烟叶原料提供了很好的保障。

美国的烟叶生产与流通有一套严格的调控体系，主要由烟叶生产配额制度、价格支持系统、烟叶储备协调公司三个方面构成。在美国烟叶生产与流通的调控运作模式中，政府是用生产配额形式严格控制烟叶生产总量；以最低保护价保证烟农收入；以拍卖形式体现市场竞争原则；以协调储备系统来调节丰歉，稳定烟叶市场供求关系，相辅相成、配套协调运作，构成了美国烟叶生产及流通宏观调控与市场机制相结合的独特模式。这种模式是保证美国烟叶生产总量稳定、品质不断提高的基础。但美国烟叶保护价定得过高的问题，近些年来越来越突出，严重削弱了美国烟叶国际市场上的竞争力，同时也使美国烟草制造商感到烟叶成本压力太大，这导致了近几年美国烟叶生产配额和生产总量的大幅下降，使美国这套烟叶生产配额——价格调控系统面临着巨大的困难和挑战。

巴西拥有很多著名的烟叶商，包括：Souza Cruz（SC）、菲莫、国际联一、大陆、Meridional、联合烟草公司、康年等。在巴西，种烟收益要高出水稻、黑豆、玉米等传统粮作物，因此烤烟产业发展迅速，烟叶生产采取一体化的烟叶种植模式，公司提供技术指导，供应烟用物资，为烟农提供季节性贷款，提供贴息和担保，承担原烟运往烟站的运费。烟农负责烟叶种植、采收、烘烤、分级、打包、植树造林。

巴西烟叶原料保障具有以下几个特点：

（一）种植布局实现规模化。巴西烟草规模化种植体现在两个方面：一方面，区域规模化；另一方面，生产规模化。烟草规模化种植的实施，使生产主体与资源优势得到了有机结合，种烟收益实现了最大化。

（二）生产过程实现生态化。巴西政府、烟草公司和烟农对农业生态环境保护、耕地用养结合的意识很强。一是鼓励烟农对耕地进行轮作，二是推广免耕或少耕法，三是大力倡导病虫害综合治理（IPM）。

（三）技术运用实现科学化。巴西烟草生产有一套先进技术和技术推广体系，在育苗上，全部采用漂浮育苗技术；在施肥上，一律采用测土配方施肥；此外，大田移栽、田间管理、采收与烘烤都有严格的操作规程（GAP），以保证烟草整体生产水平的不断提高。

（四）田间操作实现机械化。为了降低生产成本（主要人工费用），巴西在烟草生产上，注重作业机具的创新、研发和推广。

（五）组织模式实现社会化。一是发挥烟农协会的核心作用。巴西烟农协会是国际烟农协会的成员之一，是由烟农自发成立的社会性民间组织，目前已有90%的烟农入会。烟农协会代表烟农与烟草公司共同商定烟叶收购价格，协调解决烟农与烟草公司之间的烟叶等级争议和合同纠纷等；给烟农提供灾害保险，为遇到重大困难的烟农提供资金支持和帮助；向烟农提供优质廉价的物资供应等；进行烟草生产成本调查，协调烟农意见，代表烟农利益参与有关事务。二是发挥烟叶价格的杠杆作用。每年在烟叶收购价格谈判前，烟农协会、烟草贸易协会双方都要独立进行烟草生产成本调查，调查是按照规定的方法和程序进行的，测算出平均生产成本和平均边际利润，在此基础上，双方在政府的指导和监督下协商制定新的年度烟叶收购价格。三是发挥产购合同的约束作用。巴西各个烟草公司每年都根据国外烟叶市场需求和烟叶库存量，拟订下年生产计划，包括种植面积、产量指标、质量指标及生产技术，把任务分解到各个产区，然后再分别落实到农户，烟草公司直接与烟农签订产购合同，明确双方责任和义务，建立了紧密型的合作关系。

（六）公司服务实现全程化。巴西几大烟草公司之间既有合作，又有竞争，合作主要表现在协调统一烟叶收购价格和公共社会事务处理上，竞争主要表现在为烟农提供优质生产技术服务和廉价生产物资供应、烟叶加工与贮存技术、国际市场的推销能力三个方面。特别是对烟农的服务，各自发挥优势，打好服务品牌，在烟草生产期间，烟草公司为烟农提供全过程的物资供应、技术指导和信贷支持服务。

（七）保障机制实现多元化。巴西为了有相对稳定的种烟农户、相对稳定的种植规模，建立了较为完善的烟草生产保障体系，以解决烟农后顾之忧，除烟草公司在物资供应、资金信贷、无偿服务等方面外，巴西还健全了技术推广体系和社会保障体系。

印度是继中国和巴西之后的第三大烟草生产国，印度有着各种各样的农业环境，能够生产用于出口的各类农产品，为各种类型、质量和价格的产品提供一站式服务，生产的多样性使印度面向八十多个国家出口烟草。印度烟草委员会通过扩大服务支持烟叶生产。通过技术的提高提升印度烟草的产量和质量。烟草委员会采用中央烟草研究所和其他私立企业研究部门的研究成果，帮助烟农提高烟草质量。印度在生产中注重降低烟叶中生物化学成分残留以及其他有害物质，特别是在亚硝胺和重金属含量方面采取了积极的措施，而且在成本方面也有竞争优势。

与国外相比，我国卷烟品牌原料供应稳定性较差，产区烟叶质量、数量对重点品牌的支撑不足，国内烟叶产区较分散，相对集中、规模较大的产区较少，烟叶生产复杂系数较多。近年来，在“中式卷烟”纲要的指引下，我国烟叶基地的发展已开始从传统分散型向工商研共建型转变，并进而向战略伙伴型迈进，烟叶生产已不再是单纯的农业行为和商业行为，而卷烟工业也不再是单纯的采购行为和加工行为。在国家局“两个十多个”的战略构想下，随着烟草行业改革的不断深入推进和卷烟品牌整合的需求，卷烟工业对优质而稳定的烟叶原料需求更为迫切，更需要烟叶产区在订单农业和个性化需求方面提供强有力的支持。同时，烟叶生产也需要卷烟工业的深度介入、共同参与，从而获得更明确的原料生产方向，达到双方资源和信息的共享，使烟叶原料生产更符合卷烟品牌发展的实际需要。因此工商研三方在“中式卷烟”大旗下就如何建立更为紧密的原料和品牌协同发展机制，建立稳定的烟叶原料生产体系显得极为迫切。

我国的烟叶生产体系构建，经历了由单一技术的突破到技术的集成，由技术的集成上升到技术标准，由技术标准到生产体系的各个过程。单一技术方面，我国在烤烟新品种选育、育苗、平衡施肥、覆盖栽培、成熟采烤、调制加工等研究与推广上取得了丰硕的成果，并在实际生产中发挥了巨大的作用，产生了良好的效益。以“提高我国烟叶香气研究”和“提高我国烟叶成熟度研究”为代表的技术集成项目也为我国的烟叶生产提供了系统的技术支撑。“金三明”烟叶生产标准体系、“沂蒙山”烟叶生产标准体系等一系列标准体系的形成，以及全国烟草生产标准化基地建设等工作，对于引导烟叶生产、稳定和提高烟叶质量上意义重大。以QTP烟叶生产管理模式构建与实践，引发了行业对如何构建科学、先进、有效生产体系深层次的思考。烟叶生产体系在推动行业技术进步、提升管理水平、支撑中式卷烟发展等方面具有非常重要的作用。但是，存在的问题仍令人深思，我国由于特别的烟叶生产、研究与使用体制的现状，生产体系的建立存在环节上的缺失，商业公司往往侧重于一般意义的农业生产，比较重视烟农的增产增收和公司的商业效益，科研机构过于偏重理论和单一实用技术问题的解决，在结合卷烟工业公司的需要和商业公司的需求上深度不够，而工业公司更偏重卷烟品牌的开发、工艺与营销，缺乏对烟叶生产农产品生产特殊性的深度介入，各自为政，相互摩擦，致使我国的烟叶生产体系研究上往往存在综合系统性不强、缺乏基础数据支撑、研究和分析片面等问题。

2010年全国烟草工作会议上，明确提出原料保障上水平，是实现卷烟上水平的重要基础，以满足重点骨干品牌发展需求为导向，努力推动原料保障上水平。推动原料保障上水平，一是认真贯彻“主动参与、深度介入”方针，努力实现原料供应基地化。烟叶生产能否保持长期稳定发展，能否满足重点骨干品牌发展需要，关键在于按品牌需求组织生产。要优化布局。在加强总量控制、稳定规模前提下，根据品牌发展需要，优化烟叶生产布局。要与现代烟草农业建设紧密结合。二是高度重视提高质量，努力实现烟叶品质特色化。按照“发挥优势、挖掘潜力、填补空白、满足需求”的要求，充分发挥我国烟区生态环境优势，要加强特色优质烟叶基地建设，完善特色烟叶评价体系，充分发挥生态环境的基础作用，高度重视特色品种的关键作用，集成特色烟叶生产技术体系，认真抓好特色烟叶工业验证，提高特色烟叶技术创新水平。三是扎实推进现代烟草农业建设，努力实现生产方式现代化。发展现代烟草农业是全行业重大历史任务，是原料保障上水平的根本保证。坚持基础设施建设与整县推进现代烟草农业建设相结合，加强规划，严格标准，保证质量，综合配套，帮助和引导烟农建立管护长效机制，确保工程项目持续发挥作用，切实增强烟区综合生产能力和抗御自然灾害能力。创新形式，规模经营，建立烟叶生产的内生发展机制。建设现代烟草农业，既要重视硬件投入，更要重视生产组织形式创新，建立烟叶生产内生发展机制。坚持“统分结合、双层经营、专业合作”的工作方针，在地方党委政府领导下，尊重烟农主体地位，按照“依法、自愿、有偿”的原则，促进土地流转，发展种植专业户、家庭农场和专业合作社，形成与生产力水平、管理水平相适应的生产组织形式。明晰产权，专业合作，全面提高专业化服务水平。积极探索建立综合性专业合作社，解决烟农一家一户难以解决的问题，把烟农从技术难度高、劳动强度大的环节解放出来。专业服务合作社建立要体现烟农自愿入社、自主经营，建立自我发展机制，专业服务要覆盖生产各个环节。近年来烟草行业投入大量资金，形成了大批生产经营性资产。对这些资产要加强管理，明晰产权，量化到烟农。同时要健全服务价格与收益分配制度，尤其要通过合作社章程等形式，保持烟草公司话语权，主要是定价权，真正体现普惠制，保证烟农受益。

在这样的背景下，国家局围绕保障品牌烟叶原料需求这一核心问题，开展了一系列重大项目研究，从国际型优质烟叶生产到部分替代进口烟叶开发再到特色优质烟叶开发，一定程度上解决了工业企业烟叶需求矛盾问题。然而，国内烟叶市场仍旧满足不了大企业、大品牌发展需求，特别是国内重点骨干品牌始终无法摆脱对国外优质烟叶的依赖。深刻剖析其原因主要有以下四点：其一，工业企业对各烟叶产区生产的烟叶了解不透，品牌烟叶原料需求特点与产区烟叶风格特色无法实现对接，导致有限的烟叶调拨计划难以得到实用、好用的烟叶原料，工业企业按需调拨烟叶原料的目标无法得到实现。其二，面对优质烟叶供不应求的实际，商业企业对产区内烟叶特色只停留于大致了解层面，哪些区域所产烟叶可以用于哪些品牌，哪些区域优质烟叶可以进入哪些品牌主要配方，各品牌烟叶原料对品种、配套生产技术有哪些特殊要求，等等，都了解得不透、研究得不深，品牌烟叶原料供应的稳定性难以得到有效保障。其三，国内烟叶销售存在市场散乱、集中度不够、重点不突出的特点，部分调出的烟叶等级多、量少，结构性矛盾突出，给工业的加工使用带来一定的困难，并且随着参与烟叶买卖的市场主体逐渐减少，大配方对固定原料（区域、等级等）质和量的需求更加明显。加之烟叶农业生产的“质量”与烟叶工业使用的“质量”存在一定的认识差距，造成在烟叶生产中因对本地的烟叶质量的区域性特色了解不够，以致在烟叶的生产布局及生产技术上目标不明晰，生产上定位不准，不能为卷烟工业企业组织个性化生产。其四，在优质烟叶原料保障供应的系列重大项目实施过程中，科研院所作为技术支撑单位发挥了积极的作用，但如何与工商双方就原料供需的症结问题达成一致，从而围绕品牌烟叶需求展开技术研究，缺少的依旧是载体和平台。概括而言，因为没有一个工商研三方深度合作的有效载体和平台，三方无法围绕品牌烟叶原料需求这一核心问题展开深入研究，致使烟叶资源配置不尽合理、重点骨干品牌烟叶原料供需无法对接。

# 第二章　基地烟叶质量控制及配方模块研究

## 第一节　优质特色烟叶筛选及质量稳定控制技术体系的研发

特色烟叶作为中式卷烟原料，要求烟叶风格多样，特色突出；成分协调，质量稳定；部位、等级结构合理；安全性高。烟叶的特色是一种烟叶区别于其他烟叶的质量特征。这里所说的烟叶质量特征的区别，包括了烟叶的外观质量、物理特性、化学成分、安全性吸食品质等各个方面的区别。也包括了上述各方面隐含的而在加工过程中得以显现的特性的区别。这种区别可以是多方面的，也可以是某一个方面的甚至是某个方面一项或几项指标的区别。所有这些区别的特征，都要能满足工业的需要，为工业所接受，并且在卷烟配方中所利用。因此，烟叶的特色是烟叶质量中最重要的内容。从这个意义上说，烟叶风格特色定位的过程就是挖掘当地烟叶质量特色的过程。

烟叶风格特色的表述，多从两个方面进行。一是通过人体感觉器官所感知的定性的感官特征表述，二是通过物理和化学测定所得的定量数据的表述。前者主要用于吸食品质风格特征和外观质量特征的表述，后者主要用于物理特性和化学成分的表述以及用于说明吸食品质风格特色的物质基础。

烟叶质量特征指标的筛选是烟叶风格特色挖掘的一个重要方面，特色烟叶势必需要独有的、特色的评价体系，其中不仅需要能够表征当地烟叶质量风格特色的指标，尤其是针对烟叶的化学成分而言，更需要确定其具体的适宜范围或者指标要求。目前，常用的指标筛选方法主要包括客观筛选、主观筛选、主客观相结合的筛选，不管哪一种筛选方法，都是需要与数理统计方法和系统工程理论相结合；客观筛选是指从指标的相关性、指标结构等方面出发，采用主成分分析、相关分析、回归分析、变异系数等方法，筛选出的指标能够满足变异系数大、主成分分析变差最大即提供信息量大、相关系数大，能够进入回归方程即与因变量关系密切等条件，具有独立性等特点。主观筛选是指应用德尔菲、层次分析等方法，通过标度打分，确定相应指标的权重来筛选指标，具有全面性、代表性等特点。主客观相结合的筛选能够取客观筛选和主观筛选的优点，可首先采用客观筛选，后用主观筛选来对筛选结果进行补充或进一步筛除。

宁乡地处湘中偏北，以丘陵、岗地和平原为主，属中亚热带向北亚热带过渡的大陆性季风湿润气候区。四季分明，光照充足，热量丰富，雨水充沛，无霜期长。全县适宜烟叶栽培的面积占比耕地面积的44%左右，全县适宜烟叶生产的土壤主要有红壤和水稻土两大类，红壤有机质含量中等，土壤呈微酸性反应，耕作土壤的有效微量元素含量普遍高于自然土壤，适合于烟叶生长；水稻土氧化还原过程交替频繁，淋溶淀积作用明显，有机质积累和富盐基作用强烈，有机质含量平均为40.89g/kg，适应于烟稻轮作。该区具有发展优质烤烟生产的优越生态条件，宁乡烟叶年生产量已达到10000t，因其具有典型的浓香型风格，烟香浓馥沉溢，焦香明显，质感优良，已逐渐进入浙江中烟利群品牌的主料配方。挖掘宁乡烟叶特色对宁乡烟叶的持续发展具有重要意义，理清主要特征化学成分指标，建立质量控制体系是亟待解决的问题。

对于宁乡优质特色烟叶筛选及质量稳定控制技术体系的研发，采用如下思路：将感官总分作为因变量，将各常规化学成分作为自变量，采用简单线性相关分析和逐步回归分析，以与感官总分相关性达到显著或极显著水平、能够进入逐步回归方程为条件对指标进行筛选，形成指标体系；确定指标后，对每一单项化学成分进行分组，分为5～6组，计算每一组别感官总分，通过方差分析和多重比较，以显著性高于其他组别来确定某一指标的适宜范围。进而形成以宁乡烟叶感官质量为主导的指标体系及其对化学成分的基本要求。

## 一、材料与方法

### （一）材料

2011—2014年连续四年对宁乡县烟叶进行采集，所采烟叶样本等级和数量为：C3F106个，B2F104个。

## （二）方法

1．单料烟评吸方法

经过多年的工作实践，浙江中烟目前已经形成了4大项共13个指标的单料烟评吸指标体系及赋分方法，具体如表2-1所示：

表2-1 单料烟评吸方法

| 指标构成 | | 赋分方法 |
|---|---|---|
| 香气特性 | 香气质 | 好20、较好16、尚好12、稍好8、较差4 |
| | 香气量 | 充足18、较充足14、尚足11、稍有7、微有4 |
| | 透发性 | 透发6、较透发5、尚透发4、稍透发2、较沉闷1 |
| | 杂气 | 无8、微有7、稍有6、有4、较重2 |
| 烟气特性 | 细腻程度 | 细腻6、较细腻5、尚细腻4、稍细腻2、较粗糙1 |
| | 柔和程度 | 柔和6、较柔和5、尚柔和4、稍柔和2、较生硬1 |
| | 圆润感 | 圆润8、较圆润6、尚圆润5、稍圆润3、较毛糙2 |
| 口感特性 | 刺激性 | 无10、微有8、稍有6、有4、较大2 |
| | 干燥感 | 无8、弱7、稍有6、有4、较强2 |
| | 余味 | 纯净舒适10、较净较舒适8、尚净尚舒适6、稍净稍舒适4、欠净欠舒适2 |
| 风格特征 | 香型 | 明显、较明显、尚明显、稍明显、微显 |
| | 烟气浓度 | 清香型、中间香型、浓香型 |
| | 劲头 | 大、较大、稍大、中等、较小 |

2．代表性样品的选取方法

根据浙江中烟利群品牌对宁乡烟叶的风格质量定位，提出风格特征和品质特征各指标的具体要求（如表2-2）。其中，中部和上部烟叶感官评吸指标中香气质、杂气、干燥感、余味四项为限制性指标，即评吸过程中若该四项指标得分低于下限要求则相应等级烟叶不作为选择对象，结合工作实际，其他各指标均给出±1分的允差。

表2-2 宁乡烟叶感官质量评吸指标要求

| 部位 | | 上部叶 | 中部叶 |
|---|---|---|---|
| 香气特性 | 香气质 | ≥12 | ≥14 |
| | 香气量 | ≥11 | ≥13 |
| | 透发性 | ≥5 | ≥5 |
| | 杂气 | ≥5 | ≥6 |

（续表）

| 部位 | | 上部叶 | 中部叶 |
|---|---|---|---|
| 烟气特性 | 细腻度 | ≥4 | ≥5 |
| | 柔和度 | ≥4 | ≥5 |
| | 圆润感 | ≥5 | ≥6 |
| 口感特性 | 刺激性 | ≥6 | ≥8 |
| | 干燥感 | ≥5 | ≥6 |
| | 余味 | ≥6 | ≥8 |
| 风格特征 | 香型 | 浓香型 | 浓香型 |
| | 烟气浓度 | 中等至稍大 | 中等 |
| | 劲头 | 中等至稍大 | 中等 |

3．化学检测方法

化学成分指标包括总糖、还原糖、钾、氯、总氮、烟碱，均采用连续流动法进行检测，同时计算派生值；对各项评吸指标直接进行加和，以感官总分作为筛选依据。

4．统计方法

采用EXCEL、SPSS对数据进行整理和相关分析、逐步回归分析、方差分析和多重比较。

## 二、代表性样品的感官质量评价及其风格特征定位

根据前述代表性样品的选取方法，对所取烟叶样本共计210个（其中，C3F106个，B2F104个），分别进行感官评吸和赋分计算，最终确定能够代表宁乡烟叶质量特色的样品134个，其中，C3F67个，B2F67个。分别以C3F和B2F代表中部叶和上部叶，其感官质量表现的基本统计量如表2–3所示：

**表2–3 宁乡烟叶代表性样品的感官质量表现**

| 等级 | 上部叶 | | | | 中部叶 | | | |
|---|---|---|---|---|---|---|---|---|
| | 最小值 | 最大值 | 均值 | 相对极差 | 最小值 | 最大值 | 均值 | 相对极差 |
| 香气质 | 12.0 | 13.1 | 12.6 | 0.09 | 14.1 | 14.9 | 14.5 | 0.06 |
| 香气量 | 9.8 | 11.2 | 10.5 | 0.13 | 11.1 | 13.0 | 12.1 | 0.16 |
| 透发性 | 4.0 | 4.5 | 4.3 | 0.12 | 4.3 | 4.8 | 4.6 | 0.11 |

（续表）

| 等级 | 上部叶 | | | | 中部叶 | | | |
|---|---|---|---|---|---|---|---|---|
| | 最小值 | 最大值 | 均值 | 相对极差 | 最小值 | 最大值 | 均值 | 相对极差 |
| 杂气 | 5.0 | 5.5 | 5.3 | 0.10 | 6.0 | 6.4 | 6.2 | 0.06 |
| 细腻程度 | 3.7 | 4.2 | 4.0 | 0.13 | 3.9 | 4.5 | 4.2 | 0.14 |
| 柔和程度 | 3.4 | 4.2 | 3.8 | 0.21 | 3.9 | 4.5 | 4.2 | 0.14 |
| 圆润感 | 4.0 | 4.8 | 4.4 | 0.18 | 4.2 | 4.7 | 4.5 | 0.11 |
| 刺激性 | 4.0 | 4.4 | 4.2 | 0.10 | 4.4 | 4.8 | 4.6 | 0.09 |
| 干燥感 | 5.1 | 5.6 | 5.4 | 0.09 | 6.0 | 6.7 | 6.4 | 0.11 |
| 余味 | 6.0 | 6.5 | 6.3 | 0.08 | 8.1 | 8.7 | 8.4 | 0.07 |
| 感官总分 | 57.0 | 64.0 | 60.5 | 0.12 | 66.0 | 73.0 | 69.5 | 0.10 |

注：相对极差=（最大值-最小值）/均值

同时根据郑州院发布的《烤烟烟叶质量风格特色感官评价方法》对宁乡烟叶进行风格特色定位，该方法以香型评价为基础，以香韵评价为依据，以烟气及口感特征为补充，其风格特征指标包括香型、香韵、香气状态、烟气浓度和劲头。其中香型分为清香型、中间香型和浓香型；香韵分为干草香、清甜香、正甜香、焦甜香、清香、木香、豆香、坚果香、焦香、辛香、果香、药草香、花香、树脂香和酒香；香气状态分为沉溢、悬浮和飘逸。中部叶和上部叶的风格特色定位如图2-1和图2-2所示（图中显示的为各项指标67个样本的均值）：

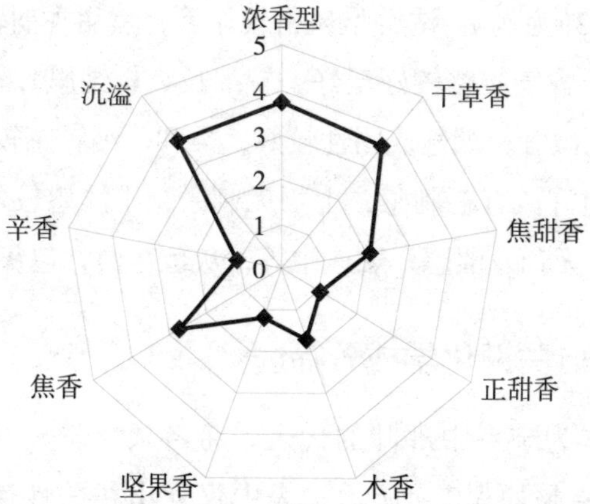


**图2-1　宁乡代表性上部叶样品的风格特色定位**

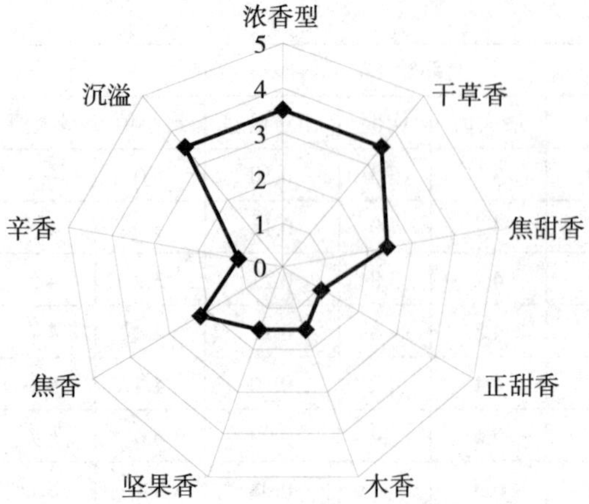


**图2-2 宁乡代表性中部叶样品的风格特色定位**

根据上述感官质量分析评价结果，并结合浙江中烟利群品牌原料质量要求，最终对宁乡烟叶的感官质量和风格特色定位提出如下具体要求：

上部叶（以B2F为例）：浓香型风格较显著，焦甜香韵尚明显至较明显，烟气浓度中等至稍大，劲头中等至稍大；香气质感尚好至较好，较细腻、较透发，香气量尚足至较充足，杂气微有至稍有；烟气成团性较好，尚柔和，尚细腻，圆润感尚好；刺激稍有，喉部允许微有毛刺感，上颚刺激较弱，干燥感稍有至弱，余味尚纯净舒适，口腔无明显残留，无苦、涩感；燃速中等，灰色灰白，包灰较紧、持灰较长。

中部叶（以C3F为例）：浓香型风格较显著，焦甜香韵较明显，烟气浓度中等，劲头中等；香气质感较好至好，较绵长、较细腻、较透发，香气量较充足至充足，杂气微有；烟气成团性较好，柔和、细腻感较好，圆润感较好；刺激微有，喉部允许微有毛刺感，上颚无刺激，干燥感较弱，余味较纯净舒适，口腔无残留，无苦、涩感；燃速中等，灰色灰白，包灰较紧、持灰较长。

## 三、宁乡烟叶关键化学成分筛选

以C3F等级作为宁乡中部叶的代表，将各项化学成分与评吸总分进行简单相关分析，结果如表2-4所示，表中仅列出相关性达到显著水平以上的指标：

**表2–4　中部叶化学成分与感官总分的简单相关分析**

| 烟碱 | 氯 | 总氮 | 糖氮比 | 糖碱比 | 氮碱比 |
|---|---|---|---|---|---|
| 0.436** | 0.244* | 0.325** | –0.397** | –0.527** | –0.254* |

注：*表示显著相关（$P<0.05$），**表示极显著相关（$P<0.01$）。

由表2–4可以看出，评吸总分与烟碱、总氮、糖氮比和糖碱比均达极显著水平，与氯、氮碱比均达显著水平，相关系数绝对值以糖碱比最高为0.527，说明对于宁乡C3F等级烟叶，就简单线性关系而言，评吸总分与糖碱比的关系最大。

同时，采用逐步回归分析方法建立多元线性回归方程。设置进入值为0.05，移出值为0.1，即：如果一个变量的$F$值的概率小于0.05，那么这个变量将被选入回归方程中；当变量的$F$值的概率大于设置的剔除值0.1，则该变量将从回归方程中被剔除。最后保留了糖碱比和总氮两个指标，得到逐步回归方程为：

$$Y（感官总分）=68.786-0.607X（糖碱比）+3.73X（总氮）$$

由模型系数表（如表2–5）可以看出，显著性水平均小于0.01，说明自变量对因变量影响效果极显著，存在极显著线性关系。

**表2–5　中部叶化学成分对感官总分的逐步回归模型系数**

| 模型 | 非标准化系数 | | 标准化系数 | *t* | *Sig.* |
|---|---|---|---|---|---|
| | 回归系数 | 标准误差 | 试用 | | |
| 常量 | 68.786 | 2.970 | | 23.156 | 0.000 |
| 糖碱比 | –0.607 | 0.120 | –0.507 | –5.058 | 0.000 |
| 总氮 | 3.730 | 1.290 | 0.290 | 2.892 | 0.005 |

模型的有效性是通过决定系数$R^2$和$F$检验进行判断的。对模型进行效果汇总：回归模型的决定系数$R^2$=0.361，调整后$R^2$=0.341，说明模型拟合度尚好。根据模型回归方程分解及$F$检验结果显示，回归方程的$F$统计量为$F$=18.086，系统自动检验的显著性水平小于0.001，因此可认为所建立的回归方程线性关系非常显著。

以B2F等级作为宁乡上部叶的代表，将各项化学成分与评吸总分进行简单相关分析，结果如表2-6所示，表中仅列出相关性达到显著水平以上的指标：

**表2-6 上部叶化学成分与感官总分的简单相关分析**

| 总糖 | 还原糖 | 烟碱 | 氯 | 糖碱比 | 氮碱比 | 钾氯比 |
|---|---|---|---|---|---|---|
| 0.304* | 0.313* | -0.907** | 0.295* | 0.782** | 0.771** | -0.289* |

注：*表示显著相关（$P<0.05$），**表示极显著相关（$P<0.01$）。

由表2-6可以看出，评吸总分与烟碱、糖氮比和糖碱比均达极显著水平，与总糖、还原糖、氯、钾氯比均达显著水平，相关系数绝对值以烟碱最高为0.907，说明对于宁乡B2F等级烟叶，就简单线性关系而言，评吸总分与烟碱的关系最大，为极显著负相关。

采用逐步回归分析方法建立多元线性回归方程。设置进入值为0.05，移出值为0.1，即：如果一个变量的$F$值的概率小于0.05，那么这个变量将被选入回归方程中；当变量的$F$值的概率大于设置的剔除值0.1，则该变量将从回归方程中被剔除。最后保留了糖碱比、氯和还原糖三个指标，得到逐步回归方程为：

$Y$（感官总分）=55.761+2.419$X$（糖碱比）+2.591$X$（氯）-0.559$X$（还原糖）

由模型系数表（如表2-7）可以看出，显著性水平均小于0.01，说明自变量对因变量影响效果极显著，存在极显著线性关系。

**表2-7 上部叶化学成分对感官总分的逐步回归模型系数**

| 模型 | 非标准化系数 | | 标准化系数 | $t$ | *Sig.* |
|---|---|---|---|---|---|
| | 回归系数 | 标准误差 | 试用 | | |
| 常量 | 55.761 | 0.577 | | 96.682 | 0.000 |
| 糖碱比 | 2.419 | 0.103 | 1.474 | 23.477 | 0.000 |
| 氯 | 2.591 | 0.752 | 0.128 | 3.444 | 0.001 |
| 还原糖 | -0.559 | 0.040 | -0.881 | -14.158 | 0.000 |

模型的有效性是通过决定系数$R^2$和$F$检验进行判断的。对模型进行效果汇总：回归模型的决定系数$R^2$=0.916，调整后$R^2$=0.912，说明模型拟合度较高，

能满足实际需求。根据模型回归方程分解及F检验结果显示，回归方程的F统计量为$F$=227.752，系统自动检验的显著性水平小于0.001，因此可认为所建立的回归方程线性关系非常显著。

简单相关分析仅从指标间的两两相关出发，逐步回归方程考虑多指标、多自变量间的关系，因此，需要结合化学成分与感官总分的简单相关分析和逐步回归分析，结果可得，宁乡中部叶和上部叶的关键化学指标，如表2-8所示：

表2-8　宁乡烟叶关键化学成分指标

| 等级 | 关键性化学成分指标 |
|---|---|
| 中部叶 | 烟碱、总氮、糖碱比 |
| 上部叶 | 烟碱、氯、还原糖、糖碱比、氮碱比 |

## 四、烟叶关键化学成分指标对感官质量的影响

分别将主要化学成分根据其数据关键和含量范围等距划分为5～6组（如表2-9、表2-10），计算各组样品的感官总分均值，并进行方差分析，以进一步探讨主要化学成分对宁乡中部叶和上部叶感官质量的影响规律，最终确定各关键化学成分指标的适宜范围。

表2-9　不同范围的关键化学成分中部叶感官总分的差异分析

| 指标 | 组别 | 1 | 2 | 3 | 4 | 5 | 6 |
|---|---|---|---|---|---|---|---|
| 烟碱 | 含量范围/% | ≤2.0 | 2.0～2.2 | 2.2～2.4 | 2.4～2.6 | >2.6 | |
| | 样品数量 | 5 | 17 | 17 | 15 | 13 | |
| | 感官总分 | 66.89d | 67.93cd | 69.62ab | 70.56a | 68.96bc | |
| 总氮 | 含量范围/% | ≤1.8 | 1.8～1.9 | 1.9～2.0 | 2.0～2.1 | >2.1 | |
| | 样品数量 | 10 | 15 | 14 | 15 | 13 | |
| | 感官总分 | 68.17b | 68.56b | 68.65b | 70.29a | 69.38ab | |
| 糖碱比 | 含量范围/% | ≤10 | 10.0～11.0 | 11.0～12.0 | 12.0～13.0 | 13.0～14.0 | >14.0 |
| | 样品数量 | 13 | 13 | 12 | 20 | 6 | 3 |
| | 感官总分 | 69.29ab | 70.44a | 70.37a | 68.20bc | 67.22cd | 66.41d |

注：同一行内字母不同表示5%显著差异。

从中部叶烟碱含量来看，当烟碱含量大于2.2%时，感官总分明显提升，但随着烟碱含量的逐步增加，感官总分增加不明显，当烟碱含量大于2.6%时，感官总分明显下降。因此，将中部叶烟碱含量的适宜范围确定为2.2%～2.6%。

从中部叶总氮含量来看，随着总氮含量的增加，感官总分呈现先增加后降低的趋势，在2.0%～2.1%时，感官总分最高，因此，将中部叶总氮含量的适宜范围确定为2.0%～2.1%。

从中部叶糖碱比来看，当糖碱比小于12时，随着糖碱比的增大，感官总分呈增加趋势，糖碱比为12左右时，感官总分出现拐点，同时考虑到第2组和第3组感官总分最高并且差异不显著，因此，将中部叶糖碱比的适宜范围确定为10～12。

**表2-10　不同范围的关键化学成分上部叶感官总分的差异分析**

| 指标 | 组别 | 1 | 2 | 3 | 4 | 5 | 6 |
|---|---|---|---|---|---|---|---|
| 烟碱 | 含量范围/% | ≤2.95 | 2.95～3.25 | 3.25～3.55 | 3.55～3.85 | >3.85 | |
| | 样品数量 | 3 | 16 | 15 | 15 | 18 | |
| | 感官总分 | 63.49a | 61.59b | 59.86c | 58.70d | 57.86e | |
| 氯 | 含量范围/% | ≤0.3 | 0.3～0.4 | 0.4～0.5 | >0.5 | | |
| | 样品数量 | 9 | 25 | 23 | 10 | | |
| | 感官总分 | 58.89b | 60.45a | 59.89ab | 59.35ab | | |
| 还原糖 | 含量范围/% | ≤18 | 18～20 | 20～22 | 22～24 | >24 | |
| | 样品数量 | 11 | 16 | 12 | 15 | 13 | |
| | 感官总分 | 58.73b | 59.70ab | 59.25ab | 60.57a | 59.75ab | |
| 糖碱比 | 含量范围/% | ≤5 | 5.0～6.0 | 6.0～7.0 | 7.0～8.0 | >8 | |
| | 样品数量 | 10 | 21 | 24 | 8 | 4 | |
| | 感官总分 | 57.97d | 58.61d | 60.10c | 61.32b | 63.07a | |
| 氮碱比 | 含量范围/% | ≤0.55 | 0.55～0.6 | 0.6～0.65 | 0.65～0.7 | 0.7～0.75 | >0.75 |
| | 样品数量 | 9 | 12 | 16 | 12 | 8 | 10 |
| | 感官总分 | 58.18c | 58.06c | 59.22b | 59.69b | 61.63a | 61.88a |

注：同一行内字母不同表示5%显著差异。

对于上部叶烟碱含量而言，随着烟碱含量的增加，感官总分显著降低，并且趋势明显，因此，上部叶烟碱适宜控制其上限，最高限量为2.95%。

对于上部叶氯含量而言，氯含量在0.3%左右时，出现明显拐点，当氯大于0.3%时，感官总分尽管差异不显著，但随着氯含量的增加，感官总分有下降趋势，因此，将上部叶氯含量适宜范围确定为0.3% ～0.4%。

对于上部叶还原糖含量而言，随着还原糖含量的增加，感官总分变化趋势不明显。但在小于22%时，感官总分总体呈增加趋势，在大于24%时则出现降低，因此，将上部叶还原糖含量的适宜范围确定为22% ～24%。

对于上部叶糖碱比而言，但糖碱比小于6时，感官总分虽有提升，但并不明显，当糖碱比大于6时，感官总分随着糖碱比的增大，呈明显增加趋势，因此，上部叶糖碱比适宜控制其下限，最低限量为8。

对于上部叶氮碱比而言，第1、2组、第3、4组、第5、6组间差异显著，但组内差异不显著，随着氮碱比的增加，感官总分呈上升趋势，因此，上部叶氮碱比适宜控制下限，最低限量为0.75。

## 五、宁乡烟叶关键化学成分指标和适宜范围

由简单相关和逐步回归的分析结果可知，对于特定的烟叶种植区，不同化学成分对其感官质量的贡献和影响是不同的，筛选关键指标建立合理的评价指标体系是特色挖掘的基础。

同时发现，化学成分与感官质量不是简单的线性关系，在烟叶质量评价和烟叶使用中，烟叶化学成分指标需保持在适宜范围内烟叶内在品质才较好。

由此可得，宁乡优质特色烟叶对化学成分指标项及其适宜范围的要求如表2–11所示：

表2–11　宁乡烟叶关键化学成分指标和适宜范围

| 部位 | 关键化学成分 | 适宜范围 |
|---|---|---|
| 中部叶 | 烟碱 | 2.2% ～2.6% |
| | 总氮 | 2.0% ～2.1% |
| | 糖碱比 | 10～12 |
| 上部叶 | 烟碱 | ≤2.95% |
| | 氯 | 0.3% ～0.4% |
| | 还原糖 | 22% ～24% |
| | 糖碱比 | >8 |
| | 氮碱比 | >0.75 |

## 第二节 上部烟叶可用性及在卷烟品牌应用的技术研究

由于上部烟叶具有烟碱高、烟气粗、杂气明显等品质特点，目前上部烟叶在行业工业企业一、二类烟草产品烟叶配方中很少使用或者使用比例很小。项目运用模块配方技术和新的研究标准来“激活长尾”，使得在传统配方中排在尾部中的上部烟叶能够在新规则中转到头部（如图2-3所示），依据“长尾理论”，创造商业价值，为企业增加效益，让企业真正跳出“红海”，转战“蓝海”。

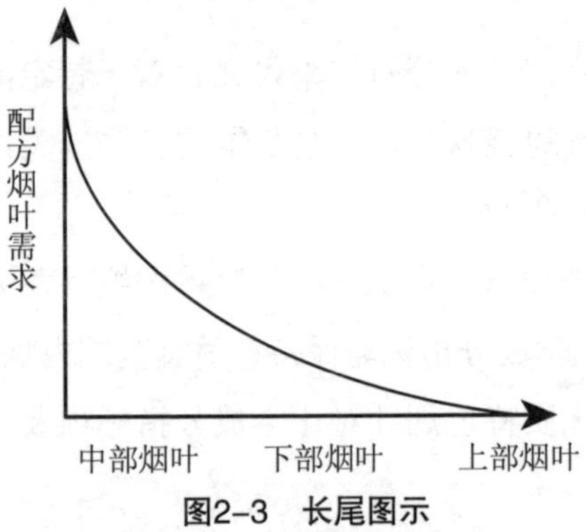


图2-3 长尾图示

1992年开始施行42级分级标准时，同等级的上部烟比中部烟价格低7.1%～22.7%，同等级的上部烟比中部烟价格仍低15.1%～23.0%，B1F的价格仍接近C3F，工业评价上部烟叶结构紧密、僵硬，刺激性大，杂气重，不适应一、二类烟草产品配方要求，而国外的上部烟叶结构疏松、柔软，杂气不多，香味浓度高，与国内上部烟叶有很大区别。说明国产上部烟成熟度不够，仍不受工业企业欢迎。鉴于此，国家局在2010年初启动了《提高上部烟叶可用性及在“大品牌”中应用的技术研究》项目，可以看出提高上部烟叶可用性已成为烟草行业方向性、战略性的重要研究课题。因国内烟草产品工业对上部烟叶的有效利用尚没有系统性的研究，尚没有成功的经验可借鉴，基于国外上部烟叶的可用性较高，该项目在实施过程中对美国、巴西等优质上部烟叶进行了深入的剖析，挖掘其外观质量和化学成分特性，帮助我们更好地筛选出宁乡产区可应用于利群品牌的上部烟等级。

## 一、材料与设备

### （一）材料

烟叶原料：为实现增加使用上部烟叶，经过叶组配方设计形成的配方小样及中试试验叶组配方中规定的烟叶原料。

卷烟辅料：本项目研究所涉及产品所使用的配套辅料。

### （二）设备

小样试验设备：实验室用小型切丝机，小型打烟器，全自动实验室打烟机，精密天平。

中试试验设备：制丝车间及卷包车间设备。

## 二、上部烟叶质量特性分析

以67个宁乡B2F等级烟叶为研究对象，其中2011年15个，2012年15个，2013年18个，2014年19个样品。由前述研究，以宁乡上部烟质量的关键性指标还原糖、烟碱、氯、糖碱比、氮碱比和感官总分为基础，采用方差分析和多重比较（如表2–12所示），对年度间烟叶质量变化情况进行分析。

**表2–12　宁乡B2F烟叶年度间关键性指标方差分析**

| 指标 | 统计量 | 平方和 | *df* | 均方 | *F*值 | 显著性 |
|---|---|---|---|---|---|---|
| 还原糖 | 组间 | 48.424 | 3 | 16.141 | 2.153 | .102 |
| | 组内 | 472.279 | 63 | 7.496 | | |
| | 总数 | 520.703 | 66 | | | |
| 烟碱 | 组间 | .842 | 3 | .281 | 2.262 | .090 |
| | 组内 | 7.819 | 63 | .124 | | |
| | 总数 | 8.661 | 66 | | | |

（续表）

| 指标 | 统计量 | 平方和 | *df* | 均方 | *F*值 | 显著性 |
|---|---|---|---|---|---|---|
| 氯 | 组间 | .018 | 3 | .006 | .766 | .517 |
| | 组内 | .496 | 63 | .008 | | |
| | 总数 | .514 | 66 | | | |
| 糖碱比 | 组间 | 11.847 | 3 | 3.949 | 3.764 | .015 |
| | 组内 | 66.099 | 63 | 1.049 | | |
| | 总数 | 77.946 | 66 | | | |
| 氮碱比 | 组间 | .015 | 3 | .005 | .683 | .566 |
| | 组内 | .465 | 63 | .007 | | |
| | 总数 | .480 | 66 | | | |
| 感官总分 | 组间 | 30.348 | 3 | 10.116 | 3.550 | .019 |
| | 组内 | 179.529 | 63 | 2.850 | | |
| | 总数 | 209.876 | 66 | | | |

方差分析结果表明，宁乡B2F烟叶的糖碱比、感官质量总分存在年度间的显著性差异。在此基础上，对4个年度间的烟叶关键性指标数据进行多重比较，结果见表2–13。

**表2–13　宁乡B2F烟叶年度间关键性指标多重比较结果**

| 年份 | 还原糖 | 烟碱 | 氯 | 糖碱比 | 氮碱比 | 感官总分 |
|---|---|---|---|---|---|---|
| 2011 | 19.71a | 3.66a | 0.38a | 5.44a | 0.63a | 58.70a |
| 2012 | 21.42ab | 3.60ab | 0.38a | 5.98ab | 0.63a | 59.35ab |
| 2013 | 21.63ab | 3.54ab | 0.42a | 6.18ab | 0.64a | 59.71ab |
| 2014 | 21.97b | 3.37b | 0.40a | 6.61b | 0.67a | 60.55b |

由表2–13多重比较的结果可知，宁乡B2F烟叶4年来，氯含量和氮碱比数据稳定，无显著差异。还原糖含量、烟碱含量、糖碱比、感官质量总分四个指标，2011年与2014年均存在显著差异。

对年度间上部烟叶存在差异的指标做趋势性分析，如图2–4所示。

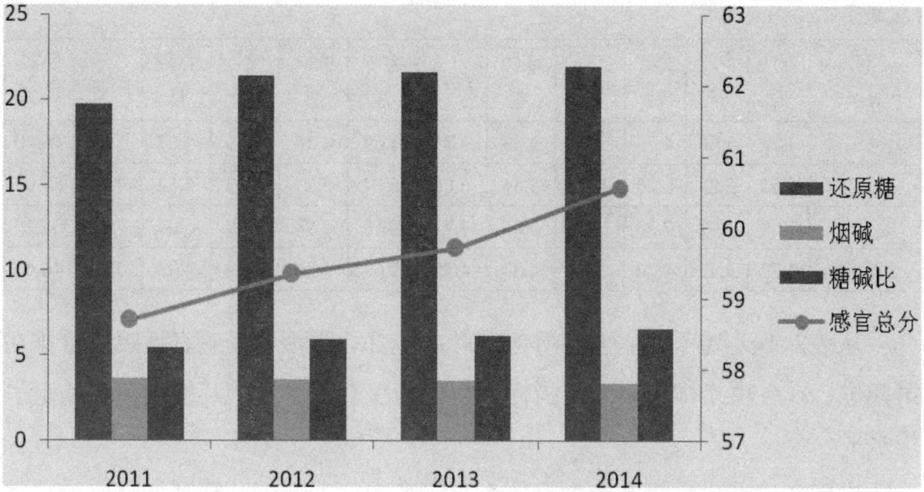


图2-4　宁乡B2F年度间化学与感官质量变化趋势分析

由图2-4结果可以看出，从2011年至2014年，宁乡B2F烟叶还原糖含量呈现逐年上升的趋势，烟碱含量呈逐年下降的趋势，化学成分改善的结果体现为糖碱比数值的逐年提高。上部烟叶的糖碱比适当得到提高，一方面可以丰富烟香的甜感、改善香气的甜度，另一方面协调了烟气的劲头、平衡了吃味强度。因此，从年度间的感官质量得分表现来看，逐年提高的趋势较为明显。

总体来说，宁乡上部烟叶香气质感中等、香气量较足、清晰度一般；烟气浓度较大、略显粗糙、柔和性中等；劲头稍大、喉部刺激稍明显、余味略欠舒适，总体配伍性中等水平，单独使用还不能满足利群品牌的原料质量要求。表2-14是宁乡产区不同等级烟叶感官质量分析结果。

表2-14　宁乡产区不同等级烟叶感官质量对比

| 烟叶等级 | 香气质 | 香气量 | 刺激性 | 余味 | 成团性 | 杂气 | 柔和性 | 圆润感 | 燃烧速度 | 燃烧性 | 灰色 | 总分 |
|---|---|---|---|---|---|---|---|---|---|---|---|---|
| 中部一类 | 7.08 | 7.02 | 7.20 | 6.69 | 6.55 | 7.41 | 7.17 | 5.98 | 6.21 | 5.72 | 7.32 | 69.25 |
| 中部二类 | 6.28 | 6.18 | 6.76 | 5.94 | 5.89 | 6.75 | 6.69 | 5.63 | 6.59 | 6.07 | 7.82 | 63.24 |
| 下部一类 | 5.86 | 5.73 | 6.96 | 6.94 | 5.39 | 6.25 | 8.15 | 5.33 | 6.59 | 6.07 | 7.82 | 63.37 |
| 下部二类 | 4.59 | 4.42 | 5.95 | 5.87 | 4.39 | 5.18 | 7.52 | 4.87 | 6.59 | 6.07 | 7.82 | 53.40 |
| 上部一类 | 5.36 | 6.23 | 5.76 | 4.94 | 5.89 | 5.75 | 5.69 | 4.83 | 5.59 | 5.07 | 6.82 | 55.81 |

（续表）

| 烟叶等级 | 香气质 | 香气量 | 刺激性 | 余味 | 成团性 | 杂气 | 柔和性 | 圆润感 | 燃烧速度 | 燃烧性 | 灰色 | 总分 |
|---|---|---|---|---|---|---|---|---|---|---|---|---|
| 上部二类 | 4.22 | 5.46 | 4.76 | 3.94 | 4.89 | 4.75 | 4.69 | 4.56 | 4.59 | 4.07 | 5.82 | 46.40 |
| 平均值 | 5.62 | 5.88 | 6.26 | 5.75 | 5.54 | 6.06 | 6.67 | 5.23 | 6.03 | 5.52 | 7.24 | 58.95 |
| 最大值 | 7.08 | 7.02 | 7.20 | 6.94 | 6.55 | 7.41 | 8.15 | 5.98 | 6.59 | 6.07 | 7.82 | 69.25 |
| 最小值 | 4.22 | 4.42 | 4.76 | 3.94 | 4.39 | 4.75 | 4.69 | 4.56 | 4.59 | 4.07 | 5.82 | 46.40 |

从表2-14不难看出，在各等级烟叶中上部一类烟叶的感官评吸质量排在第四位，在各项指标中，高于指标平均值的仅有香气量，其他指标均低于平均水平。

以宁乡中部上等烟叶作为参照，对宁乡中、上部烟叶感官评吸质量和常规化学成分两项指标进行方差分析，以进一步确定宁乡上部烟叶进入利群品牌卷烟配方中使用的限制性品质因素，以便针对性地指导叶组配方的设计和调整。当sig.<0.05时，指标间存在显著差异，结果见表2-15。

分析结果显示宁乡上部烟叶和中部烟叶存在显著差异的指标有：香气质、刺激性、余味、杂气、柔和性、燃烧性、烟气浓度、劲头、烟碱、总氮、糖氮比、糖碱比。根据差异性大小及叶组配方经验，确定宁乡上部烟叶利群品牌卷烟配方中使用的限制性指标为：香气质、劲头、杂气、烟碱、总氮，可协调性指标为烟气浓度、柔和性、刺激性、余味、燃烧性、糖碱比和糖氮比。

**表2-15 宁乡产区上部和中部烟叶各项指标差异性分析**

| 感官质量 | *F* | Sig. | 化学成分 | *F* | Sig. |
|---|---|---|---|---|---|
| 香气质 | 404.600 | 0.000 | 劲头 | 3.500 | 0.045 |
| 香气量 | 4.038 | 0.062 | 总糖 | 4.360 | 0.059 |
| 刺激性 | 59.586 | 0.000 | 还原糖 | 4.657 | 0.052 |
| 余味 | 30.682 | 0.000 | 烟碱 | 11.980 | 0.004 |
| 成团性 | 1.705 | 0.216 | 含氯量 | 0.035 | 0.856 |
| 杂气 | 22.590 | 0.000 | 含钾量 | 0.265 | 0.616 |
| 柔和性 | 17.053 | 0.001 | 总氮 | 37.315 | 0.000 |
| 燃烧速度 | 0.273 | 0.611 | 硝酸盐 | 0.923 | 0.356 |
| 燃烧性 | 1.375 | 0.031 | 两糖比 | 0.000 | 1.000 |

（续表）

| 感官质量 | *F* | Sig. | 化学成分 | *F* | Sig. |
|---|---|---|---|---|---|
| 灰色 | 0.158 | 0.698 | 糖氮比 | 14.893 | 0.002 |
| 香型 | 0.399 | 0.539 | 糖碱比 | 10.991 | 0.006 |
| 烟气浓度 | 10.770 | 0.021 | 氮碱比 | 3.093 | 0.104 |

## 三、上部烟配方模块技术研究

由上述分析结果可以确定使用宁乡上部烟叶一对一的替代中部烟叶进入利群卷烟配方是不可行的，考虑对宁乡上部烟叶进行原烟模块化配方处理，即优选综合品质较好的上部烟叶作为模块主体，在配方模块中使用一定比例的中部和下部烟叶来弥补改善上部烟叶固有的香吃味指标缺陷。

根据“填表法”的适用对象是目标对象不明确，且与目标对象相似指数$y \in [80, 90)$情况下，通过所建立的配方模块中各烟叶之间的配伍性，进行模块设计。在表2-16的基础上，选择两种或多种烟叶形成上部烟模块配方后与利群品牌在用的宁乡中部主料烟模块进行相似性对比分析。

**表2-16　上部烟叶模块配方设计**

| 配伍性 | 上部烟叶 | 烟叶1 | 烟叶2 | 烟叶3 |
|---|---|---|---|---|
| 上部烟叶 | | 9.13 | 8.45 | 8.39 |
| 烟叶1 | 9.13 | | 9.41 | 9.21 |
| 烟叶2 | 8.45 | 9.41 | | 9.10 |
| 烟叶3 | 8.39 | 9.21 | 9.10 | |

依据以配伍性达到9分以上的烟叶进行模块配方组配，进行试验。根据试验结果得出的最优模块与利群品牌卷烟配方在用的目标中部模块进行相似对比分析，详见表2-17。

**表2-17　中部和上部模块可替代指数分析**

| | 物理指标相似指数 | 化学指标相似指数 | 感官质量相似指数 | 总分 | 使用效率指数 |
|---|---|---|---|---|---|
| 模块Ⅰ（上部烟模块） | 90.11 | 89.29 | 90.45 | 90.06 | 1.303 |
| 模块Ⅱ（不含上部烟） | | | | 90.09 | 1.307 |

从表2-17可知，模块Ⅰ与模块Ⅱ的可替代指数均达到90分以上，可以实现模块配方替代，从总分和使用效率指数上看，模块Ⅱ略高于模块Ⅰ配方，结合利群品牌对宁乡产区原料质量要求，综合应用卷烟叶组配方调控技术，决定选择模块Ⅰ替代模块Ⅱ进行利群卷烟配方工业验证。

## 四、宁乡上部烟叶工业应用研究

### （一）叶组配方设计

2013年9月，根据宁乡上部烟模块的质量水平，结合利群品牌产品风格质量特点选择利群（老版）、利群（8mg新版）两个规格产品作为目标进行叶组配方设计试验。利群（老版）产品进行了4轮25次叶组配方试验，通过感官评吸在25个叶组配方试验样品中筛选，最终确定叶组配方。利群（8mg新版）产品总计进行了3轮17次叶组配方试验，通过感官评吸在17个叶组配方试验样品中选取1个，最终确定叶组配方。

### （二）叶组配方中试过程及应用情况分析

2013年10月进行宁乡上部烟模块应用于利群（老版）、利群（8mg新版）产品第一次中试试验，技术中心组织产品试验样品质量评价及结果鉴定。根据鉴定意见，项目组决定进行下一轮优化叶组设计。2013年10月进行利群（老版）类、利群（8mg新版）产品第二次中试试验，在第一次中试试验的基础上，优化叶组配方，通过评审鉴定，最终确定叶组配方。

2013年10月，利群（老版）类、利群（8mg新版）产品使用宁乡上部烟模块的叶组配方标准发布实施。从浙江中烟质检站卷烟内在质量监督检验报告表明，2013年11月至2014年5月利群（老版）、利群（8mg新版）产品均符合原产品设计要求和卷烟国标要求，且宁乡上部烟模块应用后两个产品的7项有害成分含量（即危害性指数）没有增加。产品烟气检测结果见表2-18、表2-19，月度内在质量检验见表2-20、和表2-21，危害性指数检测数据见表2-22，两个产品的内在质量方面没有发生过市场投诉。

表2-18　利群（老版）产品主要烟气指标数据

| 样品牌号 | 平均重量（g） | 平均吸阻（Pa） | 抽吸口数（口/支） | 焦油量（mg） | 烟气烟碱量（mg） | 一氧化碳实测量（mg） |
|---|---|---|---|---|---|---|
| 利群（老版）（原配方样品）2013年5月 | 0.90 | 1117 | 6.8 | 12.2 | 1.10 | 11.0 |
| 利群（老版）（原配方样品）2013年6月 | 0.89 | 1107 | 6.8 | 11.6 | 1.05 | 10.6 |
| 利群（老版）（原配方样品）2013年7月 | 0.90 | 1117 | 6.8 | 12.0 | 1.13 | 10.1 |
| 利群（老版）（原配方样品）2013年8月 | 0.90 | 1117 | 7.1 | 11.8 | 1.15 | 11.0 |
| 利群（老版）（原配方样品）2013年9月 | 0.90 | 1137 | 6.8 | 11.6 | 1.09 | 10.2 |
| 利群（老版）（原配方样品）2013年10月 | 0.91 | 1147 | 7.0 | 12.0 | 1.13 | 10.3 |
| 利群（老版）（原配方样品）5—10月平均值 | 0.90 | 1123.67 | 6.88 | 11.87 | 1.11 | 10.53 |
| 利群（老版）（替代配方样品）2013年11月 | 0.90 | 1137 | 6.9 | 12.0 | 1.08 | 10.7 |
| 利群（老版）（替代配方样品）2013年12月 | 0.90 | 1147 | 6.9 | 12.0 | 1.06 | 10.4 |
| 利群（老版）（替代配方样品）2014年1月 | 0.88 | 1127 | 6.9 | 12.1 | 1.10 | 10.9 |
| 利群（老版）（替代配方样品）2014年2月 | 0.90 | 1156 | 6.8 | 12.2 | 1.14 | 11.0 |
| 利群（老版）（替代配方样品）2014年3月 | 0.89 | 1098 | 6.7 | 11.6 | 1.10 | 10.2 |
| 利群（老版）（替代配方样品）2014年4月 | 0.90 | 1117 | 6.8 | 12.2 | 1.10 | 11.0 |
| 利群（老版）（替代配方样品）实施后平均值 | 0.90 | 1130.33 | 6.83 | 12.02 | 1.10 | 10.70 |

表2-19　利群（8mg新版）产品主要烟气指标数据

| 样品牌号 | 平均重量（g） | 平均吸阻（Pa） | 抽吸口数（口/支） | 焦油量（mg） | 烟气烟碱量（mg） | 一氧化碳实测量（mg） |
|---|---|---|---|---|---|---|
| 利群（8mg新版）（原配方样品）2013年9月 | 0.93 | 785 | 7.0 | 7.0 | 0.71 | 9.4 |
| 利群（8mg新版）（原配方样品）2013年10月 | 0.89 | 775 | 6.4 | 6.7 | 0.66 | 9.5 |
| 利群（8mg新版）（原配方样品）2013年11月 | 0.90 | 735 | 6.5 | 7.0 | 0.68 | 9.9 |
| 利群（新版8mg）（原配方样品）9—11月平均值 | 0.91 | 765 | 6.6 | 6.9 | 0.68 | 9.6 |
| 利群（8mg新版）（替代配方样品）2013年12月 | 0.91 | 804 | 6.5 | 7.2 | 0.69 | 9.6 |
| 利群（8mg新版）（替代配方样品）2014年1月 | 0.91 | 794 | 6.3 | 7.5 | 0.73 | 10.3 |
| 利群（8mg新版）（替代配方样品）2014年2月 | 0.90 | 775 | 6.4 | 7.0 | 0.73 | 9.8 |
| 利群（8mg新版）（替代配方样品）2014年3月 | 0.89 | 775 | 6.4 | 6.6 | 0.66 | 9.7 |
| 利群（8mg新版）（替代配方样品）2014年4月 | 0.91 | 824 | 6.6 | 7.0 | 0.67 | 10.7 |

（续表）

| 样品牌号 | 平均重量（g） | 平均吸阻（Pa） | 抽吸口数（口/支） | 焦油量（mg） | 烟气烟碱量（mg） | 一氧化碳实测量（mg） |
|---|---|---|---|---|---|---|
| 利群（8mg新版）（替代配方样品）2014年5月 | 0.90 | 814 | 6.2 | 7.1 | 0.67 | 10.1 |
| 利群（新版8mg）（替代配方样品）实施后平均值 | 0.90 | 797.67 | 6.40 | 7.07 | 0.69 | 10.03 |

**表2-20　利群（老版）产品内在质量得分**

| 生产时间 | 利群（老版）内在质量得分 |
|---|---|
| 2013年5月 | 87.90 |
| 2013年6月 | 88.10 |
| 2013年7月 | 88.50 |
| 2013年8月 | 88.70 |
| 2013年9月 | 88.20 |
| 2013年10月 | 88.30 |
| 2013年11月 | 88.30 |
| 2013年12月 | 88.50 |
| 2014年1月 | 88.30 |
| 2014年2月 | 88.20 |
| 2014年3月 | 88.20 |
| 2014年4月 | 88.10 |
| 原配方样品平均分 | 88.28 |
| 替代配方样品平均分 | 88.27 |

**表2-21　利群（8mg新版）产品内在质量得分**

| 生产时间 | 利群（8mg新版）内在质量得分 |
|---|---|
| 2013年9月 | 88.10 |
| 2013年10月 | 88.30 |
| 2013年11月 | 88.40 |
| 2013年12月 | 89.90 |
| 2014年1月 | 87.80 |
| 2014年2月 | 88.00 |

（续表）

| 生产时间 | 利群（8mg新版）内在质量得分 |
| --- | --- |
| 2014年3月 | 88.00 |
| 2014年4月 | 87.80 |
| 原配方样品平均分 | 88.10 |
| 替代配方样品平均分 | 88.00 |

表2-22　替代配方应用后卷烟产品危害性指数检测

| 项目 | CO（mg/cig） | HCN（μg/cig） | NNK（ng/cig） | 氨 μg/cig | 苯并［a］芘 ng/cig | 苯酚 μg/cig | 巴豆醛 μg/cig | 危害指数 |
| --- | --- | --- | --- | --- | --- | --- | --- | --- |
| 利群（老版）应用前 | 11.40 | 105.83 | 3.44 | 10.57 | 11.98 | 15.19 | 19.84 | 9.28 |
| 利群（老版）应用后 | 11.30 | 101.98 | 3.36 | 9.86 | 14.10 | 15.56 | 18.08 | 9.26 |
| 利群（8mg新版）应用前 | 10.60 | 74.91 | 3.28 | 6.29 | 9.16 | 11.25 | 11.87 | 6.79 |
| 利群（8mg新版）应用后 | 9.90 | 65.98 | 3.66 | 5.99 | 8.17 | 10.69 | 9.81 | 6.35 |

## 第三节　以“利群”品牌需求为导向的配方模块研究

原烟配方打叶就是打破原有国标等级界限，按卷烟产品配方需求，将不同等级、相同或不同产区的原烟按一定比例均匀掺配在一起进行打叶复烤，形成一个质量稳定的片烟模块，以供卷烟配方使用。配方模块打叶形成的片烟等级具有较大的数量，稳定的化学成分、感官质量和外观质量，为卷烟工业企业产品风格和品质的稳定提供了强有力的支撑。

由于利群品牌产品配方“突出烟草本香、轻加香轻加料”，我们在用料时特别重视烟叶的配伍性，目前湖南烟叶在利群中使用的主要是中部上等烟。中部中等烟存在香气质感偏低，杂气较明显等问题，上部、下部烟在杂气和口感这两方面存在一定的适配度问题，都较难在利群中使用。而本公司以利群品牌为主的一、二类卷烟比重很大（超过50%，行业平均值约为20%），因此，几乎要1担原烟才能生产1箱卷烟。但本公司的卷烟结构对烟叶配置的客观要求跟不上行业按0.9系数统配的配置方式。本公司的部量计划本身不足，对湖南的计划量有限，但是对优质湖南烟叶需求量较大；按照传统的打叶方式进行单等级打叶会产生了利群产品原料需求与湖南宁乡优质烟叶供给不匹配以及湖南宁乡部分烟叶质量与利群原料需求不不匹配的问题。

浙江中烟自2008年就开始实行配方打叶，作为一个烟叶资源相对紧缺的工业，实行的配方打叶对利群品牌的发展起到较大的作用。我公司实施“规模化稳定保障、精细化纵深挖潜、广域化配方拓展”的原烟配方加工工作思路，采用纵向、横向、交互原烟配方设计理念，不仅提高片烟规模保障能力，更重要的是提高了各等级原烟的综合质量和利用率，有效提升对“利群”品牌原料的支撑度。

因而开展以利群品牌需求为导向的宁乡烟叶配方模块研究，拓展了湖南宁乡烟叶在利群品牌中的可用等级，加强了湖南宁乡烟叶利群品牌原料的供应能力，稳定的化学成分、感官质量和外观质量，提高湖南宁乡烟叶在利群品牌中的可用性，对促进湖南宁乡烟叶生产健康发展及“利群”品牌的健康发展有着重要的意义。

## 一、利群品牌原料需求特点

“利群”品牌以“平和”为核心价值风格特点，其“清淡、醇和”的吸味风格，秉持绿色、原生、本味的制烟理念，“利群”品牌彰显烟草主体香气、轻加香加料，突出烟草本香，坚持产品品质与风格长期稳定。近几年，利群品牌产品在秉承原有风格特征的基础上，突出“舒适感、轻松感、满足感”，形成“平和从容、轻松满足”的吸食特征。

### （一）利群品牌叶组配方风格指标体系化学物质基础特征指标范围

浙江中烟对通过对利群品牌各主要规格产品的叶组配方样品进行化学物质检测，并进行利群品牌卷烟叶组配方风格形成的化学物质基础特征指标进行含量分析，应用数理统计的方法，以利群品牌各规格实测值平均值为中心值，以1.68 $\sigma$ 作为允差的控制范围，确定各项指标的范围。具体如表2-23所示：

表2-23　利群品牌叶组配方风格指标体系化学物质基础特征指标范围

| 二级指标层 | 一级指标层 | $\bar{x}$−1.68σ | $\bar{x}$+1.68σ |
|---|---|---|---|
| 常规化学成分 | 总糖（%） | 21.913 | 26.518 |
| | 还原糖（%） | 20.510 | 24.970 |
| | 糖碱比 | 9.617 | 13.467 |
| | 糖氮比 | 8.586 | 12.131 |
| | 挥发酸（%） | 0.090 | 0.151 |
| | 石油醚提取物总量（%） | 4.141 | 4.681 |
| 有机酸 | 苹果酸（mg/g） | 42.075 | 50.671 |
| | 草酸（mg/g） | 9.687 | 11.668 |
| | 柠檬酸（mg/g） | 5.987 | 7.101 |
| | 棕榈酸（mg/g） | 1.849 | 2.131 |
| | 硬脂酸（mg/g） | 0.505 | 0.613 |
| | 有机酸总量（mg/g） | 66.244 | 76.338 |
| 中性致香成分 | β-大马酮（μg/g） | 17.895 | 23.804 |
| | β-紫罗兰酮（μg/g） | 1.655 | 1.866 |
| | 茄酮（μg/g） | 50.336 | 66.909 |
| | 巨豆三烯酮（μg/g） | 32.840 | 44.728 |
| | 二氢猕猴桃内酯（μg/g） | 6.233 | 8.204 |
| | 香叶基丙酮（μg/g） | 0.822 | 2.371 |
| | 苯甲醛（μg/g） | 0.463 | 0.612 |
| | 吡咯（μg/g） | 0.037 | 0.053 |
| | 中性致香总量（μg/g） | 155.321 | 184.155 |
| 多酚 | 新绿原酸（mg/g） | 1.636 | 1.906 |
| | 绿原酸（mg/g） | 10.344 | 11.534 |
| | 4-*O*-咖啡基奎尼酸（mg/g） | 2.441 | 2.753 |
| | 多酚总量（mg/g） | 22.167 | 26.589 |
| 淀粉（%） | | 3.656 | 4.306 |
| 氨基酸 | 苯丙氨酸（mg/g） | 0.294 | 0.612 |
| 顶空化学成分总量（μg/g） | | 16.344 | 19.249 |
| 烟气pH值 | | 5.510 | 5.619 |

### （二）利群品牌叶组配方利群品牌卷烟香味轮廓法感官评价

根据中式卷烟风格感官评价方法（香味轮廓分析法），通过企业9名专家对利群9个规格的产品反复评吸验证。评吸指标具体方式如表2-24所示。

表2-24 中式卷烟风格感官评价方法卷烟风格特征感官评价指标

| | | |
|---|---|---|
| 品质特征 | 舒适感特征（10分） | 口腔刺激、口腔残留、收敛、喉部刺激、喉部干燥、鼻腔刺激 |
| | 烟气特征（10分） | 香气、丰富性、细腻柔和、杂气、烟气浓度、劲头 |
| 风格特征 | 品味风格（5分） | 甜味、酸味、苦味、凉味 |
| | 香气风格评吸（10分） | 烤烟烟香、晾晒烟烟香、清香、果香、辛香、木香、清滋香、花香、药草香、豆香、可可香、奶香、膏香、烘焙香、甜香 |

利群品牌叶组配方的舒适感特征、烟气特征、口味风格、香气风格（评吸）分析结果如下：

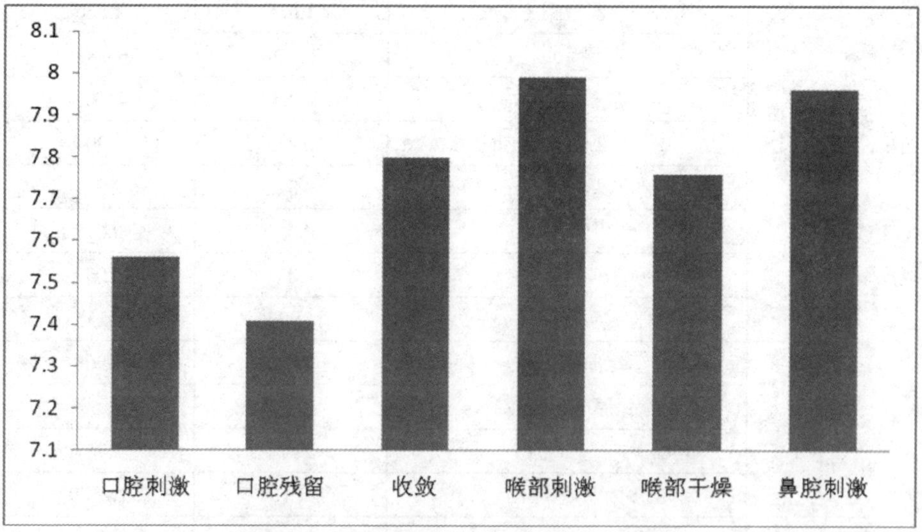


图2-5 利群品牌叶组配方舒适感特征

从图2-5中可以看出，利群品牌叶组配方舒适感特征总体得分较高，平均分均超过了7.3分。其中，喉部刺激、鼻腔刺激两项舒适感得分最高。同时存在口腔似有残留等口感问题。

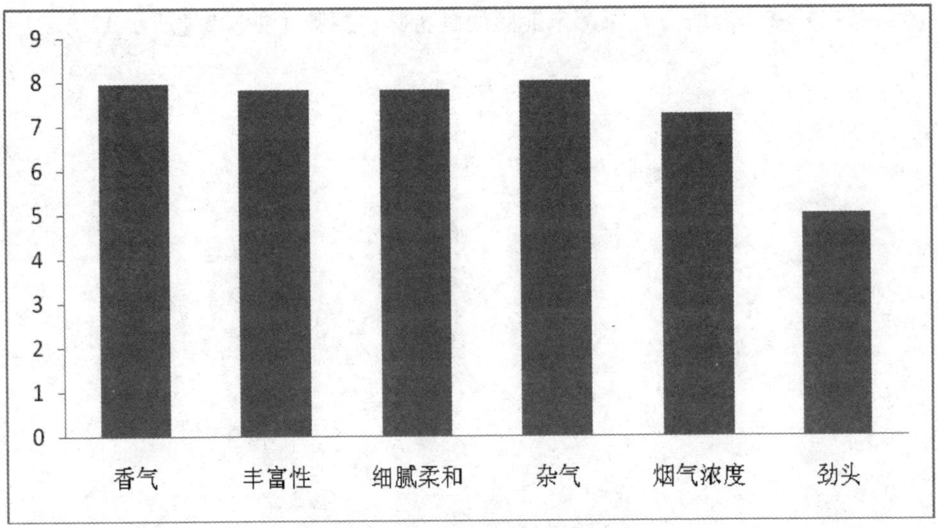


图2–6　利群品牌叶组配方烟气特征

由图2–6可得，利群品牌叶组配方烟的烟气特征表现出烟香细腻柔和、圆润感好，烟香丰富，似无杂气，劲头适中，烟气浓度中略偏大，在保证一定的满足感的同时，能够赋予优美细柔的香气体验。

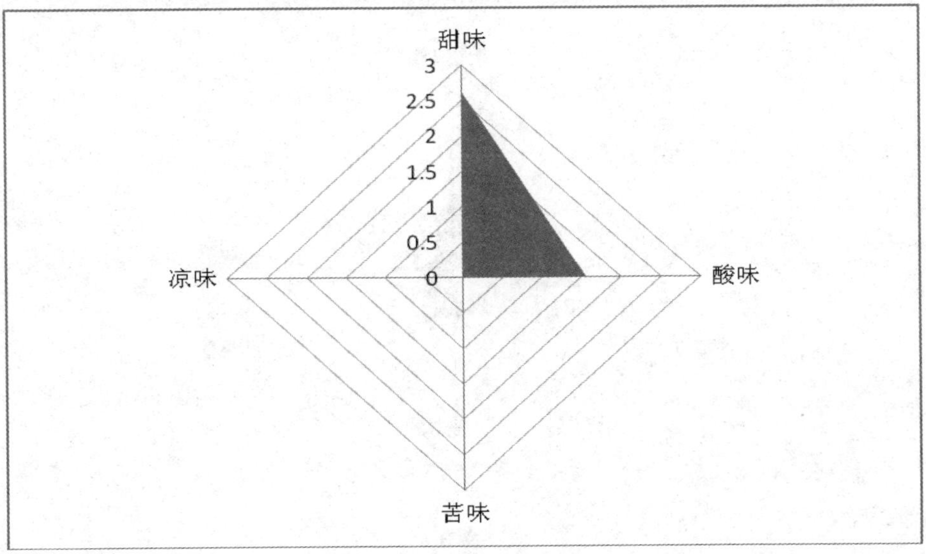


图2–7　利群品牌口味风格

利群品牌叶组配方烟的口味风格轮廓图中（如图2–7），感受最强的是甜味，其次是酸味。所有专家都未能感受到苦味、凉味（如图2-8所示）。

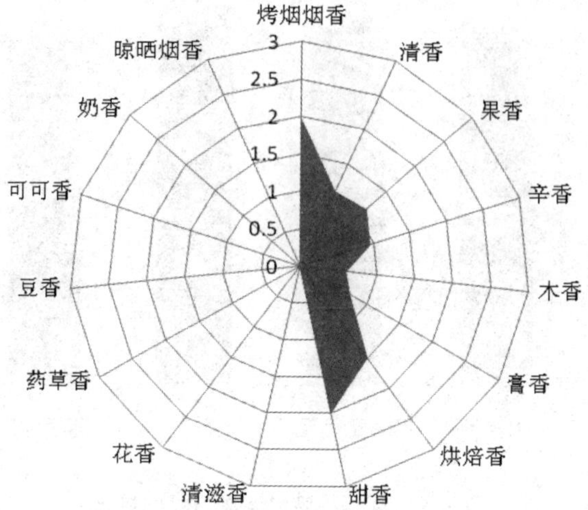


**图2-8　利群品牌叶组配方香味特征（嗅香）**

利群品牌叶组配方的嗅香的香气特征：以烤烟烟香为主体香韵，还辅以一定的果香、清香、甜香和烘焙香，并可感受到一定的辛香、木香和膏香。香韵丰富、柔雅飘逸、恬净舒适（如图2-9所示）。

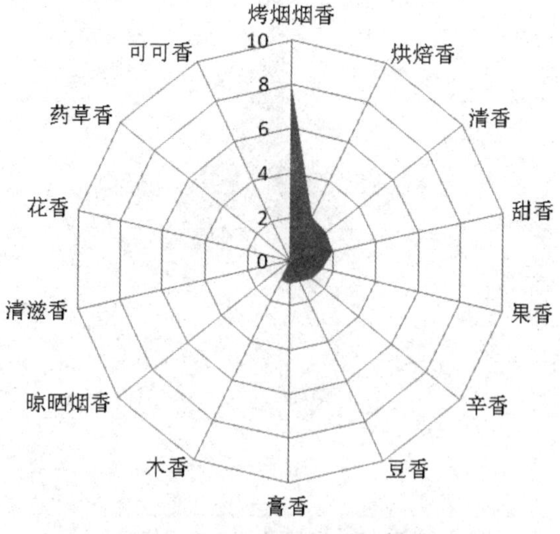


**图2-9　利群品牌叶组配方香味特征（评吸）**

利群品牌叶组配方的评吸的香气特征：以烤烟烟香本香最为明显，以烘焙香、清香、甜香、果香予以香气支撑，木香、膏香、豆香丰富总体香气。表现出本色本味、自然醇和的特点。

### （三）利群叶组配方香味轮廓法感官特点

通过利群品牌和全国名牌卷烟的香韵轮廓数据的聚类分析及方差分析，利群的感官特征如表2-25所示（部分）：

表2-25　利群品牌香韵特征

| 指标 | mean1 | mean2 | $F$ | Sig. |
|---|---|---|---|---|
| 杂气 | 7.910 | 7.060 | 16.894 | .000 |
| 口腔残留 | 7.730 | 6.950 | 13.741 | .000 |
| 口腔刺激 | 8.000 | 7.440 | 8.774 | .004 |
| 评吸烤烟烟香 | 7.818 | 6.647 | 8.434 | .005 |
| 鼻腔刺激 | 7.954 | 7.480 | 6.893 | .011 |
| 嗅香清香 | 1.000 | 0.549 | 5.226 | .026 |
| 香气 | 7.864 | 7.350 | 4.935 | .030 |
| 评吸清香 | 1.909 | 1.196 | 4.283 | .043 |
| 喉部刺激 | 7.730 | 7.372 | 4.114 | .047 |

注：mean1为利群品牌的平均值，mean2为其他卷烟品牌的平均值。

从表2-25我们可以得到，如取Sig.值小于0.05，利群最为显著的特征指标为杂气、口腔残留、口腔刺激、评吸烤烟烟香、鼻腔刺激、嗅香清香、香气、评吸清香、喉部刺激。其雷达图如图2-10所示：

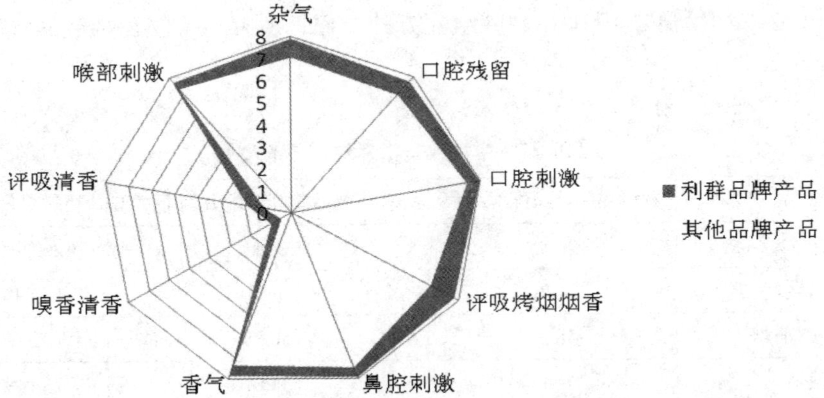


图2-10　利群品牌叶组配方风格特征（基于香味轮廓法）雷达图

### （四）利群品牌叶组配方风格特征化学物质基础与香味轮廓法评价关联性分析

与专家的评吸结论结合，归纳出利群的香韵基础。主体香韵：烤烟烟香；辅助香韵：果香、甜香、清香、烘焙香和豆香。虽然其气息和烟气感知是一个多物质的综合和协调作用。从理论分析的角度出发，结合相关文献资料，卷烟叶组配方的香韵由相应的风格物质基础所提供。归纳如表2–26所示：

表2–26 利群品牌叶组配方香韵及相应成分

| 香韵 | 成分 |
|---|---|
| 烤烟烟香 | 巨豆三烯酮、紫罗兰酮、茄酮、多酚裂解产物、大马酮 |
| 果香 | 香叶基丙酮、β-紫罗兰酮、苯甲醇 |
| 清香 | 巨豆三烯酮、新植二烯 |
| 烘焙香 | 二氢猕猴桃内酯、5–甲基糠醛、吡啶吡嗪类 |
| 豆香 | 二氢香豆素 |

通过前面利群品牌风格特征研究，可找到利群卷烟的香韵物质基础。通过化学计量学的分析和利群风格评级体系的建立，确立了利群的香韵主要由中性致香成分和多酚类提供。

中性致香成分：β-大马酮，紫罗兰酮，茄酮，巨豆三烯酮，二氢猕猴桃内酯，香叶基丙酮，苯甲醛，吡咯，中性致香总量；

多酚：新绿原酸，绿原酸，4–*O*–咖啡基奎尼酸，多酚总量。

表2–27为利群与其他品牌叶组配方的对比，所列化合物在利群品牌中含量偏高。

表2–27 中性致香指标对比（μg/g）

| 成分 | 利群品牌叶组配方均值 | 其他品牌叶组配方均值 | 相对变化率 |
|---|---|---|---|
| β-大马酮 | 20.85 | 16.51 | 26.29% |
| 紫罗兰酮 | 1.76 | 1.52 | 15.79% |
| 茄酮 | 58.62 | 50.75 | 15.51% |
| 巨豆三烯酮 | 45.15 | 38.87 | 16.16% |

（续表）

| 成分 | 利群品牌叶组配方均值 | 其他品牌叶组配方均值 | 相对变化率 |
|---|---|---|---|
| 二氢猕猴桃内酯 | 8.04 | 6.83 | 17.72% |
| 香叶基丙酮 | 1.6 | 1.38 | 15.94% |
| 苯甲醛 | 0.51 | 0.22 | 131.82% |
| 吡咯 | 0.4 | 0.19 | 110.53% |
| 中性致香总量 | 169.74 | 153.75 | 10.40% |

利群品牌叶组配方中含量较多的β-大马酮、茄酮、巨豆三烯酮三种物质分别其他品牌叶组配方分别高出了26.29%、15.51%和16.16%，中性致香成分总量亦超过其他品牌叶组配方平均值10.40%。

表2-28　多酚指标对比（mg/g）

| 成分 | 利群品牌叶组配方均值 | 其他品牌叶组配方均值 | 相对变化率 |
|---|---|---|---|
| 新绿原酸 | 1.771 | 1.558 | 13.67% |
| 绿原酸 | 10.939 | 9.189 | 19.04% |
| 4-O-咖啡基奎尼酸 | 2.597 | 2.237 | 16.09% |
| 多酚总量 | 24.378 | 20.864 | 16.84% |

利群品牌叶组配方中多酚类物质和多酚总量均超过其他品牌叶组配方10.0%以上。

由表2-28可知，利群品牌的中性致香成分（β-大马酮，紫罗兰酮，茄酮，巨豆三烯酮，二氢猕猴桃内酯，香叶基丙酮，苯甲醛，吡咯，中性致香总量）和多酚（新绿原酸，绿原酸，4-*O*-咖啡基奎尼酸，多酚总量）略高于其他品牌。

综上可知，利群的主体香韵烤烟烟香由β-大马酮，紫罗兰酮，茄酮，巨豆三烯酮及多酚裂解产物提供；

果香由香叶基丙酮，β-紫罗兰酮提供；清香由巨豆三烯酮提供；烘焙香由二氢猕猴桃内酯，吡咯提供；豆香未检测到相应的物质基础（如表2-29所示）。

表2-29 利群品牌叶组配方的香韵及其物质基础对应关系

| 香韵 | 成分 |
|---|---|
| 烤烟烟香 | β-大马酮，紫罗兰酮，茄酮，巨豆三烯酮 |
| 果香 | 香叶基丙酮，β-紫罗兰酮 |
| 清香 | 巨豆三烯酮 |
| 烘焙香 | 二氢猕猴桃内酯，吡咯 |

（1）香味轮廓法舒适感指标的对应

在香味轮廓方差分析结果中，利群品牌与其他中式烤烟品牌差异显著的舒适感特性指标有：口腔残留、口腔刺激、鼻腔刺激、喉部刺激，且4项指标得分均高于其他品牌平均值。

表2-30 常规化学成分指标对比（%）

| 指标 | 总糖 | 还原糖 | 挥发酸 | 糖碱比 | 糖氮比 | 醚提取物 |
|---|---|---|---|---|---|---|
| 中式烤烟均值 | 22.90 | 21.56 | 0.09 | 11.19 | 10.38 | 3.70 |
| 利群品牌叶组配方均值 | 24.22 | 22.74 | 0.12 | 11.54 | 11.17 | 3.93 |
| 相对变化率 | 5.76% | 5.47% | 33.33% | 3.13% | 7.61% | 6.22% |

从表2-30可知，在利群风格体系常规化学成分指标中，利群品牌叶组配方的总糖、还原糖、挥发酸、糖碱比、糖氮比、醚提取物略高于其他品牌。

根据烟草化学分析研究，总糖、还原糖、挥发酸、糖碱比、糖氮比、石油醚提取物等常规化学成分与口腔残留、口腔刺激、鼻腔刺激、喉部刺激等舒适感特性指标间存在正相关关系。因此，在利群品牌风格体系中，用表中常规化学成分评价利群舒适感特性具有有效性。

表2-31 有机酸指标对比（mg/g）

| 指标 | 草酸 | 苹果酸 | 柠檬酸 | 硬脂酸 | 棕榈酸 | 总量 |
|---|---|---|---|---|---|---|
| 中式烤烟均值 | 11.02 | 47.78 | 6.63 | 0.50 | 1.85 | 73.65 |
| 利群品牌叶组配方均值 | 11.68 | 49.37 | 6.94 | 0.56 | 1.99 | 76.25 |
| 相对变化率 | 5.99% | 3.33% | 4.68% | 12.00% | 7.57% | 3.53% |

从表2–31可知，在利群叶组配方风格体系有机酸指标中，利群品牌叶组配方的草酸、苹果酸、柠檬酸、硬脂酸、棕榈酸略高于其他品牌。根据烟草化学分析研究，草酸、苹果酸、柠檬酸、硬脂酸、棕榈酸等有机酸与口腔残留、口腔刺激、鼻腔刺激、喉部刺激等舒适感特性指标间存在正相关关系。因此，在利群品牌风格体系中，用表中有机酸评价利群舒适感特性具有有效性。

表2–32　氨基酸指标对比（mg/g）

| 指标 | 苯丙氨酸 |
|---|---|
| 中式烤烟均值 | 0.41 |
| 利群品牌叶组配方均值 | 0.45 |
| 比例 | 9.76% |

从表2–32可知，在利群风格体系氨基酸指标中，利群品牌苯丙氨酸含量高于其他品牌。

根据烟草化学分析研究，苯丙氨酸与口腔残留、口腔刺激、鼻腔刺激、喉部刺激等舒适感特性指标间存在正相关关系。因此，在利群品牌风格体系中，用苯丙氨酸评价利群舒适感特性具有有效性。

表2–33　烟气pH值指标对比

| 指标 | 烟气pH值 |
|---|---|
| 中式烤烟均值 | 5.74 |
| 利群品牌叶组配方均值 | 5.56 |
| 比例 | –3.14% |

从表2–33可知，在利群叶组配方风格体系中利群品牌烟气pH值略低于其他品牌。

根据烟草化学分析研究，烟气pH值与口腔残留、口腔刺激、鼻腔刺激、喉部刺激等舒适感特性指标间存在正相关关系。因此，在利群品牌风格体系中，用烟气pH值评价利群舒适感特性具有有效性。

（2）香味轮廓法烟气特性指标的对应

在香味轮廓方差分析结果中，利群品牌与其他中式烤烟品牌差异显著的烟气特性指标是杂气、香气，其得分高于其他品牌。

a. 常规化学成分

利群风格体系常规化学成分指标中，利群品牌叶组配方的总糖、还原糖、挥发酸、糖碱比、糖氮比、醚提取物略高于其他品牌。

根据烟草化学分析研究，总糖、还原糖、挥发酸、糖碱比、糖氮比、醚提取物等常规化学成分与香气、杂气指标间存在正相关关系。因此，在利群品牌叶组配方风格体系中，用表中常规化学成分评价利群香气、杂气指标具有有效性。

b. 有机酸

利群风格体系有机酸指标中，利群品牌的草酸、苹果酸、柠檬酸、硬脂酸、棕榈酸、有机酸总量略高于其他品牌。

根据烟草化学分析研究，草酸、苹果酸、柠檬酸、硬脂酸、棕榈酸等有机酸与香气、杂气指标间存在正相关关系。因此，在利群品牌风格体系中，用表中有机酸评价利群香气、杂气指标具有有效性。

c. 中性致香成分

利群风格体系中性致香指标中，利群品牌的β-大马酮、紫罗兰酮、茄酮、巨豆三烯酮、二氢猕猴桃内酯、香叶基丙酮、苯甲醛、吡咯、中性致香总量略高于其他品牌。

根据烟草化学分析研究，β-大马酮、紫罗兰酮、茄酮、巨豆三烯酮、二氢猕猴桃内酯、香叶基丙酮、苯甲醛、吡咯、中性致香总量与香气、杂气指标间存在正相关关系。因此，在利群品牌风格体系中，用表中中性致香指标评价利群香气、杂气指标具有有效性。

d. 多酚

利群风格体系多酚指标中，新绿原酸、绿原酸、4-*O*-咖啡基奎尼酸、多酚总量与香气、杂气指标间存在正相关关系。因此，在利群品牌风格体系中，用表中多酚评价利群香气、杂气指标具有有效性。

e. 淀粉

表2-34　淀粉指标对比（%）

| 指标 | 淀粉 |
| --- | --- |
| 中式烤烟均值 | 3.54 |
| 利群品牌叶组配方均值 | 3.98 |
| 比例 | 12.43% |

从表2-34可知，在利群叶组配方风格体系中利群品牌淀粉略高于其他品牌。

根据烟草化学分析研究，淀粉含量在小于5%的范围内与香气指标存在正相关关系。因此，在利群品牌风格体系中，用淀粉评价利群香气、杂气指标具有有效性。

f. 顶空化学成分

表2-35　顶空化学指标对比（mg/g）

| 指标 | 顶空化学成分总量 |
| --- | --- |
| 中式烤烟均值 | 0.089 |
| 利群品牌叶组配方均值 | 0.095 |
| 比例 | 6.74% |

从表2-35可知，在利群风格体系中利群品牌顶空化学成分总量略高于其他品牌。

根据烟草化学分析研究，顶空化学成分总量与香气指标存在正相关关系。因此，在利群品牌风格体系中，用顶空化学成分总量评价利群香气、杂气指标具有有效性。

**（五）利群品牌叶原料需求总体需求要点**

利群品牌的香气风格特征和吸味特点决定了产品叶组配方的原料需求特点：以优质的中部上等烟主，辅以少量的优质的下部烟叶及少量的优质上部上等烟叶。原料使用质量总体需求为：烟香自然、质感清晰、口感舒适、批量均衡、安全稳定。

## 二、湖南宁乡烟叶在利群品牌中的作用及质量需求

烟叶风格特征的多样性是产品叶组配方所需要的，是赋予产品鲜明的风格特征的基础，是形成产品风格特色的重要来源。卷烟是一种通过燃烧后消费者吸食烟气的特殊产品，烟气中95%的物质是由烟叶原料燃烧后形成，烟叶品质不稳定性是产品品质不稳定的重要来源。因此卷烟叶组配方设计是否合理、稳定，是直接影响卷烟消费体验，也是决定产品能否赢得市场认可，品牌能否持续健康发展的关键要素。

湖南宁乡烟叶总体浓型风格底蕴基础上的高香气量烟叶。从湖南烟叶多年的使用及研究来看，因为其以焦甜、干草、焦香及木香为主体，辅以正甜、辛香、坚果香香韵的典型浓香型烤烟香气特征，香气底蕴丰富，同时质感较好，口感相对舒适，与其他产区烟叶在配方中的有良好的配伍性，是中高端中式卷烟不可或缺的重要原料之一；加之湖南烟叶香气量的饱满，透发、绵长的香气特点对“减害降焦”带来的香气损失，起到较好的弥补作用，这个特点，使得湖南烟叶在低焦油配方中起到较好的作用。其中中部上等烟叶有较好的使用价值，下部烟叶次之，部分可作为优质填充料使用。

**湖南宁乡烟叶在利群品牌中的作用**

通对2011年至2014年共130个烟叶样品，按部位和等级分为六类进行质量评价，得出湖南宁乡烟叶在利群品牌中的作用。六类片烟分别是：中部一类、中部二类、下部一类、下部二类、上部一类、上部二类。湖南宁乡烟叶对利群品牌贡献率计算：由九位专家采用定量评吸法对烟叶样品进行感官评吸，单项最高值为10分，总分为各项指标加权得分，权重设定引用浙江中烟《原料感官评吸标准》。

（1）感官质量单项标准分的确定

我们将香气质、香气量、刺激性、余味、成团性、杂气、柔和性、圆润感、燃烧速度、燃烧性、灰色定义为“增益型”指标，这些指标分值越高，对产品的贡献度越大，因此以各项指标最高分为标准分（如表2–36所示）。

表2-36　湖南宁乡烟叶样品单项最高分（分）

| 香气质 | 香气量 | 刺激性 | 余味 | 成团性 | 杂气 | 柔和性 | 圆润感 | 燃烧速度 | 燃烧性 | 灰色 |
|---|---|---|---|---|---|---|---|---|---|---|
| 8.87 | 8.93 | 8.35 | 8.75 | 8.14 | 8.66 | 8.84 | 8.35 | 7.45 | 7.10 | 8.60 |

（2）感官质量贡献度分析

单项指标得分与标准分的比值加权之和定为某产区该指标的贡献度，权重引用浙江中烟《原料感官评吸标准》，计算公式如下：

$$DOC=\sum_{i=1}^{n}\left(\frac{S_i}{ST_i}\times W_i\right)$$

式中，$DOC$表示叶组配方烟叶使用效率指数，$S_i$表示第$i$种指标评吸得分，$ST_i$表示第$i$种指标评吸标准值，$W_i$表示第$i$种烟叶的使用效率指数。

根据式（1）计算湖南宁乡产区各大等级贡献度，结果见表2-37：

表2-37　湖南产区各大等级贡献度

| 烟叶类别 | 香气质 | 香气量 | 刺激性 | 余味 | 成团性 | 杂气 | 柔和性 | 圆润感 | 燃烧性 | 贡献度 |
|---|---|---|---|---|---|---|---|---|---|---|
| 湖南上部二类 | 5.46 | 7.17 | 4.42 | 4.42 | 6 | 5.5 | 4.83 | 4.8 | 4.5 | 53.85 |
| 湖南上部一类 | 6.26 | 7.67 | 5.42 | 5.42 | 7 | 6.5 | 5.83 | 5 | 5.5 | 61.49 |
| 湖南下部二类 | 5.96 | 6.17 | 5.92 | 6.62 | 5.5 | 6 | 7.83 | 5.2 | 6.5 | 58.21 |
| 湖南下部一类 | 6.96 | 6.17 | 6.62 | 7.42 | 6.5 | 7 | 8.33 | 5.5 | 6.5 | 68.65 |
| 湖南中部二类 | 7.36 | 7.37 | 6.42 | 6.42 | 7 | 7.5 | 6.83 | 5.8 | 6.5 | 69.47 |
| 湖南中部一类 | 7.96 | 8.17 | 6.92 | 6.92 | 7.5 | 8 | 7.33 | 6 | 6 | 74.34 |

## 三、湖南宁乡烟叶原烟配方设计

湖南宁乡是湖南烟叶主要代表之一，但是比郴州、永州的配方可用性略低，以中部上等烟叶为主在利群品牌中应用，但是随着利群品牌的发展，目前利群品牌已占到我公司产销总量的75%左右，今后几年占比还会上升，如不能拓展原烟使用等级将不利于利群品牌的健康持续发展。所以以利群品牌原料质量需求为目标，并拓展宁乡烟叶等级利用率、提高整株利用率的原烟配方设计十分重要。

## （一）材料与方法

1. 材料

2013年湖南宁乡烤烟原烟B1F、B2F、C2F、C2L、C3F、C3L、C4F、X2F、X2L。

2. 方法

取样方法：对每个原烟等级采用周边和中心均匀分布的五点法取样，用于检测化学成分和感官评吸。

制样方法：将所取的原烟样品进行回潮、去梗、切丝、烘干，将水分控制在12.5%±0.5%，混匀后取一部分烟丝用于常规化学检测，一部分卷制后用于感官评吸。

常规化学成分检测：按照《YC/T159–2002 烟草及烟草制品水溶性糖的测定连续流动法》《YC/T160–2002 烟草及烟草制品总植物碱的测定连续流动法》《YC/T161–2002 烟草及烟草制品总氮的测定连续流动法》测定烟叶样品的总糖、总烟碱、总氮，并计算烟叶化学成分糖碱比值。

感官评吸方法：评吸时由专业评吸人员组成（每次不少于3人），采用暗评的方式进行评吸，评吸分别从样品的香气质、香气量、浓度、劲头、杂气、刺激、余味、燃烧性、灰色等方面进行评价，按九分制进行打分，获得感官评价值。评吸的基本要求（评吸员资格、评吸环境等）参照烟草行业YC/138–1998（烟草及烟草制品–感官评价方法）中的相关标准执行。

## （二）原烟质量分析

1. 外观质量分析

各等级外观质量和调拨价格分析如表2–38所示，成熟度总体较好，结构以疏松为主，身份基本反映出部分特征，叶片无明显青杂现象。

**表2–38 各等级烟叶外观质量分析**

| 等级 | 成熟度 | 结构 | 身份 | 油分 | 色度 | 青杂 |
|---|---|---|---|---|---|---|
| B1F | 成熟 | 尚疏松 | 稍厚 | 有 | 强 | 无 |
| B2F | 成熟 | 尚疏松 | 稍厚 | 有 | 中 | 无 |

（续表）

| 等级 | 成熟度 | 结构 | 身份 | 油分 | 色度 | 青杂 |
|---|---|---|---|---|---|---|
| C2F | 成熟 | 疏松 | 中 | 有 | 强 | 无 |
| C2L | 成熟 | 疏松 | 中 | 有 | 强 | 无 |
| C3F | 成熟 | 疏松 | 中 | 有 | 强 | 无 |
| C3L | 成熟 | 疏松 | 稍薄 | 有 | 中 | 无 |
| C4F | 成熟 | 疏松 | 稍薄 | 稍有 | 中 | 无 |
| X2F | 成熟 | 疏松 | 稍薄 | 稍有 | 中 | 无 |

2. 化学成分分析

常规化学成分检测如表2–39所示，可以看出，上部烟叶烟碱含量偏高，糖碱比值协调性较差；中下部烟叶总体呈现出高糖低碱的特性；两糖比值总体>0.8，说明烟叶成熟度较高；各等级烟叶化学成分协调性属尚好水平。

**表2–39　各等级烟叶常规化学成分分析**

| 等级 | 总糖（%） | 还原糖（%） | 烟碱（%） | 总氮（%） | 糖碱比 | 氮碱比 | 两糖比 |
|---|---|---|---|---|---|---|---|
| B1F | 21.82 | 19.94 | 3.03 | 2.56 | 3.96 | 0.51 | 0.91 |
| B2F | 19.6 | 17.62 | 3.92 | 2.66 | 3.58 | 0.54 | 0.90 |
| C2F | 32.09 | 27.18 | 2.58 | 1.84 | 10.53 | 0.71 | 0.85 |
| C3F | 33.71 | 29.27 | 1.92 | 1.57 | 15.2 | 0.82 | 0.87 |
| C2L | 34.37 | 29.03 | 2.18 | 1.51 | 13.32 | 0.69 | 0.84 |
| C3L | 32.02 | 26.32 | 2.31 | 1.66 | 11.39 | 0.72 | 0.82 |
| C4F | 27.76 | 23.06 | 2.68 | 1.85 | 8.60 | 0.69 | 0.83 |
| X2F | 31.94 | 26.38 | 1.93 | 1.83 | 13.67 | 0.95 | 0.83 |
| X2L | 32.91 | 26.71 | 1.26 | 1.57 | 21.20 | 1.25 | 0.81 |

3. 感官质量评价

采用香气质、香气量、杂气、刺激性和余味五项评价指标，进行感官总分计算（各单项均为9分，等权加和，满分为45分），各等级感官评价得分如表2–40所示。

表2-40 各等级烟叶感官评吸质量得分

| 等级 | 香气质 | 香气量 | 浓度 | 劲头 | 杂气 | 刺激性 | 余味 | 燃烧性 | 灰色 | 总分 |
|---|---|---|---|---|---|---|---|---|---|---|
| B1F | 5.5 | 5.7 | 6.6 | 5.1 | 4.1 | 5.8 | 5.9 | 6.0 | 6.0 | 27.0 |
| B2F | 5.6 | 5.8 | 6.4 | 4.9 | 4.2 | 5.9 | 6.0 | 6.0 | 6.0 | 27.5 |
| C2F | 7.4 | 6.9 | 6.5 | 5.6 | 4.9 | 6.4 | 6.8 | 6.0 | 6.0 | 32.4 |
| C3F | 7.2 | 6.8 | 6.4 | 5.7 | 4.9 | 6.5 | 6.7 | 6.0 | 6.0 | 32.1 |
| C2L | 7.3 | 6.8 | 6.5 | 5.6 | 4.8 | 6.3 | 6.7 | 6.0 | 6.0 | 31.9 |
| C3L | 7.1 | 6.6 | 6.4 | 5.6 | 4.7 | 6.5 | 6.5 | 6.0 | 6.0 | 31.4 |
| C4F | 6.9 | 6.5 | 6.4 | 5.6 | 4.8 | 6.4 | 6.4 | 6.0 | 6.0 | 31.0 |
| X2F | 6.4 | 6.1 | 6.2 | 5.5 | 4.6 | 6.2 | 6.3 | 6.0 | 6.0 | 29.6 |
| X2L | 6.1 | 6.0 | 6.1 | 5.5 | 4.6 | 6.2 | 6.3 | 6.0 | 6.0 | 29.2 |

4. 原烟配方模块设计

设计三个配方模块：中部一类、中部二类、下部一类，以利群原料湖南等级质量适宜值为目标，同时拓展原料使用范围，保障一定的规模数量，具体如表2-41所示。

表2-41 原烟配方模块设计原则

| 模块 | 质量目标 | 烟碱（%） | 糖碱比 | 感官质量 |
|---|---|---|---|---|
| 中部一类 | 适用一类利群 | 2.8 ± 0.4 | 8.0 ± 4.5 | 香气较透发、烟气柔顺、余味较干净 |
| 中部二类 | 适用二类利群 | 2.8 ± 0.4 | 8.0 ± 4.5 | 香气较透发、较厚实、余味略干净 |
| 下部一类 | 适用二类利群 | 2.2 ± 0.3 | 8.2 ± 1.1 | 香气较细腻、烟气柔顺、余味较干净 |

5. 原烟配方模块设计过程

1）原烟配方设计

根据原烟配方模块设计原则，结合各等级烟叶化学成分、内在质量和样品数量等因素设计3个模块的原烟配方，如表2-42所示。

表2-42　原烟配方设计表

| 项目 | 中部一类配方 | 中部二类配方 | 下部一类配方 |
|---|---|---|---|
| | 使用比例（%） | 使用比例（%） | 使用比例（%） |
| C2F | 40 | 15 | |
| C2L | 3 | | |
| C3F | 42 | 50 | 10 |
| B1F | 15 | 30 | 5 |
| C3L | | 5 | |
| C4F | | | 50 |
| X2L | | | 5 |
| X2F | | | 30 |
| 合计 | 100 | 100 | 100 |

2）原烟配方模块质量符合性评价

根据配方模块设计原则，从化学成分、感官质量、等级范围等方面对3个配方模块进行符合性评价，具体如表2-43、表2-44、表2-45所示。

表2-43　原烟配方模块化学质量符合性评价表

| 样品 | 烟碱（%） | 总糖（%） | 钾（%） | 氯（%） | 总氮（%） | 两糖比 | 糖碱比 | 钾氯比 | 与目标符合性 |
|---|---|---|---|---|---|---|---|---|---|
| 中部一类 | 2.85 | 28.01 | 2.78 | 0.32 | 2.11 | 0.93 | 9.83 | 8.69 | 符合 |
| 中部二类 | 2.92 | 26.34 | 2.68 | 0.36 | 2.21 | 0.94 | 9.02 | 7.44 | 符合 |
| 下部一类 | 2.31 | 25.34 | 3.12 | 0.42 | 2.36 | 0.93 | 10.97 | 7.43 | 符合 |

表2-44　原烟配方模块质量符合性评价表

| 样品 | 香气质 | 香气量 | 刺激性 | 余味 | 成团性 | 杂气 | 柔和性 | 圆润感 | 燃烧性 | 总分 | 与目标符合性 |
|---|---|---|---|---|---|---|---|---|---|---|---|
| 中部一类 | 7.3 | 7.2 | 7.1 | 6.9 | 7.5 | 7.3 | 7.2 | 6.4 | 7.0 | 71.2 | 符合 |
| 中部二类 | 7.0 | 7.3 | 6.9 | 6.7 | 7.8 | 7.1 | 7.1 | 6.2 | 7.0 | 70.0 | 符合 |
| 下部一类 | 6.7 | 6.1 | 7.3 | 7.1 | 6.5 | 6.8 | 7.7 | 5.9 | 7.5 | 68.0 | 符合 |

按照一类利群：二类利群为4：6计算，湖南宁乡整株利群品牌利用率为95.3%。

**表2-45 湖南宁乡烟叶整株利用率**

| 项目 | 产出率 | 利群配方使用率 |
|---|---|---|
| C2F | 10.00% | 15.63% |
| C2L | 0.50% | 0.75% |
| C3F | 24.65% | 33.00% |
| B2F | 27.68% | 16.88% |
| C3L | 1.50% | 1.88% |
| C4F | 16.00% | 18.75% |
| X2L | 1.50% | 1.88% |
| X2F | 8.65% | 11.25% |
| 合计 | 90.48% | 100.00% |
| 整株利用率 | 79.67% | |

综上三项数据表明，湖南宁乡各等级原烟配方模块设计取得成功。

3）湖南宁乡原烟配方模块应用情况

湖南宁乡三个配方模块经片烟醇化一年后在利群品牌卷烟配方中应用，应用效果较好，具体见表2-46。

**表2-46 配方模块应用情况表**

| 项目 | 利群（长嘴）使用比例 | 利群（新版）使用比例 | 应用效果 |
|---|---|---|---|
| 中部一类 | 5% | | 应用成功，为主料烟，起到丰富烟香及突出彰显卷烟浓郁香气，突出厚实的烟草本香，上调透发性烟气，突出醇和吃味的作用 |
| 中部二类 | | 5% | 应用成功，为主料烟，起到提供烟香底蕴及突出彰显卷烟浓郁香气，突出厚实的烟草本香，上调透发性烟气及烟气绵团性，提高醇和吃味的作用 |
| 下部一类 | | 5% | 应用成功，为优质填充料烟，起到柔细烟香，降低刺激，提供一定浓郁烟香，提高吃味舒适度的作用 |

# 第三章　基地生态条件与烟叶质量风格特征研究

## 第一节　基地植烟土壤主要养分分析与评价

土壤是一种具有生产力、生命力、环境净化力的物质，是烟草生长的介质，也是烟草赖以生存和生长的根本，它含有植物生长必需的营养元素、水分等适宜条件。适宜的土壤环境是生产优质烟叶的基础，也是烟叶生产可持续发展的先决条件。优质烟叶的生产与土壤的养分状况有着密切的联系。植烟土壤养分含量是评价植烟土壤肥力的重要标志，也是烟草栽培与营养调控的依据，其丰缺状况和供应强度直接影响烟草生长发育的营养水平，进而影响烟叶的产量和质量。宁乡县境内地势起伏不大，西高东低，南陡北缓，大体由西向东北逐渐倾斜，构成向东北方向敞开的丘陵性盆地；地貌以丘陵、山地和平原为主，其中丘陵$1.8\times10^5$hm$^2$，占土地总面积的63.10%；山地$8.0\times10^4$hm$^2$，占土地总面积的27.63%；平原$2.7\times10^4$hm$^2$，占土地总面积的9.27%。地形地貌的多样性丰富了垂直自然带层次，有利于开展农业多种经营和构建立体农业结构。耕地面积$9.3\times10^4$hm$^2$，占总面积的31.93%，耕地中水田面积$7.9\times10^4$hm$^2$（占耕地总面积的85.77%）、旱土面积$1.3\times10^4$hm$^2$，（占耕地总面积的14.23%），旱涝保收面积$6.6\times10^4$hm$^2$（占耕地面积的71.13%）。宁乡县烤烟种植一般采用“烟—稻”轮作方式，宜烟面积占全县耕地面积的45%左右，达到$4.1\times10^4$hm$^2$，是湖南省主要烟叶产区，目前已成为我国特色优质烟叶开发和整县推进现代烟草农业的主要试点之一。宁乡县烤烟生产近年来发展迅速，规模逐年上升，烟叶质量也在稳步提高，但如何在稳定烟叶产量和质量的同时，保持土壤生产能力，促进烟叶生产可持续发展成为目前宁乡县烟叶生产面临的主要问题之一。植烟土壤营养诊断是实现平衡施肥技术的关键环节，近年来，针对宁乡县植烟土壤养分特征的大面积的调查较少，使得烤烟的营养调控和烤烟生产的合理布局缺乏系统的理论依据。为此，通过对宁乡县植烟土壤主要养分丰缺状况、空间分布特征和适宜性评价，全面揭示宁乡县植烟土壤养分环境特征，为更好地制定养分管理措施和实现特色优质烟叶生产的区域、技术定位，促进宁乡县烟叶生产可持续发展和特色优质烟叶生产的合理布局提供科学支撑。

## 一、材料与方法

### （一）研究区域

根据宁乡县植烟土壤的成土母质、土壤类型、地形地貌、生产水平和耕作制度状况，兼顾不同生态条件及不同肥力水平地块，在宁乡县15个植烟乡（镇）采集具有代表性的耕作层土样154 个，以村为单位，种植面积在20 $hm^2$以下、20～40 $hm^2$、40 $hm^2$以上的村分别取1、2、3 个土样。具体取样点分布见图3-1。

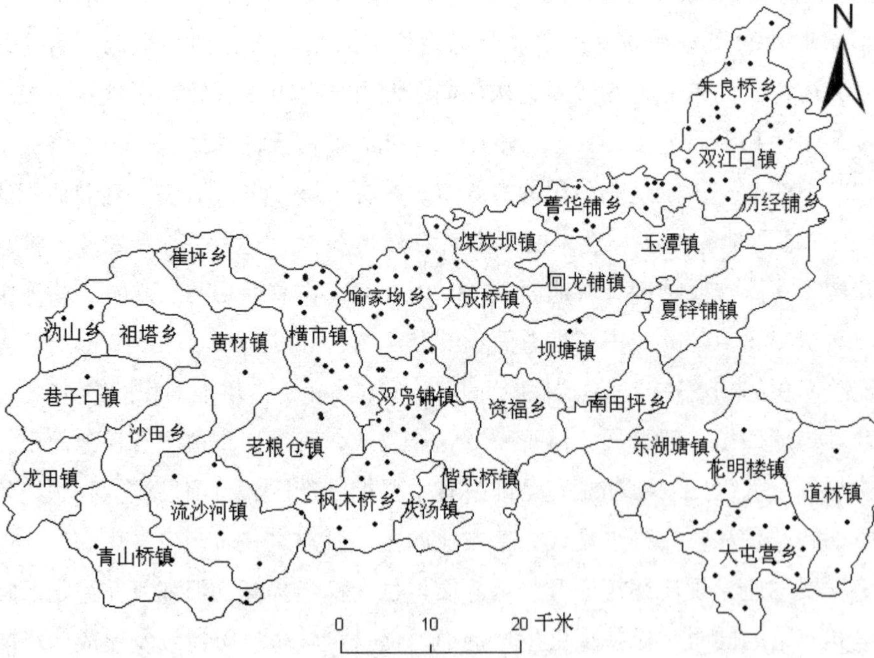


图3-1　土壤取样点分布图

### （二）土壤样品采集方法

土壤样品的采集时间均统一选在前茬作物收获后，烟草尚未施用底肥和移栽以前完成，以反映采样地块的真实养分状况和供肥能力，同时避开雨季。使用GPS定位技术，要求采集地点应具有代表性。每一点土样保证深度一致、上下土体一致、数量一致。为了保证微量元素结果分析的准确性，取样层次为耕作层。取样时，以直接耕种的自然田块为采样单元，挑选当地主要代表性地块进行采样，地势较平坦的区域采样面积适当放大，地形复杂的山区采样面积适当缩小。取耕层土壤20cm深度的土样，采用管形不锈钢土钻人工钻取。在同一采样单元内每8～10个点的土样构成1个0.5kg左右的混合土样。从田间采来的土样经登记编号后进行预处理，经过风干、磨细、过筛、混匀、装瓶后备测定分析之用。在土壤样品采集的同时，记录地形、成土母质、土壤类型等。

### （三）土壤养分测定方法

1．测定项目

土壤样品测定项目有：pH、有机质、碱解氮、速效磷、速效钾、有效锌、有效硼、有效硫、交换性镁、水溶性氯等10项指标。

2．测定方法

测定方法参考文献，具体方法如下：

（1）土壤pH值采用pH计法（水土比为1.0∶2.5）测定；

（2）有机质含量采用重铬酸钾滴定法测定；

（3）碱解氮含量采用碱解扩散法测定；

（4）速效磷含量采用Olsen 法测定；

（5）速效钾含量采用乙酸铵浸提——火焰光度法测定；

（6）交换性镁含量采用乙酸铵浸提——原子吸收分光光度法测定；

（7）有效硫含量采用硫酸钡比浊法测定；

（8）有效锌采用DTPA浸提——原子吸收分光光度法测定；

（9）水溶性氯含量采用硝酸银容量法测定；

（10）有效硼含量采用亚甲胺比色法测定。

## （四）植烟土壤养分丰缺状况分析方法

采用土壤养分分级方法对植烟土壤进行丰缺状况分析。在综合分析宁乡县烟草生产实际情况和多年烤烟施肥试验及经验，以及全面权衡烟叶产量、质量与土壤养分状况的关系，并借鉴有关土壤普查资料的基础上，参照罗建新等、谢鹏飞等建立的植烟土壤养分丰缺状况5级分类体系，确定了与烟叶产量和质量有密切关系的10项土壤养分作为评价宁乡县植烟土壤养分丰缺状况的指标，构建了如表3-1的土壤养分分级标准用于评价宁乡县植烟土壤养分丰缺状况。

表3-1 宁乡县植烟土壤养分指标的等级

| 等级 | pH值 | 有机质 /$g \cdot kg^{-1}$ | 碱解氮 /$mg \cdot kg^{-1}$ | 速效磷 / $mg \cdot kg^{-1}$ | 速效钾 / $mg \cdot kg^{-1}$ |
|---|---|---|---|---|---|
| 极低 | <5.00 | <15.00 | <60.00 | <5.00 | <80.00 |
| 低 | 5.00～5.50 | 15.00～25.00 | 60.00～110.00 | 5.00～10.00 | 80.00～160.00 |
| 适宜 | 5.51～7.00 | 25.01～35.00 | 110.01～180.00 | 10.01～15.00 | 160.01～240.00 |
| 高 | 7.01～7.50 | 35.01～45.00 | 180.01～240.00 | 15.01～20.00 | 240.01～350.00 |
| 很高 | >7.50 | >45.00 | >240.00 | >20.00 | >350.00 |
| 等级 | 有效硫 /$mg \cdot kg^{-1}$ | 有效硼 /$mg \cdot kg^{-1}$ | 有效锌 /$mg \cdot kg^{-1}$ | 交换性镁 /$cmol \cdot kg^{-1}$ | 水溶性氯 /$mg \cdot kg^{-1}$ |
| 极低 | <5.00 | <0.15 | <0.50 | <0.50 | <5.00 |
| 低 | 5.00～10.00 | 0.15～0.30 | 0.50～1.00 | 0.50～1.00 | 5.00～10.00 |
| 适宜 | 10.01～20.00 | 0.31～0.60 | 1.01～2.00 | 1.01～1.50 | 10.01～20.00 |
| 高 | 20.01～40.00 | 0.61～1.00 | 2.01～4.00 | 1.51～2.80 | 20.01～30.00 |
| 很高 | >40.00 | >1.00 | >4.00 | >2.80 | >30.00 |

## （五）植烟土壤养分空间分布图绘制方法

采用探索分析法（explore）剔除异常离群数据，K-S法检测数据正态性，用ArcGIS 9软件中的地统计学模块（geostatistical analyst）的Kriging插值方法绘制植烟土壤养分含量空间分布图。

### （六）植烟土壤适宜性指数计算方法

本研究运用隶属函数模型与指数和法来分析宁乡县的植烟土壤适宜性，依据植烟土壤适宜性指数对宁乡县植烟土壤养分状况进行综合评价。根据模糊数学和多元统计分析原理分别计算各养分指标的隶属度和权重系数，再利用乘法原则得出综合养分指标值，其值越高，表明土壤养分质量越好。

设有$m$个取样点（$m=1,...,j$），每个取样点有$n$个土壤养分指标（$n=1,...,i$），$N_{ij}$和$W_{ij}$分别表示第$j$个取样点、第$i$个土壤养分指标的隶属度值和权重系数，其中$0<N_{ij}\leqslant 1$，$0<W_{ij}\leqslant 1$，且满足$\sum_{j=1}^{m} W_{ij}=1$，则各取样点的土壤适宜性指数（Soil Feasibility Index）可表示为：$SFI=\sum_{j=1}^{m} N_{ij}*Wij$。

参考罗建新、许自成等研究结果，结合宁乡县烤烟生产实际，选取pH值、有机质、碱解氮、速效磷、速效钾、有效硫、有效硼、交换性镁以及水溶性氯等9项土壤养分指标作为评价宁乡县植烟土壤$SFI$的因子。由于各土壤养分指标的量纲和最适值范围不一致，运用模糊数学理论计算各土壤养分指标的隶属度，使各土壤养分指标的原始数据转换为0.1～1的数值，以消除量纲影响。常用于综合评价的隶属函数类型主要有3种：反S型、S型和抛物线型。植烟土壤的pH值、有机质、碱解氮、速效磷、速效钾、有效硫、水溶性氯等指标的隶属函数为抛物线型，函数表达式为：

$$f(x)=\begin{cases}0.1 & x<x_1; x>x_2\\ 0.9(x-x_1)/(x_3-x_1)+0.1 & x_1\leqslant x<x_3\\ 1.0 & x_3\leqslant x\leqslant x_4\\ 1.0-0.9(x-x_4)/(x_2-x_4) & x_4<x\leqslant x_2\end{cases}$$

植烟土壤有效硼、交换性镁含量的隶属函数为S型，函数表达式为：

$$f(x)=\begin{cases}1.0 & x\geqslant x_2\\ 0.9(x-x_1)/(x_2-x_1)+0.1 & x_1<x<x_2\\ 0.1 & x\leqslant x_1\end{cases}$$

式中$x$为各土壤养分指标的实际值，$x_1$、$x_2$、$x_3$、$x_4$分别代表各土壤养分指标的下临界值、上临界值、最优值下限、最优值上限。考虑到烟草生长发育对土壤养分的需求，参考已有研究结果，并根据生产实践经验和有关专家建议，确定的各项养分指标所选用隶属函数的类型和阈值见表3–2。运用主成分分析法，提取累积贡献率≥85%的5个主成分，计算得到各化学成分指标的权重值（如表3–2所示）。将*SFI*值按1级（*SFI*≥70%）、2级（60%≤*SFI*<70%）、3级（40%≤*SFI*<60%）、4级（20%≤*SFI*<40%）、5级（*SFI*<20%）的标准划分土壤适宜性等级。

**表3–2 土壤养分指标的隶属函数拐点和权重值**

| 土壤养分指标 | 隶属函数类型 | 拐点 | | | | 权重/% |
|---|---|---|---|---|---|---|
| | | 下临界值$x_1$ | 最优值下限$x_3$ | 最优值上限$x_4$ | 上临界值$x_2$ | |
| pH值 | 抛物线 | 5.00 | 5.50 | 7.00 | 7.50 | 9.34 |
| 有机质 | 抛物线 | 15.00 | 25.00 | 35.00 | 45.00 | 13.17 |
| 碱解氮 | 抛物线 | 60.00 | 110.00 | 180.00 | 240.00 | 12.69 |
| 速效磷 | 抛物线 | 5.00 | 10.00 | 15.00 | 20.00 | 10.36 |
| 速效钾 | 抛物线 | 80.00 | 160.00 | 240.00 | 350.00 | 8.52 |
| 水溶性氯 | 抛物线 | 5.00 | 10.00 | 20.00 | 30.00 | 8.92 |
| 有效硫 | 抛物线 | 12.00 | 24.00 | 90.00 | 160.00 | 13 |
| 交换性镁 | S | 0.80 | | | 1.60 | 12.89 |
| 有效硼 | S | 0.50 | | | 1.00 | 11.11 |

### （七）统计分析方法

采用SPSS12.0、DPS8.01、Excel2003等统计软件包进行基本统计分析、方差分析和多重比较等常规统计。多重比较采用Duncan新复极差法。图表中不同的大写英文字母表示1%差异显著水平，小写英文字母表示5%差异显著水平。

## 二、结果与分析

### （一）土壤pH值分析

1．植烟土壤pH值状况

植烟土壤pH值是影响烤烟生产的一个重要土壤因素。土壤pH值的高低，不仅会影响烤烟对养分的吸收、土壤养分的有效性及土壤微生物的分布，还直接影响烤烟的生长及产量、质量。烤烟对土壤酸碱度的适应性极强，在pH值为 3.5～9.0 的土壤上均能生长并完成生命周期，但碱性土壤条件下难以获得内在品质优良的烟叶，pH值处于4.5～7.5适宜烤烟的正常生长。优质烟叶对植烟pH值范围有一定要求，世界各国推荐的最适宜烤烟生长的土壤pH为5.5～6.5，即微酸性土壤最有利于烤烟生长，其品质最好。宁乡县植烟土壤pH值变幅为4.77～7.62，平均值为5.79，变异系数为8.82%，为弱变异。由图3-2可知，pH值处于适宜范围内的样本占64.94%，“低”的样本占28.57，“极低”的样本占3.255%，“高”和“很高”的样本分别占2.60%、0.65%。

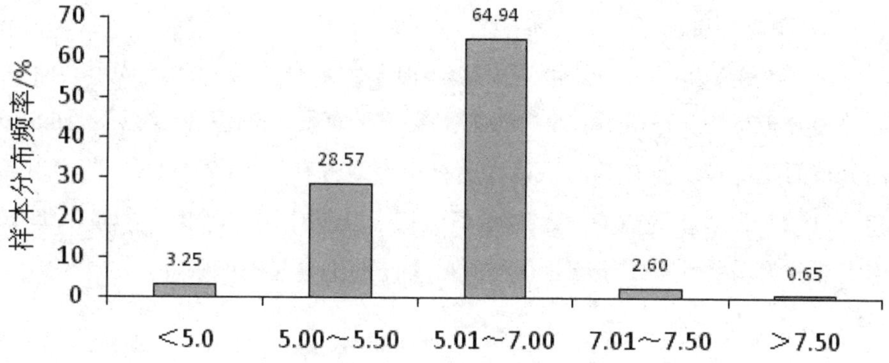


图3-2 植烟土壤pH分布频率（%）

2．植烟土壤pH值乡镇差异

主要分析9个主产烟叶乡镇植烟土壤pH差异（以下同）。由图3-3可知，9个乡镇植烟土壤pH平均值在5.57～6.09，按从高到低依次为：流沙河镇＞双江口镇＞菁华铺乡＞大屯营乡＞横市镇＞朱良桥乡＞枫木桥乡＞喻家坳乡＞双凫铺镇，都在适宜范围内。方差分析结果表明，不同乡镇之间的植烟土壤pH值差异不显著（F=1.365；sig.=0.217）。9个乡镇植烟土壤pH值适宜样本比例在50.00% ～84.62%，按从低到高依次为：喻家坳乡＜双凫铺镇＜菁华铺乡=流沙河镇＜枫木桥乡＜大屯营乡＜横市镇＜朱良桥乡＜双江口镇。

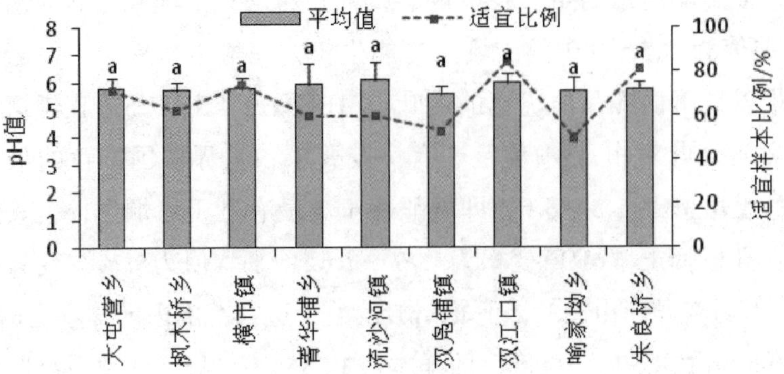


图3-3 不同乡镇植烟土壤pH值

3．植烟土壤pH值空间分布

由图3-4可知，宁乡县植烟土壤pH值总体上有从南到北、从东到西逐渐降低的分布态势。以pH值5.5～5.9为主要分布面积，pH值在5.3以下及6.5以上的分布面积都较少。在青山桥镇和道林镇等地各有一个高值区域，在沩山乡、巷子口镇、祖塔乡附近有一小片低值区域。从图中可以看出，宁乡植烟土壤绝大部分为弱酸性，均能满足优质烟叶生产的土壤酸碱度条件。

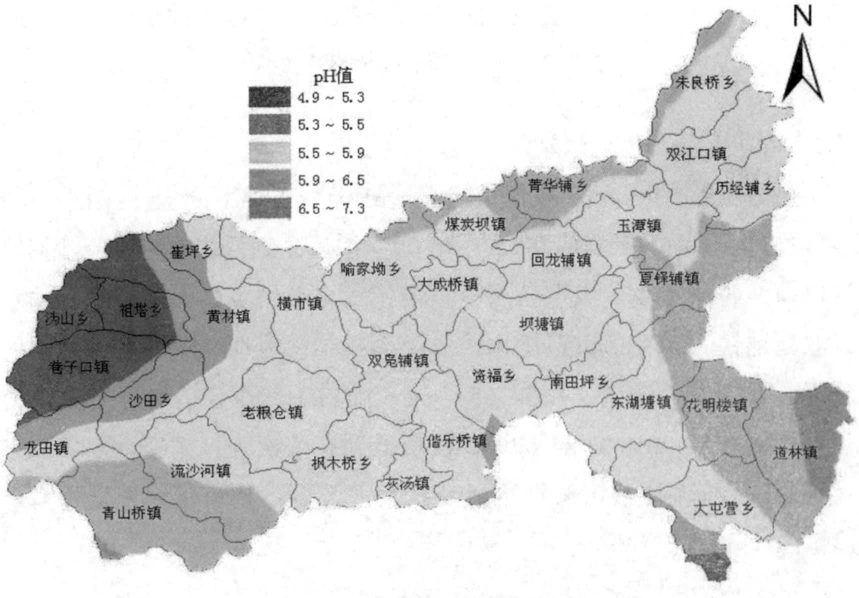


图3-4 植烟土壤pH值空间分布

### （二）土壤有机质含量分析

1．植烟土壤有机质含量状况

有机质是土壤肥力的重要指标，它关系到土壤的结构、耕性、保肥、供肥特性以及生产性能。植烟土壤有机质对烟草品质的影响主要是通过对土壤供氮能力的影响来实现的。在一定范围内，土壤有机质含量愈高，土壤养分含量也愈高，肥力状况愈好，能生产出品质较好的烟叶。但土壤有机质含量过高，烟叶后期贪青晚熟，不容易正常落黄，甚至黑暴烟。合适的有机质含量是生产优质烟叶的一个非常重要的指标，有机质过高或过低都都不利于烟草的正常生长发育，对烟叶质量也有不利影响。一般土壤有机质在20.0～40.0g/kg之间比较适合烤烟生产。宁乡县植烟土壤有机质含量变幅为7.40～73.50g/kg，平均含量为43.60g/kg，变异系数为24.56%。由图3-5可知，植烟土壤有机质处于适宜含量范围内的样本占7.79%，“低”和“极低”的样本分别占2.60%、2.60%，“高”和“很高”的样本分别占41.56%、45.45%。

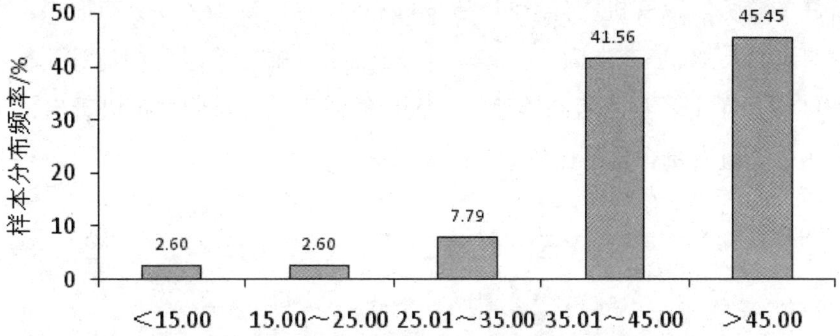


**图3-5　植烟土壤有机质含量分布频率（%）**

2．植烟土壤有机质含量乡镇差异

由图3-6可知，9个乡镇植烟土壤有机质平均值在30.90～55.13g/kg，按从高到低依次为：喻家坳乡＞双凫铺镇＞朱良桥乡＞枫木桥乡＞大屯营乡＞横市镇＞双江口镇＞菁华铺乡＞流沙河镇，除流沙河镇在适宜范围外，其他乡镇都处于中高水平。方差分析结果表明，不同乡镇之间的植烟土壤有机质含量达极显著差异（$F$=10.300；sig.=0.000）。经Duncan多重比较（Duncan’multiple rang test法，下同），喻家坳乡和双凫铺镇植烟土壤有机质含量较高，与菁华铺乡和流沙河镇植烟土壤有机质含量达极显著差异。9个乡镇植烟土壤有机质适宜样本比例在0～40.00%，除流沙河镇、双江口镇、横市镇外，其他乡镇植烟土壤有机质适宜样本比例都较小。

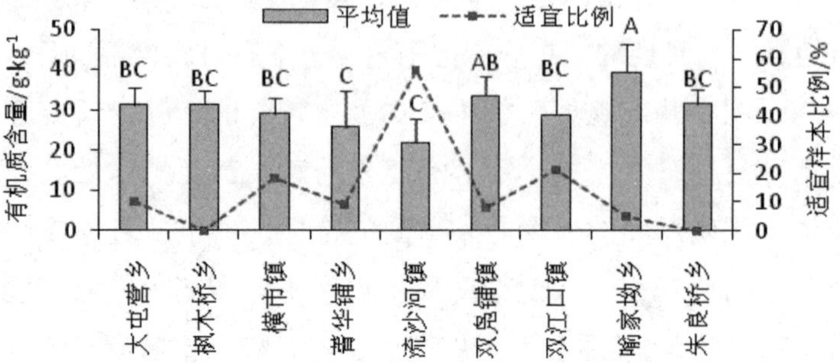


图3-6　不同乡镇植烟土壤有机质含量

3．植烟土壤有机质含量空间分布

由图3-7可知，宁乡县植烟土壤有机质含量总体上呈现出东部和西部低、中部高的趋势。以有机质含量44～51g/kg和51～74g/kg为主要分布面积，有机质含量在11～34g/kg范围内的也有一定分布面积。在宁乡县的中部等地有一个高值区域，在宁乡县的西部等地有一大片低值区域。从图中可以看出，宁乡全县植烟土壤有机含量是比较丰富的。

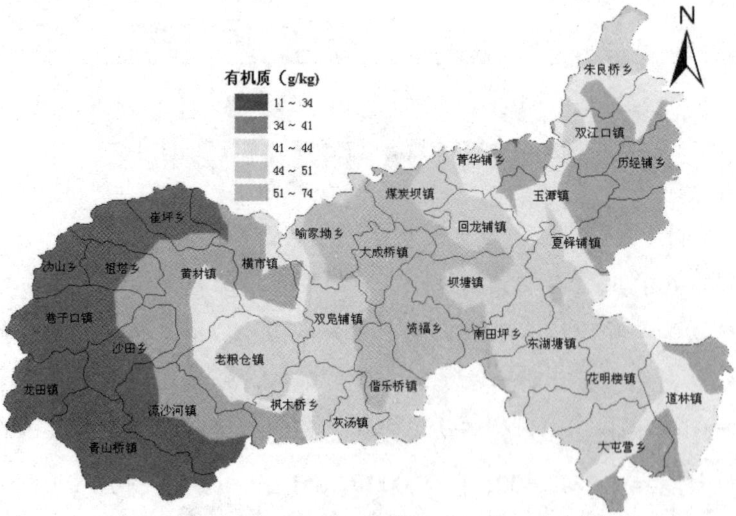


图3-7　植烟土壤有机质含量空间分析

## （三）土壤碱解氮含量分析

1．植烟土壤碱解氮含量状况

氮素营养对烤烟产量、化学成分及品质的影响最为重要，全氮含量只能反映出土壤潜在肥力的高低，但还不足以完全反映土壤供给烟株氮素养分的能力，而碱解氮是土壤有效氮的一个常用指标，是土壤速效氮供应水平的主要评价依据。氮素在烟草植株生长发育过程中起着重要作用，特别是对烟草产量、品质影响最大，可直接影响烟叶内化学成分的积累。一般来说，在适宜的氮、磷、钾营养水平下，随着氮素含量的增高，烟叶产量和品质也随之相应提高。当超过一定限度时，过量的氮使烟叶成熟推迟，干物质减少，含水量增大，烘烤时变黄脱水困难，导致产量和品质下降，特别是烟碱含量过高，影响烟叶的可用性。植烟土壤中适量的氮含量是优质烤烟生产的前提，一般碱解氮大于60mg/kg有利于烤烟的生长。植烟土壤中的碱解氮含量受降雨量、海拔高度、质地、气温、施肥等众多因素的影响，可作为当季烟草推荐施氮的参考指标。宁乡县植烟土壤碱解氮含量变幅为48.00～268.00mg/kg，平均含量为174.38mg/kg，变异系数为21.02%。由图3-8可知，植烟土壤碱解氮处于适宜含量范围内的样本占54.55%，“低”和“极低”的样本分别占5.19%、0.65%，“高”和“很高”的样本分别占37.01%、2.60%。

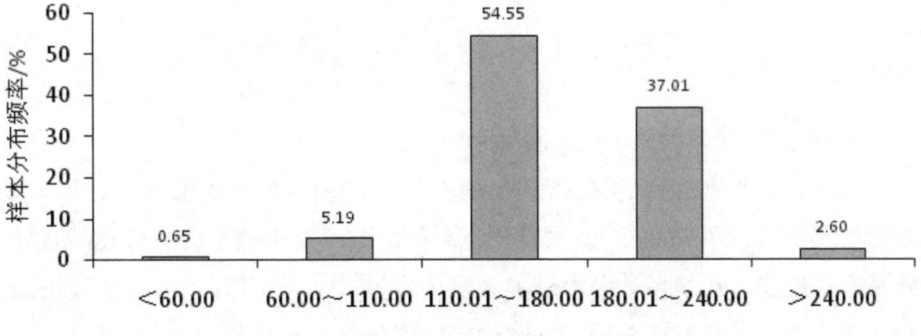


图3-8　植烟土壤碱解氮含量分布频率（%）

2. 植烟土壤碱解氮含量乡镇差异

由图3-9可知，9个乡镇植烟土壤碱解氮平均值在115.00～199.57 mg/kg，按从高到低依次为：喻家坳乡＞朱良桥乡＞双凫铺镇＞大屯营乡＞枫木桥乡＞横市镇＞双江口镇＞菁华铺乡＞流沙河镇。其中，喻家坳乡和朱良桥乡的植烟土壤碱解氮含量偏高。方差分析结果表明，不同乡镇之间的植烟土壤碱解氮含量差异达极显著水平（F=15.686；sig.=0.000）。经Duncan多重比较，喻家坳乡植烟土壤碱解氮含量与流沙河镇达极显著差异。9个乡镇植烟土壤碱解氮含量适宜样本比例在28.57%～78.26%，乡镇之间差异大，按从低到高依次为：喻家坳乡＜朱良桥乡＜双江口镇＜菁华铺乡＜流沙河镇＜枫木桥乡＜大屯营乡＜双凫铺镇＜横市镇。

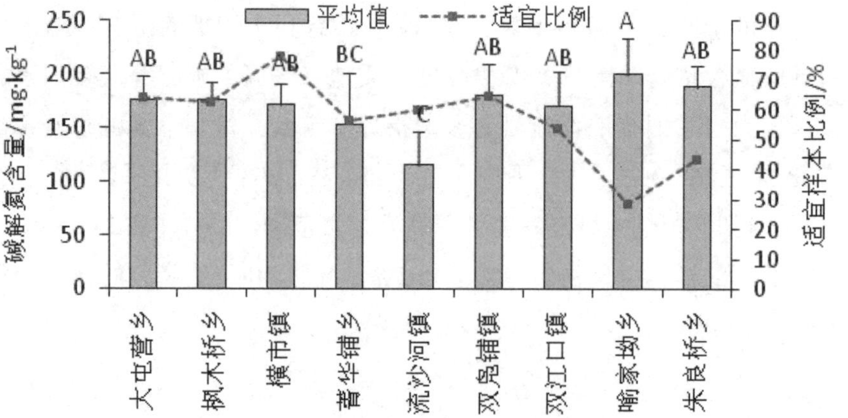


图3-9 不同乡镇植烟土壤碱解氮含量

3. 植烟土壤碱解氮含量空间分布

由图3-10可知，宁乡县植烟土壤碱解氮含量为东高西低分布趋势。以碱解氮含量171～196mg/kg为主要分布面积，碱解氮含量在196～268mg/kg的分布面积较少。在宁乡县的中部的大成桥等地有一个高值区域，在宁乡县的西部等地有一大片低值区域。从图中可以看出，宁乡县植烟土壤碱解氮含量较高。

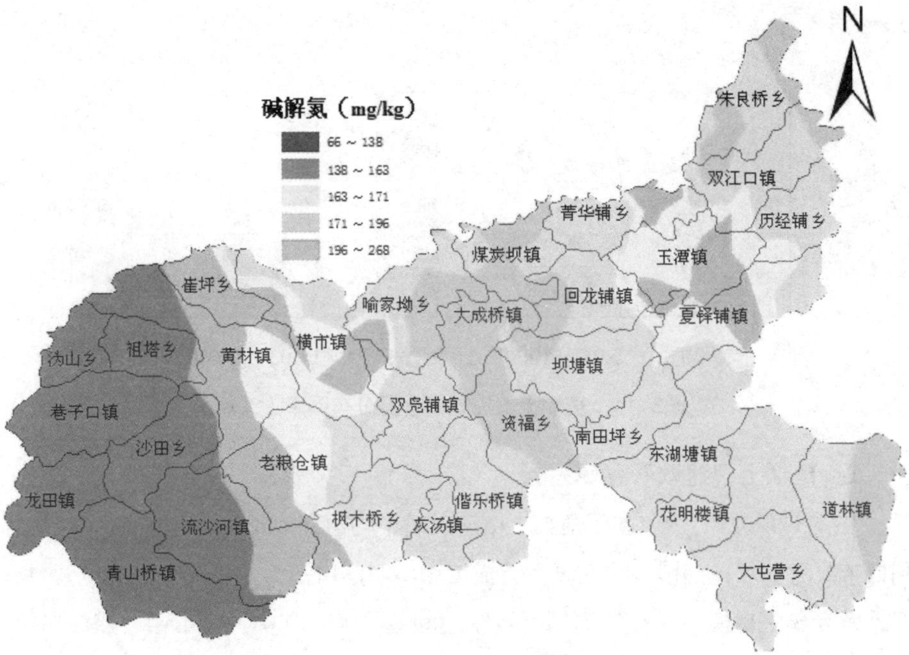


图3-10　植烟土壤碱解氮含量空间分布

## （四）土壤速效磷含量分析

1. 植烟土壤速效磷含量状况

土壤全磷包括土壤速效磷和迟效磷，速效磷只占土壤全磷的很小一部分，且土壤速效磷与全磷无明显的相关性，所以土壤全磷只能作为土壤磷素库容水平的一个指标，不能作为评价土壤肥力的依据，土壤中的速效磷常作为土壤磷素有效供应指标。磷素不足时，烟株的正常生长发育受到影响，烟叶香吃味下降；而磷素过多时，烟株生长浓绿，烤后叶片过厚发脆，油分差、僵硬。植烟土壤速效磷含量对烤烟生长非常重要，一般速效磷含量大于10mg/kg比较适宜烤烟的生长。宁乡县植烟土壤速效磷含量变幅为0.50～58.30 mg/kg，平均含量为19.38mg/kg，变异系数为60.04%。由图3-11可知，植烟土壤速效磷处于适宜含量范围内的样本占38.31%，“低”和“极低”的样本分别占8.44%、2.60%，“高”和“很高”的样本分别占14.29%、36.36%。

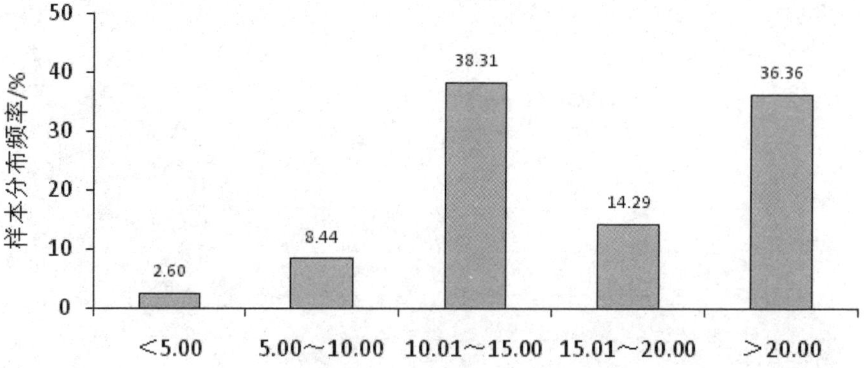


图3-11 植烟土壤速效磷含量分布频率（%）

2. 植烟土壤速效磷乡镇差异

由图3-12可知，9个乡镇植烟土壤速效磷平均值在9.48～27.78 mg/kg，按从高到低依次为：双凫铺镇>喻家坳乡>横市镇>双江口镇>菁华铺乡>大屯营乡>枫木桥乡>朱良桥乡>流沙河镇。乡镇之间差异大，其中，横市镇、双江口镇、菁华铺乡的植烟土壤速效磷含量偏高，双凫铺镇和喻家坳乡的植烟土壤速效磷含量过高，但流沙河镇的植烟土壤速效磷含量较低。方差分析结果表明，不同乡镇之间的植烟土壤速效磷含量差异达极显著水平（$F$=3.824；sig.=0.000）。经Duncan多重比较，双凫铺镇植烟土壤速效磷含量极显著高于大屯营乡、枫木桥乡、朱良桥乡、流沙河镇。9个乡镇植烟土壤速效磷含量适宜样本比例在17.65%～62.50%，乡镇之间差异大，按从低到高依次为：双凫铺镇<喻家坳乡<流沙河镇<横市镇<大屯营乡<菁华铺乡<双江口镇<朱良桥乡<枫木桥乡。

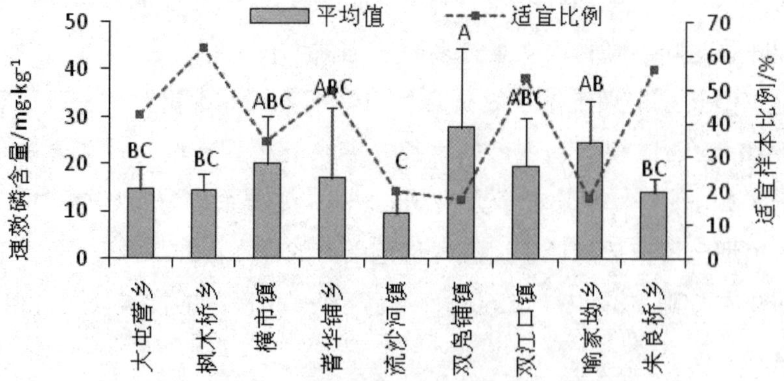


图3-12 不同乡镇植烟土壤速效磷含量

3．植烟土壤速效磷含量空间分布

由图3-13可知，宁乡县植烟土壤速效磷含量为中部高，分别向东和西两个方向降低的分布趋势。以速效磷含量12～20mg/kg为主要分布面积，速效磷含量在34～58mg/kg的分布面积很少。在宁乡县的中部的余家坳、双凫铺、大成桥等地有一个高值区域，在宁乡县的西部等地有一大片低值区域。从图中可以看出，宁乡县植烟土壤有效磷含量均呈丰富状态。

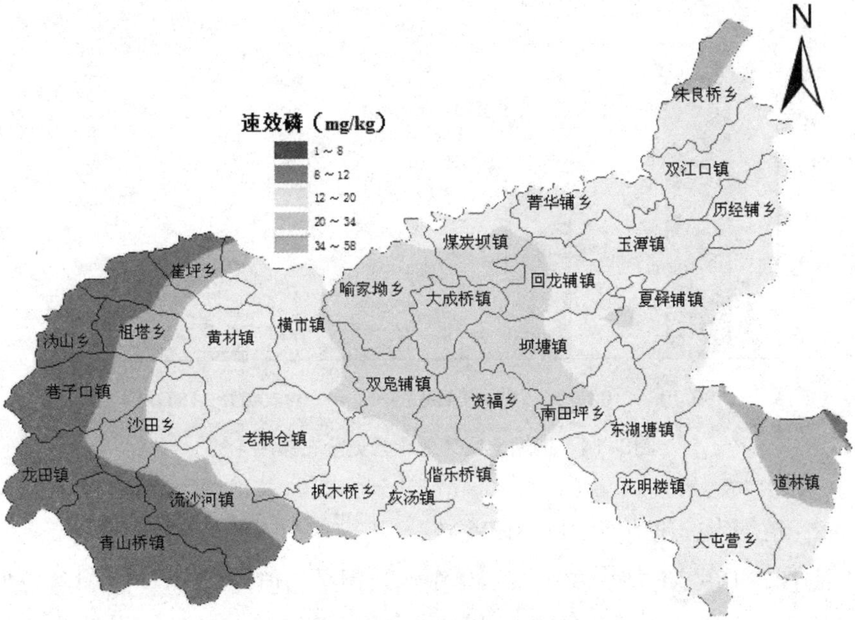


图3-13　植烟土壤速效磷含量空间分布

## （五）土壤速效钾含量分析

1．植烟土壤速效钾含量状况

烤烟是典型的喜钾作物，钾素供应状况直接影响着烟草的产量和质量。烤烟吸收钾元素比其他任何元素都多。钾是多种酶的活化剂，参与植株的光合、呼吸、氮代谢等多种生命过程，充足的钾素供应可保证烟株代谢正常进行，有助于植株健壮生长。钾素不仅与烤烟生长密切相关，还对烟叶品质有较大的影响，它能有效地提高烟叶的香气质和香气量，改善烟叶的燃烧性，降低烟叶燃烧时的温度，减少烟气中的有害物质和焦油释放量，提高烟制品的安全性。土壤全钾只能作为植烟土壤钾素库容水平的一个指标，而速效钾是烤烟吸收利用土壤钾素的主要形式，是衡量植烟土壤中钾含量的重要指标。土壤中钾含量对烤烟品质影响很大，一般认为速效钾含量大于100mg/kg适宜烤烟的生长。宁乡县植烟土壤速效钾含量变幅为25.00～260.00mg/kg，平均含量为87.81mg/kg，变异系数为52.89%。由图3-14可知，植烟土壤速效钾处于适宜含量范围内的样本只占6.49%，“低”和“极低”的样本分别占37.01%、54.55%，“高”的样本占1.95%。

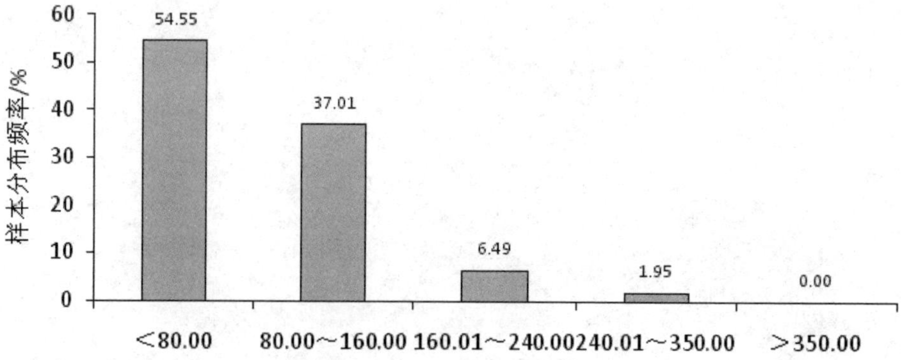


**图3-14 植烟土壤速效钾含量分布频率（%）**

2. 植烟土壤速效钾含量乡镇差异

由图3-15可知，9个乡镇植烟土壤速效钾平均值在32.80～117.13 mg/kg，按从高到低依次为：菁华铺乡＞横市镇＞喻家坳乡＞双凫铺镇＞朱良桥乡＞大屯营乡＞双江口镇＞枫木桥乡＞流沙河镇，都处于较低水平，特别是流沙河镇、枫木桥乡、双江口镇、大屯营乡、朱良桥乡处于极缺乏状态。方差分析结果表明，不同乡镇之间的植烟土壤速效钾含量差异达极显著水平（F=3.952；sig.=0.000）。经Duncan多重比较，菁华铺乡植烟土壤速效钾含量极显著高于流沙河镇、枫木桥乡、双江口镇。9个乡镇植烟土壤速效钾含量适宜样本比例为0～20.00%，乡镇之间差异大，除菁华铺乡、喻家坳乡、横市镇以外，其他乡镇都没有在适宜范围内的植烟土壤样本。

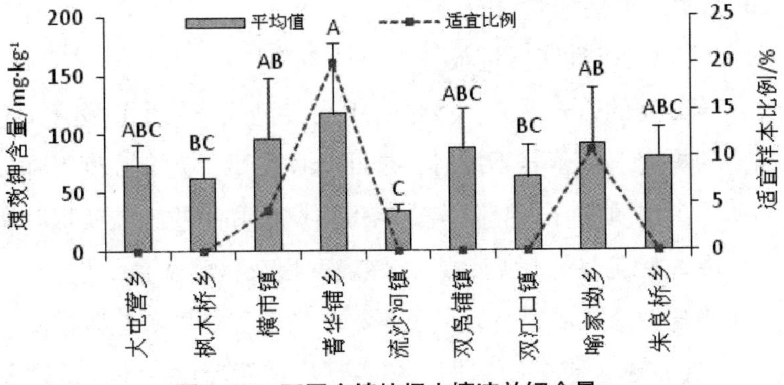


图3-15　不同乡镇植烟土壤速效钾含量

3. 植烟土壤速效钾含量空间分布

由图3-16可知，宁乡县植烟土壤速效钾含量分布较为均匀，有从中部分别向东和西南两个方向降低的分布趋势。以速效钾含量74～105mg/kg为主要分布面积，速效钾含量在140mg/kg以上的分布面积很少。在宁乡县的西南部的流沙河、青山桥等，以及东南部的道林和东北部的历经铺乡各有一个低值区。从图中可以看出，宁乡县植烟土壤速效钾含量大都为缺乏状态，应注意增施钾肥。

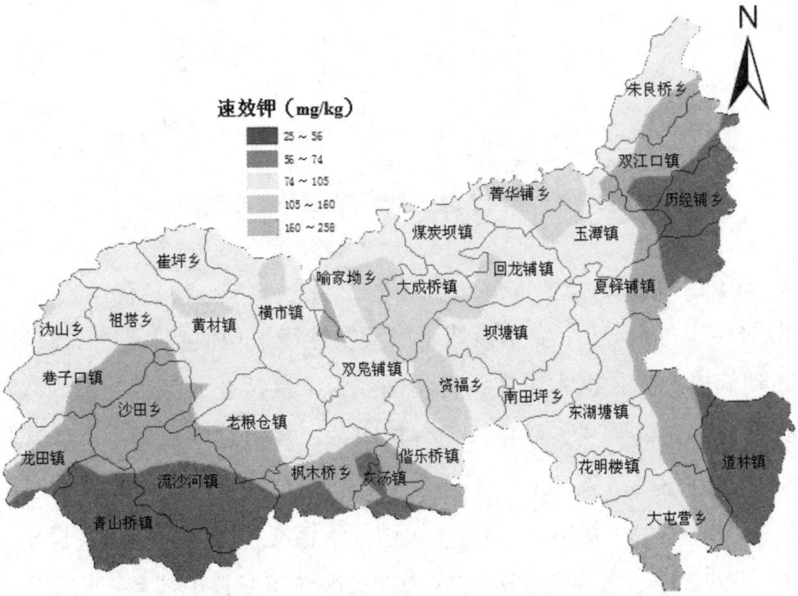


图3-16　植烟土壤速效钾含量空间分布

## （六）土壤交换性镁含量分析

1. 植烟土壤交换性镁含量状况

镁是烟草必需的营养元素，适量的Mg可促进烟草的生长发育，有利于烟叶内在品质的提高。镁营养不足时，烟叶叶片失绿，光合强度下降，碳水化合物、脂肪、蛋白质的合成受阻，影响烟草产量和品质。缺镁烟叶调制后光泽差、油分差、无弹性，燃烧性差，燃烧后烟灰呈暗灰色、烟灰凝结性差。随着烟区作物复种指数的提高，以及不科学的耕种制度和施肥措施（特别是钾肥用量），导致越来越多的植烟土壤表现出镁营养供应不足的现象，使镁素成为限制烟草产量和质量的重要因素之一。宁乡县植烟土壤交换性镁含量变幅为0.58～2.55cmol/kg，平均含量为1.36cmol/kg，变异系数为31.48%。由图3-17可知，植烟土壤交换性镁处于适宜含量范围内的样本占55.84%，“低”的样本占18.83%，“高”的样本占25.32%。

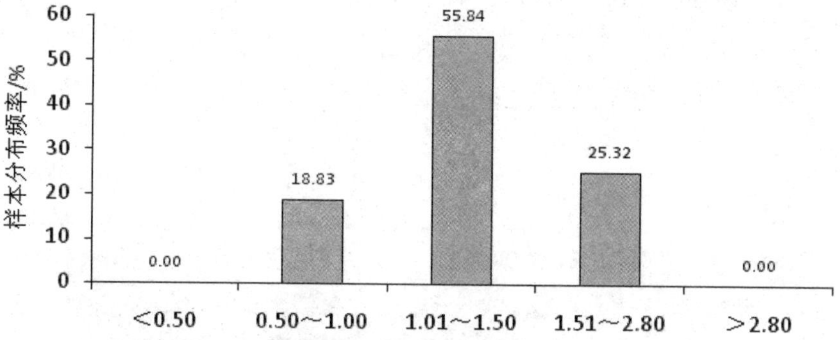

图3-17　植烟土壤交换性镁含量分布频率（%）

2. 植烟土壤交换性镁含量乡镇差异

由图3-18可知，9个乡镇植烟土壤交换性镁平均值在1.20～1.52cmol/kg，按从高到低依次为：枫木桥乡＞菁华铺乡＞朱良桥乡＞流沙河镇＞双江口镇＞喻家坳乡＞大屯营乡＞双凫铺镇＞横市镇，乡镇之间差异不大，都处于适宜水平。方差分析结果表明，不同乡镇之间的植烟土壤交换性镁含量差异不显著（F=0.963；sig.=0.467）。9个乡镇植烟土壤交换性镁含量适宜样本比例为40.00% ～82.35%，按从低到高依次为：流沙河镇＜菁华铺乡＜喻家坳乡＜枫木桥乡＜横市镇＜朱良桥乡＜双江口镇＜大屯营乡＜双凫铺镇。

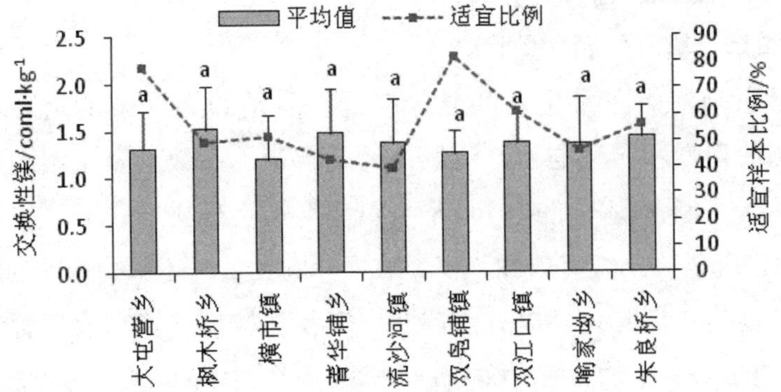


图3-18 不同乡镇植烟土壤交换性镁含量

3. 植烟土壤交换性镁含量空间分布

由图3-19可知，宁乡县植烟土壤交换性镁含量分布较为均匀，有从西南部分别向东和西北两个方向降低的分布趋势。以交换性镁含量1.4～1.8 cmol / kg为主要分布面积，交换性镁含量在1.1 cmol /kg以下的分布面积很少。在宁乡县的西北部的祖塔、崔坪等，以及东南部的道林和东北部的历经铺乡各有一个低值区。从图中可以看出，宁乡县植烟土壤交换性镁含量大都为丰富状态。

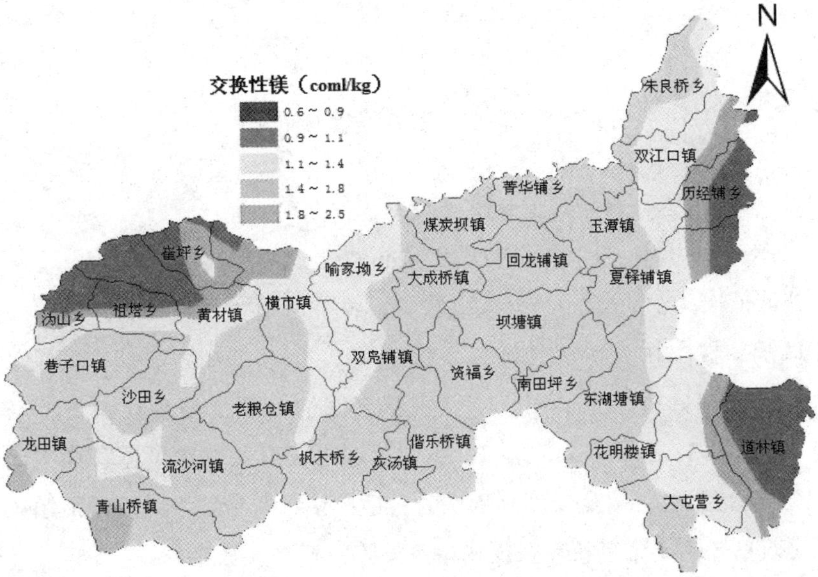


图3-19 植烟土壤交换性镁含量空间分布

## （七）土壤有效硼含量分析

1. 植烟土壤有效硼含量状况

硼是影响烤烟正常生长和最终产量、质量的必需微量元素之一。烤烟体内硼的积累和转移与植烟土壤中硼的含量、有效性及土壤理化性质有着密切关系。硼含量不足或过量都会引起烤烟生理机能失调，生长发育不良，抗病性降低。土壤有效硼不仅影响烟叶硼含量，还影响烟叶的糖碱比和氮碱比以及其他烟叶化学成分协调性。宁乡县植烟土壤有效硼含量变幅为0.13～0.73mg/kg，平均含量为0.40mg/kg，变异系数为33.00%。由图3-20可知，植烟土壤有效硼处于适宜含量范围内的样本占63.64%；“低”和“极低”的样本分别占26.62%、0.65%，“高”的样本占9.09%。

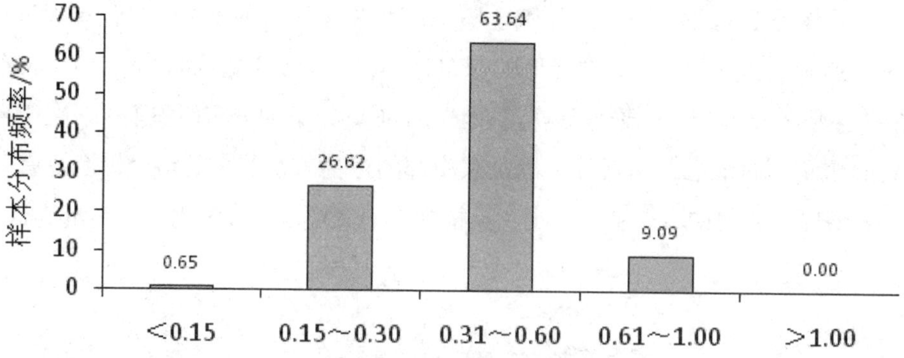


图3-20 植烟土壤有效硼含量分布频率（%）

2. 植烟土壤有效硼含量乡镇差异

由图3-21可知，9个乡镇植烟土壤有效硼平均值在0.34～0.45mg/kg，按从高到低依次为：菁华铺乡>大屯营乡>流沙河镇>朱良桥乡>喻家坳乡>双江口镇>枫木桥乡>双凫铺镇>横市镇，乡镇之间差异不大，都处于适宜水平。方差分析结果表明，不同乡镇之间的植烟土壤有效硼含量差异不显著（F=1.643；sig.=0.117）。9个乡镇植烟土壤有效硼含量适宜样本比例在47.83% ～85.71%，按从低到高依次为：横市镇<菁华铺乡<流沙河镇<双江口镇<双凫铺镇<朱良桥乡<枫木桥乡<喻家坳乡<大屯营乡。

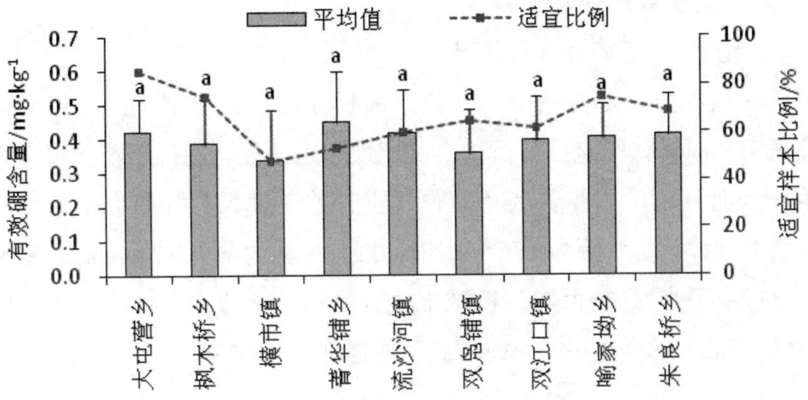


图3-21　不同乡镇植烟土壤有效硼含量

3．植烟土壤有效硼含量空间分布

由图3-22可知，宁乡县植烟土壤有效硼含量有从西向东递减的分布趋势。以有效硼含量0.3～0.4 mg /kg为主要分布面积，有效硼含量在0.3 mg /kg以下的分布面积很少。从图中可以看出，宁乡县植烟土壤有效硼含量为丰富状态。

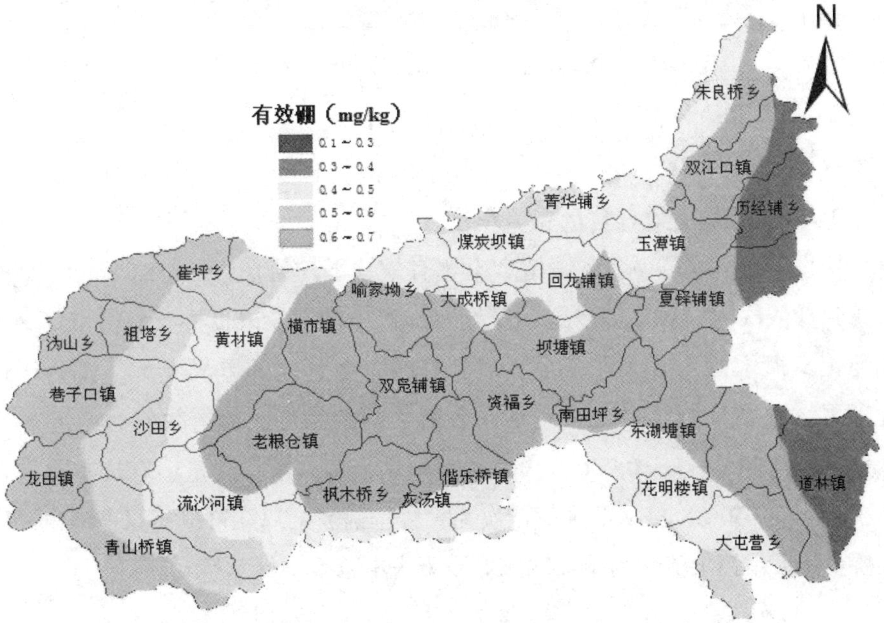


图3-22　植烟土壤有效硼含量空间分布

### （八）土壤有效锌含量分析

1．植烟土壤有效锌含量状况

锌是植物生长不可缺少的元素，适量保持锌在土壤中的含量能够预防生理病害，同时锌肥能提高植物的抗寒性和耐盐性。施锌肥不仅可以促进烟草生长，而且还可以改善烟叶的香气质、香气量、杂气和余味。宁乡县植烟土壤有效锌含量变幅为0.76～2.78mg/kg，平均含量为1.74mg/kg，变异系数为29.37%。由图3–23可知，植烟土壤有效锌处于适宜含量范围内的样本占55.19%；“低”的样本占9.74%；“高”的样本占35.06%。

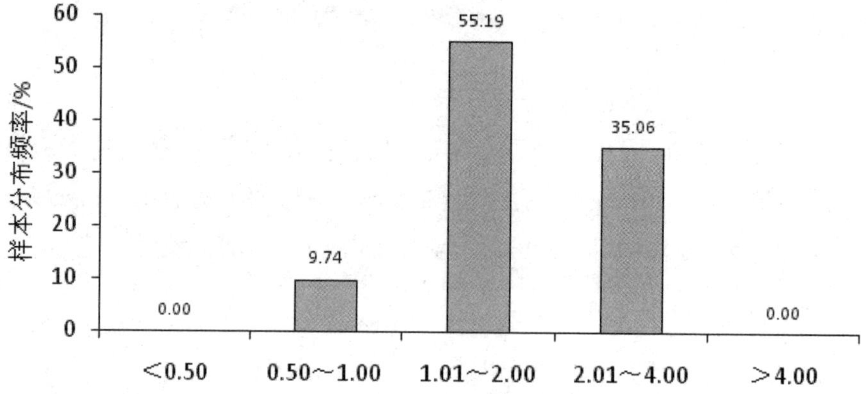


图3–23 植烟土壤有效锌含量分布频率（%）

2．植烟土壤有效锌含量乡镇差异

由图3–24可知，9个乡镇植烟土壤有效锌平均值在1.55～1.82mg/kg，按从高到低依次为：菁华铺乡＞喻家坳乡＞双凫铺镇＞朱良桥乡＞横市镇＞流沙河镇＞枫木桥乡＞大屯营乡＞双江口镇，乡镇之间差异不大，都处于适宜水平。方差分析结果表明，不同乡镇之间的植烟土壤有效锌含量差异不显著（$F$=0.596；sig.=0.780）。9个乡镇植烟土壤有效锌含量适宜样本比例在43.33%～87.50%，按从低到高依次为：菁华铺乡＜双江口镇＜双凫铺镇＜朱良桥乡＜横市镇＜流沙河镇＜喻家坳乡＜大屯营乡＜枫木桥乡。

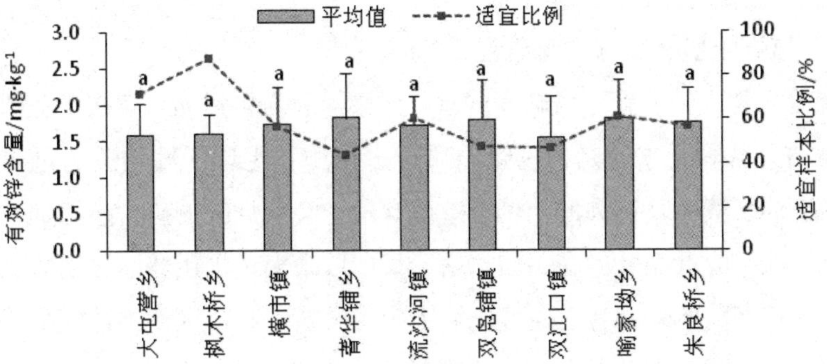


图3-24　不同乡镇植烟土壤有效锌含量

3．植烟土壤有效锌含量空间分布

由图3-25可知，宁乡县植烟土壤有效锌含量有从东向西递减的分布趋势。以有效锌含量1.7～1.9 mg /kg为主要分布面积，其次为有效锌含量在1.4～1.7 mg /kg分布面积。在宁乡县西部的青山桥、龙田、沙田、巷子口、沩山、祖塔、崔坪等地为低值区；在宁乡县东北部的历经铺、双江口、朱良桥等地有一个高值区。从图中可以看出，宁乡县植烟土壤有效锌含量大部分地区为丰富状态。

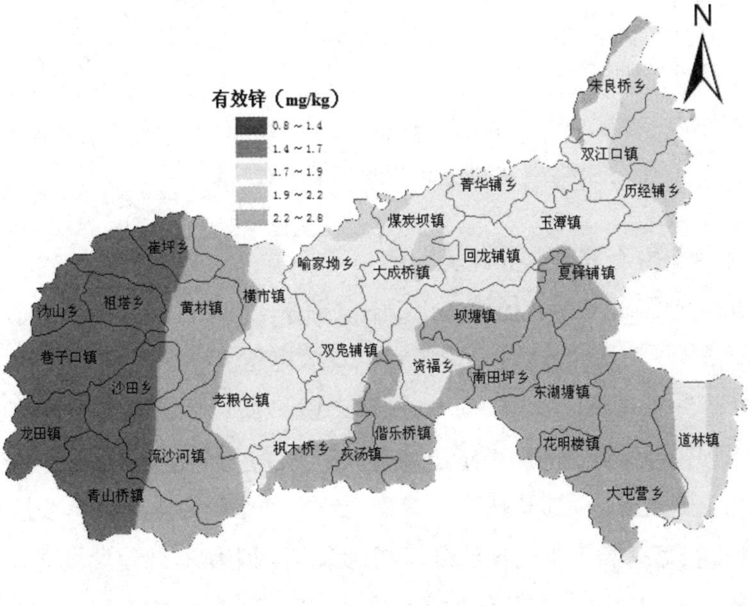


图3-25　植烟土壤有效锌含量空间分布

## （九）土壤有效硫含量分析

1. 植烟土壤有效硫含量状况

硫是作物生长发育不可缺少的营养元素，就需要量而言仅次于氮磷钾，被列为第四大营养元素，是植物蛋白质、多种酶和生理活性物质的重要组成元素。在植烟土壤中，过高的土壤有效硫含量，会使烟叶的硫含量增加，影响烟叶的燃烧性，降低烟叶内在品质。由于长期以来大量施用普通过磷酸钙和硫酸钾等含硫较高的肥料，且在酸性土壤中硫的有效性高，因此烟株很少会出现缺硫的现象。一般认为土壤的硫含量的临界值为12mg/kg。宁乡县植烟土壤有效硫含量变幅为11.76～142.85mg/kg，平均含量为28.35mg/kg，变异系数为68.43%。由图2-26可知，植烟土壤有效硫处于适宜含量范围内的样本占33.77%；“低”和“极低”的样本没有，“高”和“很高”的样本分别占55.19%、11.04%。

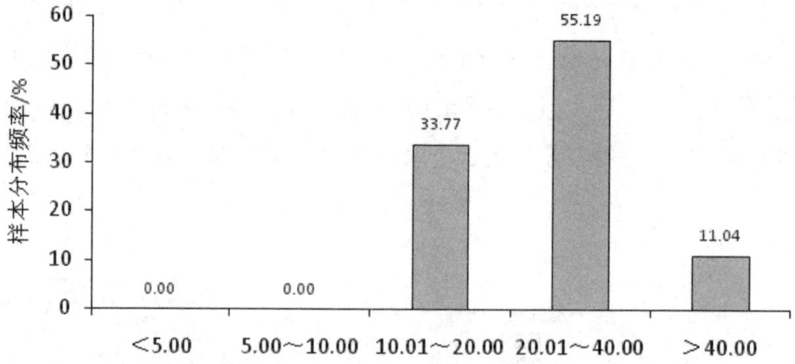

图3-26 植烟土壤有效硫含量分布频率（%）

2. 植烟土壤有效硫含量乡镇差异

由图3-27可知，9个乡镇植烟土壤有效硫平均值在21.95～37.15mg/kg，按从高到低依次为：双凫铺镇>菁华铺乡>大屯营乡>流沙河镇>枫木桥乡>双江口镇>朱良桥乡>喻家坳乡>横市镇，都处于较高水平。方差分析结果表明，不同乡镇之间的植烟土壤有效硫含量差异达显著水平（F=2.274；sig.=0.025）。经Duncan多重比较，双凫铺镇、菁华铺乡、大屯营乡植烟土壤有效硫含量极显著高于其他各乡镇。9个乡镇植烟土壤有效硫含量适宜样本比例为11.76% ～53.85%，按从低到高依次为：双凫铺镇<大屯营乡<流沙河镇

＜菁华铺乡＜喻家坳乡＜枫木桥乡＜朱良桥乡＜横市镇＜双江口镇。

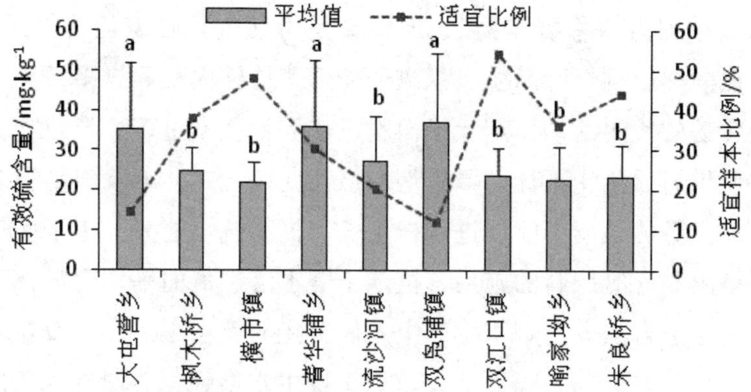


图3-27 不同乡镇植烟土壤有效硫含量

3. 植烟土壤有效硫含量空间分布

由图3-28可知，宁乡县植烟土壤有效硫含量有从中部分别向东北、西北、西南方向减少的分布趋势。以有效硫含量26～48mg /kg为主要分布面积，其次为有效硫含量在20～26 mg /kg分布面积。从图中可以看出，宁乡烟区土壤有效硫含量大部分偏高，需注意含硫肥料的施用。

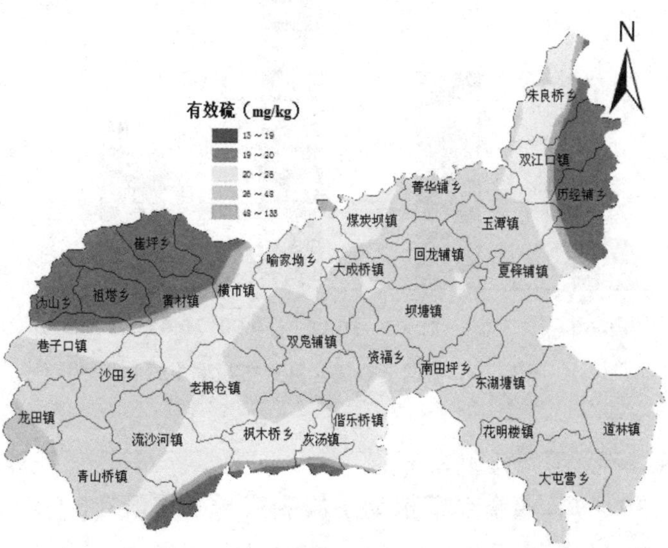


图3-28 植烟土壤有效硫含量空间分布

## （十）土壤氯含量分析

1. 植烟土壤氯含量状况

烟草被列为“忌氯作物”，但氯又是烤烟生长必需的营养元素之一，烟株缺氯同样影响烟叶品质。氯离子在烟草植株内积累过多，会干扰烟草碳水化合物的代谢活动，烟叶厚而脆，使淀粉积累过多，导致叶缘向上卷起；并使烘烤后色味不佳，原料烟燃烧性变差；在贮藏期间易吸湿，引起霉烂。但少量的氯离子能促进烟株生长，提高抗旱能力。由于多年来烤烟生产严格限制含氯肥料的施用，植烟土壤水溶性氯的平均含量并不高。土壤中氯的含量自然成为烟草生产中人们关注的重点之一。一般要求植烟土壤氯离子含量在40 mg/kg以下，植烟土壤中水溶性氯含量在大于2.0mg/kg而小于30.0 mg/kg时较适宜烤烟生长。宁乡县植烟土壤氯离子含量变幅为2.80～48.3mg/kg，平均含量为14.85mg/kg，变异系数为82.67%。由图3-29可知，植烟土壤氯离子含量处于适宜含量范围内的样本占40.58%；“低”的样本占30.34%，“极低”的样本占7.25%，“高的”样本占18.84%，“很高”的样本占2.90%。

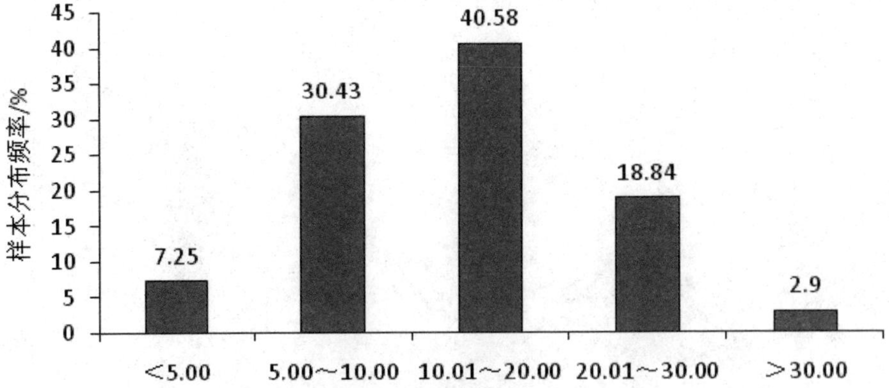


图3-29 植烟土壤氯含量分布频率（%）

2. 植烟土壤氯含量乡镇差异

由图3-30可知，9个乡镇植烟土壤氯离子平均值在8.94～24.85mg/kg，按从高到低依次为：朱良桥乡＞双江口镇＞双凫铺镇＞流沙河镇＞枫木桥乡＞横市镇＞余家坳乡＞大屯营乡＞青华铺乡。除朱良桥乡和双江口镇植烟土壤氯离子含量较高外，其余乡镇氯离子含量都在适宜范围内。方差分析结果表明，不同乡镇之间的植烟土壤氯离子含量差异达显著水平（$F$=48.764；sig.=0.011）。经Duncan多重比较，朱良桥乡植烟土壤氯离子含量显著高于大屯营乡、菁华铺乡、横市镇、喻家坳乡。9个乡镇植烟土壤氯离子含量适宜样本比例在23.08%～71.43%，按从低到高依次为：横市镇＜双江口镇＜大屯营乡＜菁华铺乡＜流沙河镇＜喻家坳乡＜朱良桥乡＜双凫铺镇＜枫木桥乡。

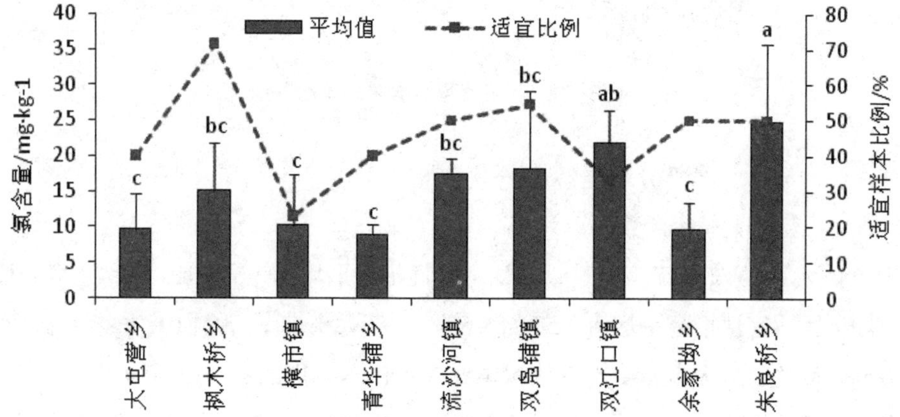


图3-30　不同乡镇植烟土壤氯含量

3. 植烟土壤氯含量空间分布

由图3-31可知，宁乡县植烟土壤水溶性氯含量总体上呈两头高（西南部、东北部）、中部低的分布态势。在西南部的流沙河镇与青山桥镇植烟土壤氯离子含量较高，以及东北部的朱良桥乡和双江口镇植烟土壤氯离子含量，是2个高值区；在花明楼镇等地含量较低，是1个低值区。水溶性氯含量在大10.5～14.0mg/kg分布的面积最大，其次是水溶性氯含量在大14.0～17.5mg/kg分布的面积，几乎占五分之四。从图中可以看出，宁乡烟区土壤水溶性氯含量适宜生产优质烤烟。

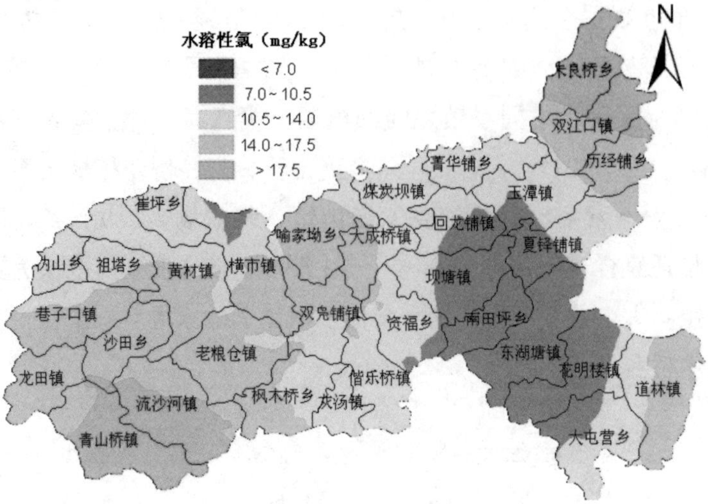


图3–31　植烟土壤氯含量空间分布

## （十一）土壤养分含量综合评价

1. 土壤适宜性指数等级评定

由表3–3可知，宁乡县植烟土壤适宜性指数平均值为59.75，属3级。各乡镇植烟土壤适宜性指数平均值在50.84～65.01，按大小排序为：枫木桥乡＞流沙河镇＞朱良桥乡＞大屯营乡＞双江口镇＞横市镇＞菁华铺乡＞双凫铺镇＞喻家坳乡。从各级比例看，主要集中在2级和3级，占87.01%，没有样本土壤适宜性指数在5级，在4级的植烟土壤样本也少（1.95%）。从各产烟乡镇的植烟土壤适宜性指数看，以枫木桥镇植烟土壤的适宜性指数较高，有37.50%的植烟土壤适宜性指数在1级，有50.00%的植烟土壤适宜性指数在2级。从各县植烟土壤适宜性指数的变异系数看，变异系数不大，按从低到高排序为：大屯营乡＜流沙河镇＜双凫铺镇＜横市镇＜朱良桥乡＜枫木桥乡＜双江口镇＜喻家坳乡＜菁华铺乡。

表3–3　宁乡县主产烟叶乡镇植烟土壤适宜性指数（*SFI*）及等级评定

| 烟区 | 各级比例/% | | | | | 变幅 | 平均值±标准差 | 变异系数/% |
|---|---|---|---|---|---|---|---|---|
| | *SFI* ≥70% | 60%≤*SFI* ＜70% | 40%≤*SFI* ＜60% | 20%≤*SFI* ＜40% | *SFI* ＜20% | | | |
| 大屯营乡 | 7.14 | 71.43 | 21.43 | – | – | 53.79～76.61 | 62.93 ± 5.23 | 8.31 |
| 枫木桥乡 | 37.50 | 50.00 | 12.50 | – | – | 49.05～74.17 | 65.01 ± 7.85 | 12.07 |

（续表）

| 烟区 | 各级比例/% | | | | | 变幅 | 平均值±标准差 | 变异系数/% |
|---|---|---|---|---|---|---|---|---|
| | *SFI*≥70% | 60%≤*SFI*<70% | 40%≤*SFI*<60% | 20%≤*SFI*<40% | *SFI*<20% | | | |
| 横市镇 | 8.70 | 60.87 | 30.43 | – | – | 46.31～71.57 | 62.09 ± 6.15 | 9.91 |
| 菁华铺乡 | 13.33 | 63.33 | 13.33 | 10.00 | – | 30.37～79.06 | 61.42 ± 11.43 | 18.62 |
| 流沙河镇 | – | 80.00 | 20.00 | – | – | 55.56～69.81 | 64.45 ± 5.93 | 9.20 |
| 双凫铺镇 | 5.88 | 17.65 | 76.47 | – | – | 49.79～71.53 | 56.48 ± 5.57 | 9.86 |
| 双江口镇 | 23.08 | 30.77 | 46.15 | – | – | 49.20～73.35 | 62.53 ± 7.58 | 12.12 |
| 喻家坳乡 | – | 14.29 | 85.71 | – | – | 40.71～66.90 | 50.84 ± 7.03 | 13.83 |
| 朱良桥乡 | 18.75 | 56.25 | 25.00 | – | – | 43.85～74.35 | 63.23 ± 7.50 | 11.87 |
| 平均 | 11.04 | 46.10 | 40.91 | 1.95 | – | 30.37～79.06 | 59.75 ± 8.97 | 15.00 |

2．土壤适宜性指数空间分布

为进一步了解宁乡县植烟土壤适宜性指数空间分布状况，利用ArcGIS软件，采用Kriging插值方法绘制植烟土壤适宜性指数空间分布图（如图3–32所示）。由图可知，以*SFI*值在61～67范围的分布面积最大，其次是*SFI*值在67～79范围的分布面积，*SFI*值在53～58范围的分布面积较小，*SFI*值在53以下范围的分布面积只在余家坳乡的极小部分地区。从*SFI*值的分布趋势看，有从中部分别向西、东两个方向递增的趋势。从图中看，宁乡县植烟土壤适宜烤烟种植。

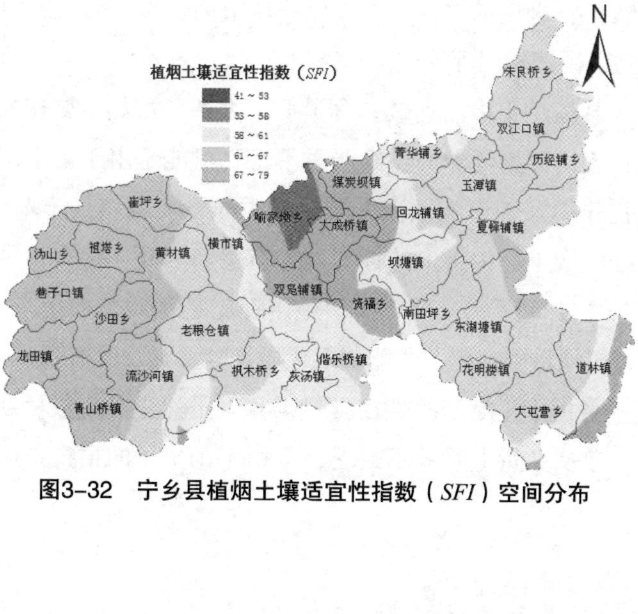


图3–32　宁乡县植烟土壤适宜性指数（*SFI*）空间分布

## 三、讨论

（1）宁乡县植烟土壤基本上呈弱酸性至中性，pH值大于7.50和小于5.00的样本所占比例均较小，绝大多数土壤pH值能满足生产优质烟叶的要求。但部分土壤应适当提高pH值，特别是pH值在5.00以下的土壤，应适量使用石灰、白云石或其他碱性肥料，调整土壤至合适的pH值范围，以便更好地满足烟草生长发育对pH值的要求，并促进土壤养分的有效化。

（2）宁乡县植烟土壤有机质含量丰富，还有一大部分植烟土壤有机质含量偏高。据此，在选择植烟田块时，应尽量选择有机质含量中等水平的田块。对有机质含量丰富的植烟田块，应严格控制氮肥的施用。但对个别有机质偏低的田块，可在烤烟前茬增施有机肥，实行轮作，亦可在植烟当季施用活性有机质高的肥料以保证土壤有机质不致下降过快以及促进土壤有机质的更新。

（3）宁乡县植烟植烟土壤碱解氮含量处于中等至偏高水平，供氮水平较高。因此，在烤烟生产过程中要注意氮肥的有效施用。烤烟氮肥施用宜早不宜晚，因地制宜地控制施用量。

（4）宁乡县植烟土壤速效磷含量基本处于中等偏高的水平，有较大部分植烟土壤速效磷含量过高，要引起足够重视。因此，在生产上应注意根据土壤类型和各地土壤供磷能力的实际情况及土壤速效磷的变异状况，有针对性地调整配方中磷素的比例，少施或适当施用磷肥。特别是植烟稻田的磷肥施用须更为谨慎，要避免烟农在当季或轮作季节因价格便宜，盲目在稻田大量施用过磷酸钙、钙镁磷肥等磷肥。

（5）宁乡县植烟土壤的速效钾含量低，大部分植烟土壤速效钾处于缺乏或潜在缺乏状态，钾素营养的供给严重不足，可能是由于黏土矿物对钾的固定、钾钙拮抗作用及钾素随水流失所致，也与宁乡县植烟土壤大多为稻田，杂交水稻的推广从土壤中带走的钾素增加有关。因此，钾素不足是宁乡县植烟土壤面临的主要问题，合理、科学施用钾肥是优质烤烟生产的重要措施。特别是植烟稻田须重施钾肥，才能获取优质烟叶。

（6）宁乡县植烟土壤交换性镁含量丰富。虽然全县多数植烟土壤交换性镁含量较高，单从数量上看并不缺乏，但由于阳离子的拮抗作用，都或多或少存在土壤交换性镁不足及潜在性缺乏的植烟土壤。因此，在施用钾肥时，配合施用镁肥，以免由于钾和镁的拮抗作用引起烟草缺镁。对于个别有缺镁症状发生烟田的镁补充最好采用叶面喷施硫酸镁水溶液，施用时间在烤烟移栽成活到旺长前期这段时间内为好。

（7）宁乡县大部分植烟土壤的有效硼含量处于适宜水平，但有部分植烟土壤有效硼处于缺硼或潜在缺硼状态。因此，硼肥的施用也不能忽视，在前季没有施用硼肥或施硼量过少的，须注意适当增施硼肥，提高和稳定烟叶质量。

（8）宁乡县植烟土壤有效锌含量适宜，可满足烤烟正常生长发育对锌的需求。

（9）宁乡县植烟土壤有效硫含量较高，特别是双凫铺镇、菁华铺乡、大屯营乡的植烟土壤硫含量过高，要引起足够的重视。针对部分植烟土壤硫含量偏高的问题，生产上要合理施用硫酸钾肥，也可有指导地适当施用氯化钾来代替硫酸钾，以达到既满足烤烟对钾的需求又降低土壤中过量硫的积累的目标。

（10）宁乡县植烟土壤水溶性氯的平均含量并不高，在适宜的含量范围内。但有部分植烟土壤水溶性氯含量严重偏低，应引起重视。

（11）宁乡县植烟土壤适宜性指数平均值为59.75，属3级。各乡镇植烟土壤适宜性指数存在差异，但大都在3级以上。土壤适宜性指数有从中部分别向西、东两个方向递增的趋势。宁乡县植烟土壤适宜烤烟种植。

## 第二节　基地气候特征及与国内外烟区相似性分析

烟叶品质问题是烟草业可持续发展的核心问题，生态决定优质烟叶的风格特色，其中气候因素是形成优质烟叶特色的主要生态学外因。烟草生长发育需要在一定的光、温、水等气象条件下才能顺利进行，才能形成丰富的内含物和独特的香气风格。气候资源是烟叶生产优质、高效不可缺少的基本因素。能否达到烤烟大面积优质、适产，很大程度上取决于能否有效地根据当地当时的气候条件进行组织、做出科学安排。有关气候因素对烤烟质量影响的研究一直受到重视，但人类在目前的科技条件下还无法进行气候调控。宁乡烟区气候温光充足，降水充沛，为烟叶生产适宜区，气象条件完全能满足烟叶及后季作物的优质、高效。但在温、光、水分配上既有地带差异，又有垂直差异，灾害性天气时有出现，给烟叶生产造成一定的危害。鉴于此，本研究拟通过对湖南宁乡烟区气候资源特征及灾害发生发展规律与分布特点的分析，以及与国内外主要烟区的气候比较和相似性分析，并运用模糊数学对其适宜性进行评价，以期为更好地适应当地气候条件，为宁乡县烤烟生产、烤烟种植布局和现代烟草农业整县推进提供科学依据。

## 一、材料与方法

### （一）资料来源

宁乡县气象资料由宁乡县气象局提供，国内外优质烟区气象数据来源于文献。津巴布韦（索尔兹伯里，纬度17°50′S，经度31°01′W，海拔1470m）烟区烤烟大田期的第一至第五月分别是指当地10月、11月、12月、次年1月、次年2月，巴西（阿莱格雷特，纬度29°41′S，经度55°31′W，海拔121m）烟区烤烟大田期的第一至第五月分别是指当地9月、10月、11月、12月、次年1月，美国（查尔斯顿，纬度32°54′S，经度80°02′W，海拔12m）烟区烤烟大田期的第一至第五月分别是指当地，4月、5月、6月、7月、8月，遵义（遵义，纬度27°42′N，经度106°53′E，海拔844.9m）烟区烤烟大田期的第一至第五月分别是指当地5月、6月、7月、8月、9月，龙岩（龙岩，纬度25°06′N，经度117°01′E，海拔341.9m）烟区烤烟大田期的第一至第五月分别是指当地2月、3月、4月、5月、6月，许昌（许昌，纬度34°01′N，经度113°51′E，海拔67.0m）烟区烤烟大田期的第一至第五月分别是指当地4月、5月、6月、7月、8月，郴州（郴州，纬度25°45′N，经度112°59′E，海拔184.9m）烟区烤烟大田期的第一至第五月分别是指当地3月、4月、5月、6月、7月，宁乡县烤烟大田期的第一至第五月分别是指当地3月、4月、5月、

6月、7月。

考虑到目前烟草育苗全部采用保温育苗，本研究只选择对烤烟生长发育及烤烟品质影响较大的烤烟大田期平均气温、日照时数、降雨量等3个气象要素进行相似性分析。

**（二）气候相似性分析方法**

气候相似分析采用多维空间相似距离来度量各地间的相似程度，相似距离越大，相似程度越低；反之，相似程度越高。本研究的相似距离采用欧氏距离，其计算公式为：

$$d_{jk}=\sqrt{\sum_{i=1}^{n}(x_j-x_k)^2/n}$$

式中，$d_{jk}$为两地间的距离，$x_{ij}$和$x_{ik}$分别为$j$地点和$k$地点第$i$个气候指标标准化处理后的数值，$n$为气候指标的个数。

根据湖南宁乡烟区实际情况，将气候相似距离划分为5个等级，即$d_{jk}\leqslant 0.5$为高度相似，$0.5<d_{jk}\leqslant 1.0$为较高相似，$1.0<d_{jk}\leqslant 1.5$为中度相似，$1.5<d_{jk}\leqslant 2.0$为较低相似，$d_{jk}>2.0$为低度相似。

**（三）气候适宜性评价方法**

本研究运用隶属函数模型与指数和法来分析宁乡县主烟区的气候适宜性。设有$m$个烟区（$m$=1,...,$j$），每个烟区有$n$个气候指标（$n$=1,...,$i$），$N_{ij}$和$W_{ij}$分别表示第$j$个烟区、第$i$个气候指标的隶属度值和权重系数，其中$0<N_{ij}\leqslant 1$，$0<W_{ij}\leqslant 1$，且满足$\sum_{j=1}^{m}W_{ij}=1$，则各烟区的气候适宜性指数（Climate Feasibility Index）可表示为：$CFI=\sum_{j=1}^{m}N_{ij}*W_{ij}$。

由于各气候指标的量纲和最适值范围不一致，运用模糊数学理论计算各气候指标的隶属度，使各气候指标的原始数据转换为0.1～1的数值，以消除量纲影响。烤烟适宜性气候指标的隶属函数为抛物线型，函数表达式参见第三章。根据以往研究，结合湖南实际，确定各气候指标的隶属函数类型及转折点。运用主成分分析法，提取累积贡献率≥90%的3个主成分，计算得到各化学成分指标的权重值（如表3–4所示）。

表3-4 气候指标的隶属函数拐点和权重值

| 气候指标 | 拐点 | | | | 权重/% |
|---|---|---|---|---|---|
| | 下临界值$x_1$ | 最优值下限$x_3$ | 最优值上限$x_4$ | 上临界值$x_2$ | |
| 伸根期均温/℃ | 12 | 18 | 28 | 35 | 11.51 |
| 旺长期均温/℃ | 15 | 20 | 28 | 35 | 13.05 |
| 成熟期均温/℃ | 16 | 20 | 25 | 35 | 13.37 |
| 伸根期月平均降雨量/mm | 20 | 80 | 100 | 300 | 5.97 |
| 旺长期月平均降雨量/mm | 50 | 100 | 200 | 400 | 9.88 |
| 成熟期月平均降雨量/mm | 30 | 80 | 120 | 320 | 11.59 |
| 大田期日照时数/h | 300 | 500 | 700 | 800 | 10.87 |
| ≥10℃活动积温/℃ | 1200 | 2600 | 3500 | 4200 | 11.96 |
| 大田期湿度/% | 60 | 70 | 80 | 90 | 11.81 |

### （四）统计分析

用Microsoft Excel 2007整理数据并作图，用DPS 11.0进行欧氏距离计算。

## 二、结果与分析

### （一）宁乡县气候资源特征

1. 宁乡县气候概况

宁乡县属中亚热带向北亚热带过渡的大陆性季风湿润气候。受季风影响比较强烈，冷暖空气的交替比较明显，四季分明，寒冷期短，炎热期长，春温多变，寒潮频繁，回暖较早。据近20年资料统计：历年平均气温17.3℃，最冷月（1月）平均气温4.7℃，最热月（7月）平均气温29.0℃，≧10℃活动积温5400℃。雨水充沛，春夏之间雨季明显，阴湿多雨。年平均降水量为1485.0mm（年平均蒸发量为1389.63mm）。盛夏受副热带高压控制，高温少雨，年平均相对湿度81%。光照充足，全年日照平均有1693.65h。宁乡农业气候条件比较优越，但天气变化较复杂，易遇到冷害寒潮、低温、干旱、暴雨等灾害天气。

宁乡县烤烟种植，一般烤烟年前12月下旬；移栽期烤烟在3月20日左右；烤烟蹲苗、伸根期在3月下旬至4月中旬中；烤烟旺长期在4月中旬中至5月下旬；烤烟成熟采收期5月底至7月底；全生育期190～210d。

2. 宁乡县主要气象要素周年变化

影响烟叶产量，特别是质量的气象条件，主要是光、热、水三大要素及时空分布。现就优质烟叶生产各生育期的光、热、水要求，分析平均气温、光照时数、降雨量等3个主要气象要素在宁乡县的周年变化及与国内外主要烟区（美国、津巴布韦、郴州）的比较。

（1）平均气温

宁乡县年平均气温为17.3℃，美国、津巴布韦、郴州的年平均气温分别为18.0℃、18.5℃、17.7℃。宁乡县年平均气温要低于美国、津巴布韦和郴州，但差异不大。由图3–33可知，宁乡县平均气温周年变化的曲线与郴州、美国非常相似，特别与郴州非常接近，变化模式是由低（1月）到高（7月）、再由高到低（12月）的过程进行变化。只是在烟叶成熟的6、7月份气温要高于美国，但在育苗期和发根期、旺长期要低于美国。宁乡县平均气温周年变化的曲线与津巴布韦的差异大，基本上是呈相反的变化曲线。

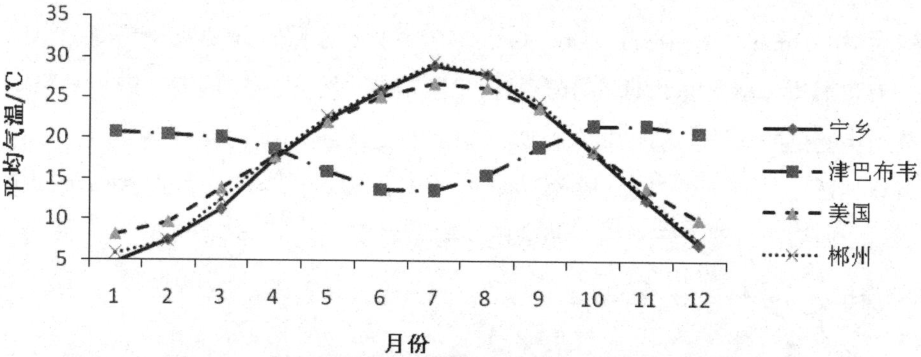


图3–33　宁乡县平均气温的周年变化及与国内外烟区比较

（2）日照时数

宁乡县年总日照时数为1693.65h，美国、津巴布韦、郴州的年总日照时数分别为2976.6h、2874.5h、1614.3h。宁乡县年总日照时数要远远低于美国、津巴布韦，高于郴州。由图3–34可知，宁乡县日照时数周年变化的曲线与郴州非常相似，变化模式是由低（2月）到高（7月）、再由高到低（12月）的过程进行变化。美国和津巴布韦的日照时数周年变化平缓。宁乡县烟草生长的大田期日照时数要高于郴州，说明日照时数比郴州烟区要好。但是，宁乡县烟草生长的大田期日照时数要低于美国和津巴布韦，且差异非常大。

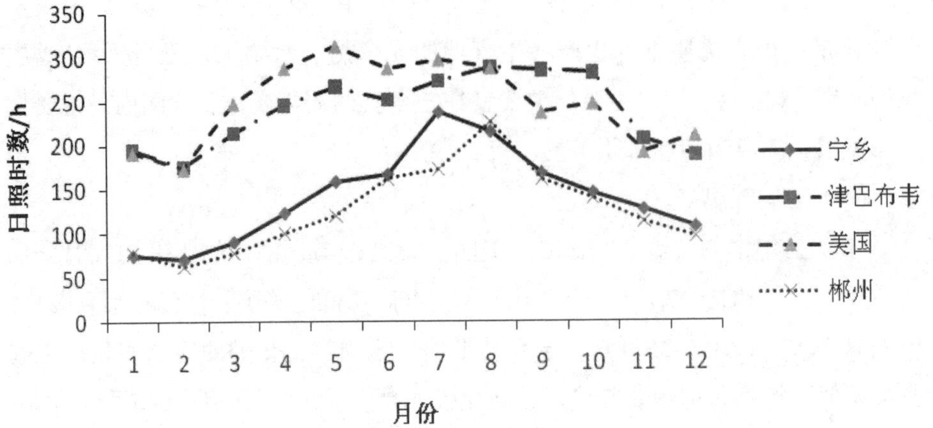


图3-34　宁乡县日照时数的周年变化及与国内外烟区比较

（3）降雨量

宁乡县年总降雨量为1485.0mm，美国、津巴布韦、郴州的年总降雨量分别为1309.3mm、867.0mm、1473.0mm。宁乡县年总降雨量要高于美国、津巴布韦和郴州，特别是远远高于美国和津巴布韦。由图3-35可知，宁乡县降雨量周年变化的曲线与郴州非常相似，变化模式是由低（1月）到高（6月）、再由高到低（12月）的过程进行变化。宁乡县降雨量周年变化的曲线与美国也类似，但降雨量要多于美国；与津巴布韦差异大。

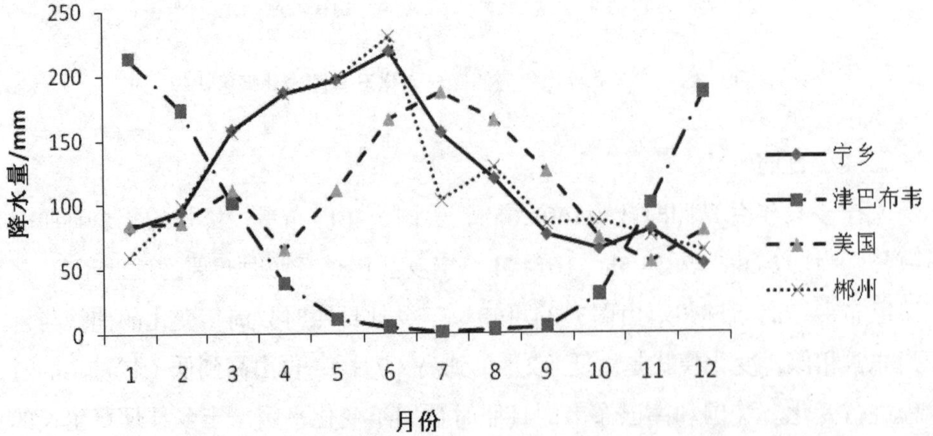


图3-35　宁乡县降雨量的周年变化及与国内外烟区比较

3．宁乡县烤烟不同生育时期的气候条件分析

（1）育苗期（播种——移栽）

烤烟种子发芽下限温度为7.5℃，最适合温度在10～12℃以上，苗期要求大于8℃的活动积温900℃左右，光照要充足，雨量在100～200mm比较合适。宁乡县烤烟育苗期（1—3月）平均温度8.3℃，≥8℃活动积温747℃，降水量325.4mm，日照时数255.9h。虽然在光照和温度上明显不足，但近年来由于采取较先进的漂浮育苗或浅水育苗，克服了气候上的缺点。烤烟的播种、出苗和生长发育对气象条件的要求虽较以前有所降低，但适期移栽，烟苗素质的好与弱，很大程度上还取决于温、光条件是否适宜。日照足，雨量适中，则烟苗长势整齐、健壮，病害少，移栽期适宜，为优质适产打下了良好基础。而温度偏低，光照不足，烟苗生长缓慢，病害多，移栽期推迟，不利于烤烟的大田生长。

（2）大田生长前期（移栽——旺长期）

优质烤烟大田生长前期要求日平均气温在20℃以上，大于10℃以上活动积温1100℃左右，日照时数200～300h，降雨量350～400 mm。宁乡县大田生长前期（4—5月）平均气温为19.2℃，降雨量为391.3mm，日照时数为269h。大田前期除温度偏低外，降水、日照较适宜。宁乡烟区大都采用地膜覆盖的膜下栽培技术，即升高了地温，弥补温度的不足，又适时早栽避免后期高温影响。这段时间，常出现春季寒潮、五月低温等诸多不利天气，给烤烟大田生长带来危害。较长时间的低温阴雨寡照天气，气温偏低，雨量和雨日偏多，光照的不足，造成植株细弱徒长，根系发育不良，导致烟株早花，病害增多。由于烟叶光合效率低，导致叶片少而薄，水分重，病害多，烟叶质量低。

（3）成熟采烤期

优质烤烟成熟采烤期要求平均气温在24℃左右，大于10℃的活动积温1600～1900℃，日照时数280～400h，日照百分率大于30%，降雨量200～300 mm。宁乡烤烟成熟期平均气温26.9℃，大于10℃活动积温1630℃左右，日照时数416h，降雨量354 mm。虽然整体气象条件适宜，但7月易出现高温、少雨，强日照天气，出现高温逼熟现象，影响烟叶产量和质量，严重时会造成脱水枯萎死亡。

### （二）宁乡县气候与国内外主要烟区比较

1. 宁乡县烤烟大田期月平均气温与国内外优质烟叶产区比较

由图3-36可知，宁乡县烤烟大田期第一月至第五月的平均气温分别为11.3℃、17.5℃、22.2℃、25.8℃、29℃。其中，第一月、第二月平均气温低于津巴布韦、巴西和美国；第三月平均气温高于津巴布韦，但低于美国，与巴西差异不大；第四月平均气温高于津巴布韦和巴西，与美国差异不大；第五月平均气温高于津巴布韦、巴西和美国。

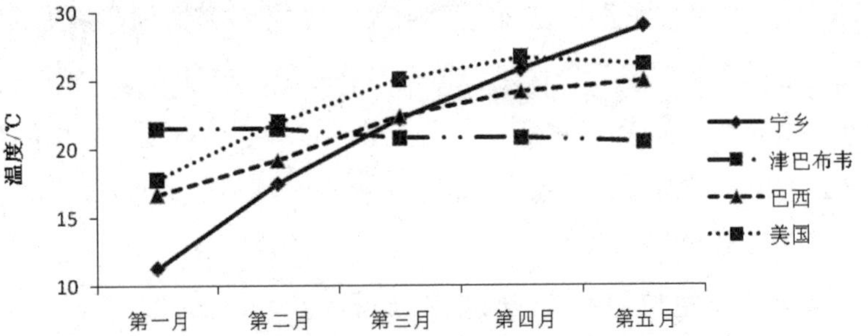


图3-36 宁乡县烤烟大田期月平均气温与国外烟区比较

由图3-37可知，宁乡县烤烟大田期的第一月的月平均气温低于郴州、许昌、遵义、宁乡、龙岩等烟区；第二月的月平均气温低于龙岩，高于许昌、遵义、宁乡等烟区，与郴州差异不大；第三月的月平均气温高于宁乡、龙岩等烟区，低于许昌、遵义等烟区，与郴州差异不大；第四月平均气温高于遵义、宁乡、龙岩，与郴州、许昌差异不大；第五月平均气温高于宁乡、许昌、龙岩和遵义，与郴州差异不大。从变化曲线看，宁乡县气温上升快，与郴州最类似，但每个月份的气温都低于郴州。

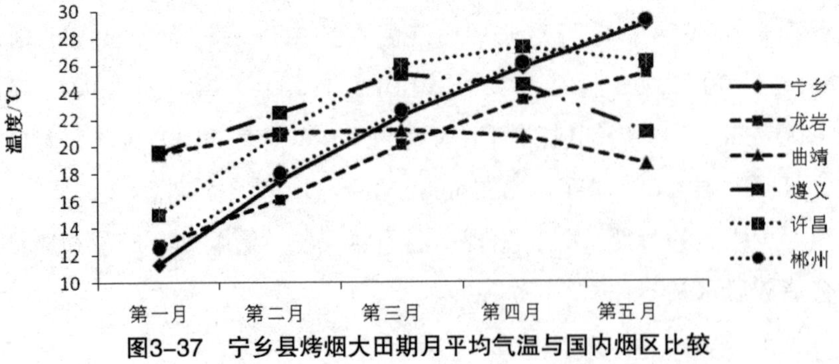


图3-37 宁乡县烤烟大田期月平均气温与国内烟区比较

以上分析说明，宁乡县热量条件可以充分满足优质烟叶生产的需要，其大田期的第4月、第5月的平均温度在25℃以上，有利于烟株生长和干物质积累，为烤烟优质适产打下良好基础。

2. 宁乡县烤烟大田期月日照时数与国内外优质烟叶产区比较

由图3-38可知，宁乡县烤烟大田期第一月至第五月的日照时数分别为90.6h、123.4h、159.0h、167.0h、238.2h。其中，宁乡县第一月至第四月的日照时数低于津巴布韦、巴西和美国，但第5月日照时数低于美国，高于津巴布韦和巴西。

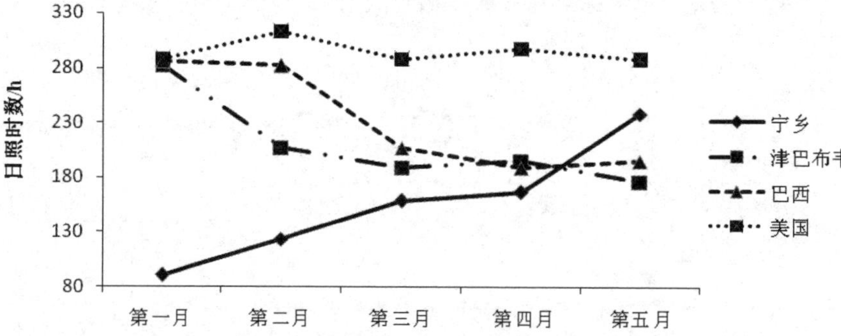


图3-38　宁乡县烤烟大田期月日照时数与国外烟区比较

由图3-39可知，宁乡县烤烟大田期的第一月的日照时数低于许昌、宁乡，与郴州、遵义、龙岩差异不大；第二月的日照时数低于许昌，与宁乡、郴州、遵义、龙岩差异不大；第三月的日照时数低于许昌、遵义，高于郴州、龙岩、宁乡；第四月的日照时数低于许昌、遵义，高于龙岩、宁乡，与郴州差异不大；第五月的日照时数低于郴州，高于许昌、宁乡、遵义、龙岩。

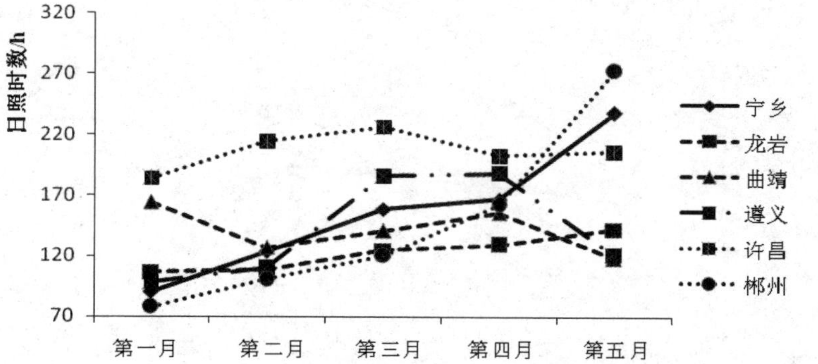


图3-39　宁乡县烤烟大田期月日照时数与国内烟区比较

充足而不强烈的光照强度是形成优质烟叶的重要条件，宁乡县烤烟大田期的日照时数虽然不及国外烟区，但优于国内的遵义、宁乡、龙岩，可以充分满足优质烟叶生产的需要。

3. 宁乡县烤烟大田期月降水量与国内外优质烟叶产区比较

由图3-40可知，宁乡县烤烟大田期第一月至第五月的降水量分别为157.6mm、186.2mm、196.4mm、218.5mm、155.5mm。其中，烤烟大田期的第一月至第三月降水量高于津巴布韦、巴西和美国；第四月降水量高于巴西和美国，与津巴布韦差异不大；第五月降水量高于巴西，与津巴布韦和美国差异不大。

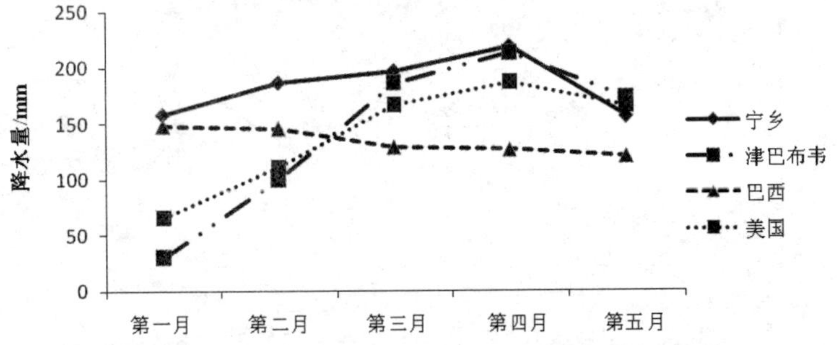


图3-40 宁乡县烤烟大田期月降水量与国外烟区比较

由图3-41可知，宁乡县烤烟大田期的第一月的降水量高于许昌、龙岩，与宁乡、郴州、遵义差异不大；第二月的降水量低于宁乡，高于许昌、龙岩，与郴州、遵义差异不大；第三月的降水量低于宁乡，高于许昌、遵义，与郴州、龙岩差异不大；第四月的降水量低于龙岩、宁乡，高于许昌、遵义，与郴州差异不大；第五月的降水量低于宁乡、龙岩，高于郴州、遵义，与许昌差异不大。

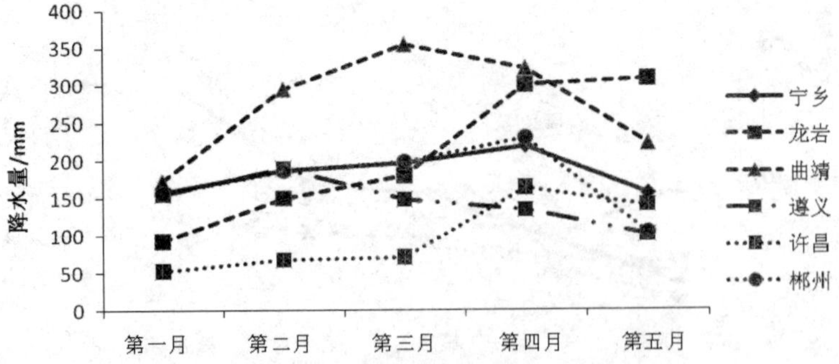


图3-41 宁乡县烤烟大田期月降水量与国内烟区比较

烟草的需水规律是“前期少、中间多、后期适量少”。宁乡县烤烟大田期的降水量基本上可以满足优质烟叶生产的需要。但其烤烟大田后期的降水量较少特点，虽有利于烟叶成熟，但个别年份存在干旱的威胁。

### （三）宁乡县气候与国内外主要烟区相似性分析

1. 宁乡县烤烟大田期不同气象因子与国内外优质烟区相似性

由表3–5可知，宁乡县烤烟大田期平均气温与郴州为高度相似，与巴西和龙岩为较高相似，与许昌、美国为中等程度相似，与遵义、宁乡、津巴布韦为较低相似。

宁乡县烤烟大田期日照时数与郴州为高度相似，与许昌、遵义、宁乡和龙岩为较高相似，与巴西、津巴布韦、美国为中等程度相似。

宁乡县烤烟大田期降水量与郴州为高度相似，与巴西、美国和遵义为较高相似，与许昌、龙岩、宁乡、津巴布韦为中等程度相似。

表3–5　宁乡县烤烟大田期气候因子与国内外烟区的相似距离

| 气候因子 | 津巴布韦 | 巴西 | 美国 | 龙岩 | 宁乡 | 遵义 | 许昌 | 郴州 |
|---|---|---|---|---|---|---|---|---|
| 温度 | 1.84 | 0.84 | 1.25 | 0.75 | 1.78 | 1.66 | 1.09 | 0.19 |
| 日照时数 | 1.08 | 1.27 | 1.98 | 0.74 | 0.85 | 0.80 | 0.87 | 0.39 |
| 降水量 | 1.08 | 0.73 | 0.85 | 1.18 | 1.29 | 0.65 | 1.29 | 0.33 |

2. 宁乡县烤烟大田期不同月份气候与国内外优质烟叶产区相似性

由表3–6可知，宁乡县烤烟大田期第一月气候与郴州为高度相似，与龙岩为较高相似，与巴西、遵义、宁乡、许昌为较低相似，与美国、津巴布韦为低度相似。第二月气候与郴州为高度相似，与龙岩为较高相似，与巴西、遵义为中度相似，与宁乡、许昌、津巴布韦为较低相似，与美国为低度相似。第三月气候与郴州、龙岩、巴西、津巴布韦为较高相似，与遵义、宁乡为中等程度相似，与美国、许昌较低相似。第四月气候与郴州为高度相似，与遵义、许昌为较高相似，与巴西、龙岩、津巴布韦为中度相似，与宁乡、美国为较低相似。第五月气候与郴州、许昌、巴西、美国为较高相似，与龙岩、遵义、津巴布韦为较低相似，与为宁乡低度相似。

以上分析表明，宁乡县烤烟大田生长前期气候与郴州、龙岩类似，具有气温相对较低，日照时数相对较小，降水量相对较多的特点；大田生长中期气候与郴州、龙岩、巴西、津巴布韦类似，具有气温相对较高，日照时数相对适中，降水量相对较多，的特点；大田生长后期气候与郴州、许昌、美国类似，具有气温较高，日照时数相对较多，降水量相对较少，空气相对湿度适中的特点。

**表3-6　宁乡县烤烟大田期不同月份的气候与国内外烟区的相似距离**

| 月份 | 津巴布韦 | 巴西 | 美国 | 龙岩 | 宁乡 | 遵义 | 许昌 | 郴州 |
|---|---|---|---|---|---|---|---|---|
| 第一月 | 2.84 | 1.77 | 2.21 | 0.85 | 1.62 | 1.53 | 1.62 | 0.24 |
| 第二月 | 1.62 | 1.46 | 2.19 | 0.57 | 1.51 | 1.49 | 1.74 | 0.24 |
| 第三月 | 0.58 | 0.84 | 1.86 | 0.79 | 1.43 | 1.11 | 1.82 | 0.50 |
| 第四月 | 1.44 | 1.06 | 1.89 | 1.17 | 1.75 | 0.96 | 0.85 | 0.15 |
| 第五月 | 1.66 | 0.92 | 0.74 | 1.97 | 2.34 | 1.98 | 0.62 | 0.65 |

3. 宁乡县烟区烤烟大田期气候与国内外优质烟叶产区相似性

由图3-42可知，宁乡县烤烟大田生长期气候与国内外主要烟区的相似度按从大到小的顺序为：郴州＞龙岩＞巴西＞许昌＞遵义＞宁乡＞津巴布韦＞美国。其中，与郴州为高度相似，与其他烟区为较高相似。

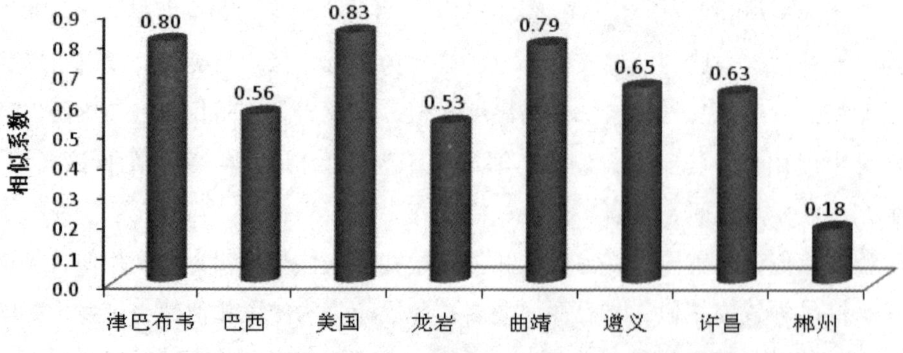


**图3-42　宁乡县烤烟大田期气候与国内外烟区的相似距离**

### （四）宁乡县烤烟气候适宜性评价

选取烟叶大田生长期间的9项气候指标作为评价宁乡县气候适宜性的因子，为便于评价对国内外4个优质烟叶产区一同进行分析，计算结果见图3-43。

从图中可以看出，几个烟区气候适宜性指数做比较，按大到小排序为：津巴布韦＞巴西＞美国＞宁乡＞玉溪。总体上看，宁乡县植烟气候适宜性指数虽低于国外3个优质烟区，但差异不大；宁乡县植烟气候适宜性指数比玉溪要高。以上分析说明宁乡县光照，温度、雨量等气候资源与优质烟生长需求匹配协调，适合优质烤烟的生产。

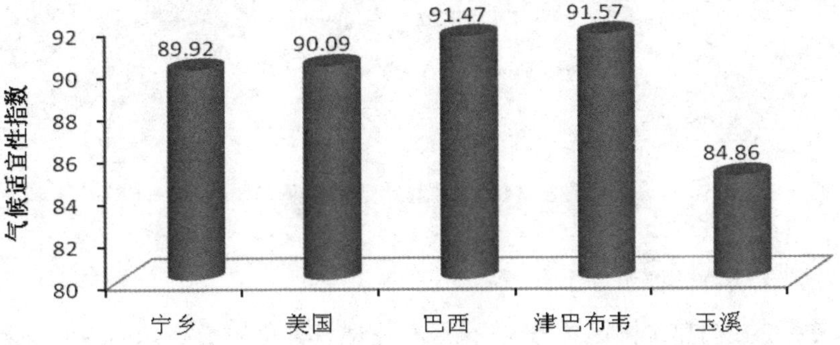


图3-43　宁乡县与国内外优质烟区气候适宜性指数

### （五）宁乡县烤烟气候区划及分区评价

当前气象台站是按县域分布而设置的，大约50 km × 50 km一个台站。为使气象结果达到精细化的目的，本研究参考文献，对宁乡县气象因子进行小网格化处理，采取了90m × 90m为基本单元网格细化气象因子的空间分布。从各气象因子空间分布图中提取各乡镇气象因子数值，采用表3-4的气候适宜性评价方法，计算各乡镇的气候适宜性指数。利用ArcGIS 9软件中的地统计学模块（geostatistical analyst）的Kriging插值方法，将气候适宜性指数分为4类，绘制宁乡县气候适宜性指数空间分布图。考虑到行政区域的完整性，对图形中的个别地方进行修改和完善，形成了图3-44的宁乡县烤烟气候区划图。

**图3-44 宁乡县烤烟气候区划**

各区气候特征评价如下：

东南低丘温热少雨区（Ⅰ）：该区气候适宜性指数最高，在89分以上。本区海拔50～100m之间，其光能、热能最佳，年日照时数1816.6h，日平均气温17.1℃以上。日平均稳定通过10℃的初日3月21～23日，≧10℃初日至20℃终日持续187～189d；≧10℃积温5400～5500℃。年降水量1280～1300mm，7—9月干燥度*K*>的频率72%，雨量为全县最少，本区气候条件优越，但夏秋干旱季节有一定危害。

本区域光能充足，雨水偏少，热量丰富，气象条件能保证烟稻轮作或后季作物生长，是优质烟适宜生产区。在建立烟叶生产基地中，应选择地势平坦，土质肥沃、排灌条件好的地方连片种植，以利烟叶优质适产。建议生产上可适当提前播种，最大限度避开后期高温，同时进一步改善排灌条件，防御干旱危害。

东北平原温暖少雨区（Ⅱ）：该区气候适宜性指数较高，在85分以上。本区海拔50m以内，热量丰富，年平均气温16.9～17.0℃；≧10℃积温

5100～5400℃；稳定通过10℃初日，在3月23—25日，终日11月17日—19日，≧10℃初日至20℃终日达平均186d。年降水量1300～1350mm，4—7月降水量700mm，干燥度$K=2.33$，年日照时数1819.6h。由于地势低洼开阔，影响本区域的主要气象灾害是洪涝、寒潮、大风和低温冷害。

本区域气候、土壤、水利等自然资源优越，温、光、水等气象条件完全能满足烟稻轮作或后季作物要求，是全县较理想的种烟区和优质烟生产区。但地下水位高，气象灾害较频繁。应注重烟田的开沟排渍和生产的趋利避害，增强抗御洪涝、寒潮、大风和低温冷害灾害能力。

中部丘陵温暖少雨区（Ⅲ）：该区气候适宜性指数适中，大部分区域在70分以上。本区年平均气温大部分为16.3～16.9℃，而青山桥一带，年平均气温达17.1℃。日平均稳定通过10℃的初日，在3月23—26日；≧10℃初日至20℃终日185～189d；≧10℃积温4900～5300℃。年日照时数1700～1800h。年降水量为1300～1470mm，4—9月降水量880～1080mm。本区域抵御自然灾害能力弱，易受洪涝渍水和干旱危害。

本区大部分区域气候条件较好，土层深厚，质地疏松耕性好，潜在钾丰富，既适宜优质烟生产，又能满足烟稻轮作。但有部分区域如崔平、龙田、沙田、黄材部分村组，因农田海拔较高，热量条件差，降水偏多；或因两河汇合处雨水偏多（如坝塘区域）易受洪涝渍水危害和农田生态环境差（煤炭坝）等因素，不利于生产优质烟。

西部山地温凉雨丰区（Ⅳ）：该区气候适宜性指数较低，大部分区域在70分以下。本区气候差异较大，年平均气温14.8～16.2℃，日平均稳定通过10℃的初日3月31—4月7日；≧10℃初日至20℃终日157～177d；≧10℃积温4500～4900℃，日照时数1688～1757h。年降水量为1400～1620mm，是全县的多雨区。

鉴于本区域雨量大，热量条件不理想，同时山洪危害频繁，不利于烟草的生长发育和优质烟生产，同时也不能保证后季水稻热量要求。

## 三、讨论

（1）烤烟是喜温作物。烤烟大田生长期最适宜温度为25～28℃，日均温低于17℃或高于35℃，烟株生长就会受到抑制。如果发根期气温低于13℃且持续7d以上，将导致早花现象的发生；成熟期最适宜气温为20～25℃之间，一般24～25℃之间持续30d以上，有利于烟叶品质的形成。宁乡县烤烟生产的大田生长期平均温度21.2℃，虽然不高，但成熟期平均气温在25.8～29.0℃。烟草生长期间前期温度较低，后期较高，有利于叶内积累较多的同化物质和烟叶品质的提高。但个别年份的前期低温阴雨天气和后期的高温逼熟现象不容忽视。

（2）积温是影响烟草叶片发育、生长和成熟的主导因子，积温不足，烟草生育期延长，将直接影响到烟草的产质量。研究表明，南方烟区≥10℃活动积温为2000～2800℃之间，≥10℃有效积温在1000～1800℃，将有利于优质烟叶的生长。虽然宁乡县的烤烟大田期温度略低于最适温度，但有效积温较高。烤烟大田期≥10℃的活动积温为2700～3000℃。因此，烤烟大田期的积温完全能满足烤烟生长，再加上光、水和土壤的配合，非常适宜优质烟生产。

（3）水分是维持烟株生长的必需条件，是烟草产量和质量形成的重要保证。烟草在生长期间不仅要求有充足的降雨量，也要求降雨分布与烟草需水规律相吻合。一般来说，优质烟生产大田期降雨量要求在450～550mm，并且分布适当，保证烟草旺长期与多雨季节同步，能够满足旺长期烟株对水分的需求。烟草发根期月降雨量在80～100mm，旺长期月降雨量在100～200mm，成熟期月降雨量为100mm左右较为理想。宁乡县移栽期主要在3月下旬，发根期月平均降雨量在100～200mm，要注意清沟排水，促进根系生长；旺长期（4—5月）降水充足，月降雨量为在350～400mm，再加上和煦的光照、适宜的温度，对烤烟生产十分有利；成熟采烤期（6—7月），降水量在200～300mm左右，降水偏多，降水集中，降水日数少，对烟叶品质的不利影响少。

（4）烤烟是喜光作物，烤烟的长势、产量的高低、质量的好坏与光照强度、光质的好坏有很大关系。对生产优质烤烟而言，和煦而充足的光照是必要条件。研究认为，优质烟叶大田生长期日照时数要求达到500～700h；移栽期至旺长期，要求日照时数达到200～300h；采收烘烤期间要求日照达到

280～300h。宁乡县大田期日照时数一般在700h以上，移栽至旺长期（3月—5月）日照时数在300h以上，采收烘烤期日照时数偏多，在300h以上，但整个大田生长期3月下旬—7月中旬正值雨季，云量多，日照百分率在40%左右，能满足优质烟生产对光照的要求。

（5）气候相似性分析结果表明，宁乡县烤烟大田期气候与国内的郴州最为相似（高度相似）。宁乡县烤烟大田期不同气候因子与国内外烟区的相似程度存在差异，平均气温与郴州为高度相似，与龙岩、巴西为较高相似；日照时数与郴州为高度相似，与许昌、遵义、宁乡和龙岩为较高相似；降水量与郴州为高度相似，与巴西、美国和遵义为较高相似。宁乡县烤烟不同大田时期的气候与国内外烟区的相似程度存在差异，烤烟大田生长前期气候与郴州、龙岩类似，大田生长中期气候与郴州、龙岩、巴西、津巴布韦类似，大田生长后期气候与郴州、许昌、美国类似。

（6）宁乡县气候适宜性指数较高，为89.92%，烟区光照，温度、雨量与优质烟生长需求匹配协调，适合优质烤烟的生产。

（7）宁乡县烤烟气候区划将该县划分为东南低丘温热少雨区、东北平原温暖少雨区、中部丘陵温暖少雨区、西部山地温凉雨丰区等4个区域，本着“因地制宜，适当集中”的种植原则，将优质烟主要布局在气候适宜，土层深厚，土壤为沙壤、壤土，土壤pH值中性或微酸性，肥力中等，水利条件较好的农田、旱地种植。十分重要的是要考虑轮作和可能做到连片种植。

（8）本书以烤烟大田期不同月份的气候因子与国内外主要优质烟叶产区进行比较和相似性分析，较之用大田期中的发根期、旺长期、成熟期的气候因子进行相似性分析更加实用。在相似性分析中，不但进行了烤烟产区的气候相似性分析，而且按不同月份、不同气候因子分别进行了相似性分析，使本研究结果在指导烟叶生产中更具有现实意义。但入选的气候因子主要是基于影响宁乡县烤烟生长的几个主要气候因子，进行比较的国内外烟区也是凭经验和大家一般的共识来选取，是否恰当，还有待实践的证明。

# 第三节　基地烤烟质量特征及与国内外烟区比较

烟叶是卷烟工业的基础，也是烟草产业链条上最为薄弱的环节。烟叶的稳定发展和质量的持续提升直接关系到整个烟草行业的未来发展。烟叶质量决定着卷烟风格特征，直接影响烟叶的工业可用性和卷烟产品的安全性。烟叶质量是烟区可持续发展的核心，也是现代烟草农业的主攻方向。有关湖南省及部分烟区烤烟质量区域特征已有一些报道，但全面报道宁乡县烤烟质量区域特征的报道较少。宁乡县烟叶有一定特色，但质量有待改善，特色还不够突出。因此，对宁乡县烤烟的外观质量、物理特性、化学成分和感官评吸质量的区域特征进行分析与评价，以及将化学成分与国内外主要烟区进行比较，有利于更好地认识该县烤烟区域质量特征、发现存在的问题及寻找改善途径，为进一步优化烟叶资源配置和特色烟叶开发，以及宁乡县优质烟叶的可持续发展提供理论支撑。

## 一、材料与方法

### （一）材料来源

收集宁乡县2001—2014年的初烤烟叶样品，共计280个。选择能代表全县生产水平并代表一种典型生态条件的横市、大屯营、老粮仓等3个乡镇。在指定农户中采集在上、中、下部烟叶具有代表性的B2F、C3F、X2F三个等级样品，品种为云烟97、云烟87、K326，用于烟叶质量评价指标的检测和量化评定。并选取津巴布韦、巴西、大理州、宣威市、楚雄市、湖南桂阳县等烟区相当于C3F等级的烟叶与宁乡县烟叶进行比较研究。湖南省烟叶质量指标平均值来源于参考文献。

### （二）外观质量量化评定

根据GB2635-92烤烟分级标准，参照文献，并采用专家咨询方法，建立外观质量量化评价体系（表3-7）。各项质量指标最大标度分值为10，分值越高，质量越好。样品外观质量量化评定前，平衡到含水率至16% ～18%。由湖南农业大学烟草研究院聘请5名以上烤烟烟叶分级专家，根据视觉和触角感受以及相应的标度分值对样品逐项进行判断评分。然后计算出几何平均值作为该样品某项指标的量化评定分值。

采用外观质量指数对烟叶外观质量进行综合评价。烟叶外观质量指数越高，其外观质量越好。参照文献，计算外观质量指数（如表3–7所示）。

表3–7 烤烟外观质量评价指标的分值及权重

| 指标 | 分值 | | | | |
|---|---|---|---|---|---|
| | 10 | 9 | 8 | 7 | 5 |
| 成熟度 | 好 | 较好 | 一般 | 过熟 | 欠熟 |
| 叶片结构 | 疏松、弹性好 | 较疏松、弹性较好 | 尚疏松、有弹性 | 较僵硬、弹性较差 | 僵硬、弹性差 |
| 身份 | 适中 | 稍厚 | 稍薄 | 过厚 | 薄 |
| 油分 | 足 | 较足 | 有 | 较差 | 差 |
| 色度 | 色正、饱满、光泽强 | 色较正、尚饱满、光泽较强 | 色欠正、略饱满，有光泽、 | 色不正、欠饱满，尚有光泽 | 色不正、饱满度差，色泽暗 |
| 色均匀度 | 均匀、色差小、无褪色 | 均匀、色差较小、无褪色 | 较均匀、色差明显、无褪色 | 欠均匀、色差较大、略有褪色 | 均匀度差、色差大、褪色 |
| 发育状况 | 营养协调，发育充分 | 营养协调，发育较好 | 营养一般，发育一般 | 营养欠协调，发育不良 | 营养失调，发育较差 |
| 光滑或微青 | 全无 | 无 | 稍有 | 有 | 较多 |

### （三）物理特性测定

物理特性测定指标有：开片度、单叶重、含梗率、叶厚、叶质重、密度、平衡含水率等。测定方法参照文献。

### （四）化学成分测定

1．常规化学成分测定

采用YC/T159–2002规定的方法测定总糖和还原糖，采用YC/T160–2002法测定烟碱，YC/T161–2002法测定总氮，YC/T173–2003法测定钾，YC/T162–2002法测定氯，各检测数据都换算成百分率。糖碱比是指总糖与烟碱之比；氮碱比是指总氮与烟碱之比；钾氯比是指钾与氯之比。

2. 致香成分测定

（1）香气前体物主要测定：

①质体色素主要测定叶绿素、胡萝卜素和质体色素总量；

②其他包括多酚总量、挥发性有机酸总量、高级脂肪酸总量、氨基酸总量。

采用气相色谱法测定，具体测定方法参考文献。

（2）中性香气物主要测定：新植二烯、质体色素降解产物总量、西伯烷酮类总量、芳香族氨基酸降解物总量、美拉德（Maillard）反应产物总量。

采用气相色谱法测定烟叶中性挥发性香气物。具体测定方法详见文献。

### （五）单料烟感官评吸质量评定

将采集的烟叶样品单独切丝，不加香加料，用同一种盘纸卷制成长短、粗细、松紧一致的烟支供评吸用。参照文献和标准《YC/T138–1998》建立了单料烟评吸质量指标及评分标准，采用9分制进行评分。聘请5名感官评吸专家，按照评分标准进行感官评吸。根据香气质、香气量、杂气、浓度、劲头、刺激性、余味、燃烧性和灰色等9个指标对评吸样品分别打分，以所有专家评吸评分的平均值作为最终评吸结果。采用专家咨询法并借鉴相关研究方法，对9个指标分别赋以25%、15%、12%、10%、10%、13%、10%、2.5%和2.5%的权重，计算出评吸质量总分（如表3–8所示）。

**表3–8 烤烟评吸质量指标及评分标准**

| 香气质 | 香气量 | 杂气 | 浓度 | 劲头 | 刺激性 | 余味 | 燃烧性y | 灰色 |
|---|---|---|---|---|---|---|---|---|
| 很差（1） | 很少（1） | 很重（1） | 很淡（1） | 很少、很大（1~2） | 很大（1） | 不净、不舒适（1） | 熄火（1~3） | 黑灰（1~3） |
| 差（2） | 少（2） | 重（2） | 淡（2） | | 大（2） | 略净、略舒适（2） | | |
| 较差（3） | 较少（3） | 较重（3） | 较淡（3） | 小、大（3~4） | 较大（3） | 尚净、商舒适（3） | | |
| 稍差（4） | 稍有（4） | 稍重（4） | 稍淡（4） | | 稍大（4） | 较净、稍舒适（4） | 中等（4~6） | 灰白（4~6） |
| 中（5） | 有（5） | 有（5） | 中（5） | 较小、较大（5~6） | 有（5） | 较净、尚舒适（5） | | |
| 稍好（6） | 稍多（6） | 略有（6） | 稍浓（6） | | 略有（6） | 较净、较舒适（6） | | |
| 较好（7） | 较多（7） | 稍有（7） | 较浓（7） | 稍小、稍大（7~8） | 稍有（7） | 尚纯净、舒适（7） | 强（7~9） | 白（7~9） |
| 好（8） | 多（8） | 似有（8） | 浓（8） | | 似有（8） | 较纯净、舒适（8） | | |
| 很好（9） | 很多（9） | 无（9） | 很浓（9） | 中（9） | 无（9） | 纯净、舒适（9） | | |

注：括号内数字为分值。

### （六）统计分析方法

采用Excel2007和SPSS17.0统计软件包进行数据处理和统计分析。多重比较采用Duncan新复极差法。图中不同的大写英文字母表示1%差异显著水平，小写英文字母表示5%差异显著水平。

## 二、结果分析

### （一）宁乡烤烟外观质量特征及与部分国内烟区比较

1. 宁乡县烤烟外观质量特征

由表3-9可知，宁乡县各品种的成熟度好，结构疏松至尚疏松，身份中等至稍薄，油分有至略有，色度中等，青杂无。

表3-9　宁乡县烤烟外观质量

| 乡镇 | 品种 | 等级 | 成熟度 | 结构 | 身份 | 油分 | 色度 | 青杂 |
|---|---|---|---|---|---|---|---|---|
| 横市镇 | 云97 | B2F | 成熟 | 尚疏松 | 中+ | 有 | 中+ | 无 |
| | | C3F | 成熟 | 疏松 | 稍薄+ | 有 | 中 | 无 |
| | | X2F | 成熟 | 疏松 | 稍薄 | 稍有+ | 中 | 无 |
| 横市镇 | 云87 | B2F | 成熟 | 尚疏松 | 中+ | 有 | 中 | 无 |
| | | C3F | 成熟 | 疏松 | 中- | 有 | 中 | 无 |
| | | X2F | 成熟 | 疏松 | 稍薄 | 有- | 中 | 无 |
| 横市镇 | K326 | B2F | 成熟 | 尚疏松 | 中+ | 有 | 中 | 无 |
| | | C3F | 成熟 | 疏松 | 中- | 有 | 中 | 无 |
| | | X2F | 成熟 | 疏松 | 稍薄 | 有- | 中 | 无 |
| 老粮仓镇 | 云87 | B2F | 成熟 | 尚疏松 | 稍厚- | 有 | 中 | 无 |
| | | C3F | 成熟 | 疏松- | 中 | 有- | 中 | 无 |
| | | X2F | 成熟 | 疏松 | 稍薄 | 有- | 中- | 无 |

2. 宁乡县烤烟外观质量区域差异

由表3-10可知，从B2F等级烟叶看，大屯营乡烤烟的外观质量指数高于横市镇，且差异达显著水平；从C3F等级烟叶看，大屯营乡烤烟的外观质量指数高于横市镇，且差异达显著水平；从X2F等级烟叶看，横市镇烤烟的外观质量指数高于大屯营乡，且差异达显著水平。从总体上看，大屯营乡烤烟的外观质量要好于横市镇。

**表3-10　宁乡县烤烟外观质量乡镇间差异**

| 等级 | 乡镇 | 成熟度 | 叶片结构 | 发育状况 | 身份 | 油分 | 色泽 | 色度 | 光滑微青 | 外观质量指数 |
|---|---|---|---|---|---|---|---|---|---|---|
| B2F | 横市镇 | 8.445 | 8.001 | 8.321 | 8.210 | 8.140 | 8.250 | 8.197 | 8.340 | 81.809b |
| | 大屯营乡 | 8.611 | 8.377 | 8.667 | 8.613 | 8.127 | 8.500 | 8.387 | 8.580 | 84.755a |
| C3F | 横市镇 | 8.533 | 8.150 | 8.610 | 8.570 | 8.160 | 7.900 | 7.977 | 7.200 | 80.275 b |
| | 大屯营乡 | 8.773 | 8.632 | 8.823 | 8.750 | 8.487 | 8.600 | 8.570 | 7.800 | 82.805 a |
| X2F | 横市镇 | 8.478 | 8.294 | 8.344 | 8.093 | 7.873 | 8.090 | 7.737 | 8.180 | 81.752a |
| | 大屯营乡 | 8.028 | 8.017 | 8.126 | 7.820 | 7.710 | 7.670 | 7.470 | 8.080 | 78.985 b |

3. 宁乡县烤烟外观质量与部分国内烟区比较

由表3-11可知，从B2F等级烟叶看，宁乡县烤烟的外观质量指数低于桂阳县、龙山县、宣威市和楚雄市，也低于湖南省平均值；从C3F等级烟叶看，宁乡县烤烟的外观质量指数低于桂阳县、龙山县、宣威市和楚雄市，也低于湖南省平均值；从X2F等级烟叶看，宁乡县烤烟的外观质量指数低于龙山县和楚雄市，但高于桂阳县、宣威市，也高于湖南省平均值。说明，宁乡县烤烟的下部烟叶外观质量相对具有优势；但部分烟叶颜色偏淡、色度不浓，含青含杂比例稍高，外观质量还有待改善。

**表3-11　宁乡县烤烟外观质量与国内其他烟区比较**

| 等级 | 产地 | 成熟度 | 发育状况 | 叶片结构 | 身份 | 油分 | 色泽 | 色均匀度 | 光滑或微青 | 外观质量指数 |
|---|---|---|---|---|---|---|---|---|---|---|
| B2F | 湖南省平均 | 8.645 | 8.593 | 8.426 | 8.781 | 8.239 | 8.216 | 8.221 | 8.522 | 84.540 |
| | 宁乡县 | 8.528 | 8.494 | 8.189 | 8.412 | 8.133 | 8.375 | 8.292 | 8.460 | 83.282 |
| | 桂阳县 | 8.555 | 8.557 | 8.389 | 8.610 | 8.277 | 8.167 | 8.277 | 8.443 | 84.085 |
| | 龙山县 | 9.056 | 9.110 | 9.000 | 9.167 | 8.667 | 8.833 | 8.723 | 9.220 | 89.709 |
| | 宣威市 | 8.670 | 8.500 | 8.000 | 8.250 | 8.500 | 9.000 | 8.920 | 8.420 | 84.880 |
| | 楚雄市 | 8.500 | 8.500 | 8.250 | 8.420 | 8.250 | 8.330 | 8.080 | 8.000 | 83.510 |

（续表）

| 等级 | 产地 | 成熟度 | 发育状况 | 叶片结构 | 身份 | 油分 | 色泽 | 色均匀度 | 光滑或微青 | 外观质量指数 |
|---|---|---|---|---|---|---|---|---|---|---|
| C3F | 湖南省平均 | 8.743 | 8.789 | 8.673 | 8.819 | 8.631 | 8.564 | 8.551 | 8.654 | 86.768 |
| | 宁乡县 | 8.668 | 8.585 | 8.584 | 8.415 | 8.165 | 7.665 | 7.665 | 8.335 | 82.634 |
| | 桂阳县 | 8.500 | 8.443 | 8.500 | 8.830 | 8.390 | 8.500 | 8.557 | 8.610 | 85.376 |
| C3F | 龙山县 | 9.167 | 9.387 | 9.000 | 9.387 | 9.167 | 8.943 | 9.000 | 9.500 | 91.878 |
| | 宣威市 | 8.500 | 8.600 | 8.400 | 8.300 | 8.000 | 8.100 | 8.200 | 7.700 | 83.000 |
| | 楚雄市 | 8.910 | 9.180 | 8.730 | 8.910 | 8.630 | 9.270 | 8.820 | 8.540 | 88.940 |
| X2F | 湖南省平均 | 8.326 | 8.134 | 8.035 | 7.944 | 7.704 | 7.783 | 7.719 | 8.113 | 79.755 |
| | 宁乡县 | 8.253 | 8.235 | 8.156 | 7.957 | 7.792 | 7.880 | 7.603 | 8.130 | 80.368 |
| | 桂阳县 | 8.277 | 8.000 | 8.000 | 8.000 | 7.720 | 7.667 | 7.670 | 8.113 | 79.351 |
| | 龙山县 | 8.555 | 8.277 | 8.333 | 8.500 | 8.280 | 8.167 | 8.057 | 8.443 | 83.271 |
| | 宣威市 | 8.090 | 8.450 | 7.820 | 8.000 | 7.730 | 8.090 | 8.180 | 7.540 | 80.130 |
| | 楚雄市 | 8.180 | 8.370 | 7.910 | 8.270 | 8.090 | 8.550 | 8.720 | 7.820 | 82.140 |

## （二）宁乡县烤烟物理特征及与国内外烟区比较

1．宁乡县烤烟物理特性的总体特征

开片度是衡量烟叶发育状况及工业可用性的重要指标。一般发育好的烟叶开片度在30% ～40%。由表3-12可知，开片度是X2F＞C3F＞B2F，经方差分析，部位间差异极显著。宁乡县上、中部烟叶的开片度都在30%以下，表明，宁乡县烟叶开片度还有待提高，特别是上部烟叶。

烤烟的单叶重一般以下部叶6～8g，中部叶7～9g，上部叶9～12g为宜。由表3-12可知，单叶重是B2F＞C3F＞X2F，经方差分析，部位间差异极显著。宁乡县上、中、下部烟叶都在正常范围内。

烟叶的含梗率与烟叶的有效利用率密切相关，含梗率高的烟叶，叶片质量、出丝率和烟叶有效利用率低。烟叶的含梗率一般在25% ～35%，国外烟叶含梗率下部叶在30% ～32%，中部叶在27% ～30%，上部叶25% ～26%之间。由表3-12可知，含梗率是X2F＞C3F＞B2F，经方差分析，部位间差异极显著。宁乡县烟叶的含梗率较高，特别是上部烟叶，要引起重视。

厚度是指叶片的厚薄程度；密度是指平衡水分后单位体积烟叶的重量，是反映烟叶厚度和组织疏松度的重要综合指标。它们与烟叶的部位、成熟度和加工过程的填充值及使用价值密切相关。叶片厚度一般以下部叶80～100μm，中部叶100～120μm，上部叶120～140μm为宜。由表3-12可知，叶片厚度是B2F＞C3F＞X2F，叶密度是X2F＞C3F＞B2F。经方差分析，叶片厚度部位间差异极显著；叶密度部位间差异显著。

一般来说，国外烟叶叶质重下部叶在60～70 g/m²，中部叶在70～80 g/m²，上部叶80～90 g/m²之间。由表3-12可知，叶质重是B2F＞C3F＞X2F。经方差分析，叶质重部位间差异极显著。宁乡县烟叶的叶质重都较高。

平衡含水率与烟叶的机械性能、燃烧速率和吃味密切相关，是反映烟叶物理特性的一个重要指标。一般平衡含水率适当（15% ～16%）的烟叶孔隙容积大，烟叶组织结构疏松，在色泽和弹性等方面较好，烟叶的填充力和耐加工性较好。由表3-13可知，平衡含水率是X2F＞B2F ＞C3F。经方差分析，平衡含水率部位间差异显著。宁乡县烟叶的平衡含水率都较低。

**表3-12　宁乡县烤烟物理特性总体特征**

| 等级 | 统计量 | 开片度/% | 单叶重/g | 含梗率/% | 叶片厚度/μm | 叶质重/$g \cdot m^{-2}$ | 密度/$mg \cdot cm^{-3}$ | 平衡含水率/% |
|---|---|---|---|---|---|---|---|---|
| B2F | 平均值 | 26.025B | 9.650A | 36.145a | 223.500A | 125.155A | 593.762c | 8.890b |
| | 标准差 | 1.940 | 3.323 | 0.742 | 67.175 | 10.359 | 224.810 | 0.339 |
| | 最小值 | 24.653 | 7.300 | 35.620 | 176.000 | 117.830 | 434.797 | 8.650 |
| | 最大值 | 27.397 | 12.000 | 36.670 | 271.000 | 132.480 | 752.727 | 9.130 |
| C3F | 平均值 | 27.865B | 9.100A | 33.765b | 135.500B | 107.005B | 810.598b | 8.050b |
| | 标准差 | 1.638 | 0.141 | 0.615 | 37.477 | 9.907 | 151.085 | 4.412 |
| | 最小值 | 26.707 | 9.000 | 33.330 | 109.000 | 100.000 | 703.765 | 4.930 |
| | 最大值 | 29.023 | 9.200 | 34.200 | 162.000 | 114.010 | 917.431 | 11.170 |

（续表）

| 等级 | 统计量 | 开片度/% | 单叶重/g | 含梗率/% | 叶片厚度/μm | 叶质重/$g\cdot m^{-2}$ | 密度/$mg\cdot cm^{-3}$ | 平衡含水率/% |
|---|---|---|---|---|---|---|---|---|
| X2F | 平均值 | 33.057A | 7.450 | 33.690b | 95.500C | 88.535C | 926.919a | 10.805a |
| | 标准差 | 1.655 | 1.202 | 1.640 | 0.707 | 4.504 | 40.302 | 0.544 |
| | 最小值 | 31.886 | 6.600 | 32.530 | 95.000 | 85.350 | 898.421 | 10.420 |
| | 最大值 | 34.227 | 8.300 | 34.850 | 96.000 | 91.720 | 955.417 | 11.190 |

2．宁乡县烤烟物理特性区域差异

由表3-13可知，从上部烟叶看，开片度、叶片厚度是横市镇大于大屯营乡，单叶重、含梗率、叶质重、密度、平衡含水率是大屯营乡大于横市镇；从中部烟叶看，叶质重、叶片厚度、平衡含水率是横市镇大于大屯营乡，开片度、单叶重、含梗率、密度是大屯营乡大于横市镇；从下部烟叶看，含梗率、平衡含水率是横市镇大于大屯营乡，开片度、叶片厚度、单叶重、叶质重、密度是大屯营乡大于横市镇。

**表3-13　宁乡县烤烟物理特性乡镇间差异**

| 等级 | 乡镇 | 开片度/% | 单叶重/g | 含梗率/% | 叶片厚度/μm | 叶质重/$g\cdot m^{-2}$ | 密度/$mg\cdot cm^{-3}$ | 平衡含水率/% |
|---|---|---|---|---|---|---|---|---|
| B2F | 横市镇 | 27.397 | 12.000 | 36.670 | 271.000 | 117.830 | 434.797 | 8.650 |
| | 大屯营乡 | 24.653 | 7.300 | 35.620 | 176.000 | 132.480 | 752.727 | 9.130 |
| C3F | 横市镇 | 26.707 | 9.000 | 33.330 | 162.000 | 114.010 | 703.765 | 11.170 |
| | 大屯营乡 | 29.023 | 9.200 | 34.200 | 109.000 | 100.000 | 917.431 | 10.930 |
| X2F | 横市镇 | 31.886 | 6.600 | 34.850 | 95.000 | 85.350 | 898.421 | 11.190 |
| | 大屯营乡 | 34.227 | 8.300 | 32.530 | 96.000 | 91.720 | 955.417 | 10.420 |

3．宁乡县烤烟物理特性与部分国内外烟区比较

由表3-14可知，宁乡县烟叶开片度低于津巴布韦、巴西、大理、桂阳县、龙山县，也低于全省平均值，应引起高度重视。宁乡县烟叶单叶重低于津巴布韦、巴西、大理、桂阳县、龙山县，也低于全省平均值。宁乡县烟叶含梗

率低于桂阳县、龙山县，但高于津巴布韦、巴西、大理，也低于全省平均值。宁乡县烟叶叶片厚度低于津巴布韦、巴西、大理、桂阳县，但高于龙山县，也高于全省平均值。宁乡县烟叶叶质重高于大理、桂阳县、龙山县，但低于津巴布韦、巴西，也低于全省平均值。宁乡县烟叶密度高于津巴布韦、巴西、大理、桂阳县，但低于龙山县，也低于全省平均值。宁乡县烟叶平衡含水率低于津巴布韦、巴西、大理、桂阳县、龙山县，也低于全省平均值。

**表3-14　宁乡县烤烟物理特性与国内外其他烟区比较（C3F）**

| 产地 | 开片度 /% | 单叶重 /g | 含梗率 /% | 叶片厚度 /μm | 叶质重 /$g \cdot m^{-2}$ | 密度 /$mg \cdot cm^{-3}$ | 平衡含水率 /% |
|---|---|---|---|---|---|---|---|
| 湖南省平均 | 34.270 | 10.910 | 32.420 | 133.800 | 107.400 | 815.900 | 12.720 |
| 宁乡县 | 27.865 | 9.100 | 33.765 | 135.500 | 107.005 | 810.598 | 8.050 |
| 桂阳县 | 32.210 | 10.067 | 34.100 | 146.000 | 83.440 | 569.967 | 11.520 |
| 龙山县 | 32.206 | 9.600 | 36.253 | 99.667 | 103.637 | 1049.372 | 13.410 |
| 大理 | 32.070 | 10.760 | 30.720 | 146.310 | 91.290 | 623.950 | 13.590 |
| 津巴布韦 | 38.560 | 14.380 | 28.940 | 227.920 | 123.870 | 543.480 | 15.720 |
| 巴西 | 35.820 | 13.940 | 29.350 | 182.430 | 110.760 | 607.140 | 16.890 |

### （三）宁乡县烤烟常规化学成分特征及与国内外烟区比较

1. 宁乡县烤烟常规化学成分总体特征

烟叶含有的总糖和还原糖含量是决定烟气醇和度的主要因素。烤烟总糖含量一般在15%～35%之间，适宜含量为20～26%；烤烟的还原糖含量一般在15%～26%之间，以18%～25%为最佳。由表3-15可知，总糖和还原糖含量是X2F＞C3F＞B2F，经方差分析，部位间差异显著。宁乡县烤烟总糖和还原糖含量都在适宜范围内。

烟碱是影响烟草品质最重要的化学成分，它决定烟气的劲头即生理强度，也往往与烤烟的香气呈正相关关系。烤烟的烟碱含量一般要求在1.5%～3.5%之间，以2.5%为适宜值。由表3-15可知，烟碱含量是B2F＞C3F＞X2F，经方差分析，部位间差异极显著。宁乡县烤烟中、下部烟叶的烟碱在适宜范围内，但上部烟叶的烟碱含量明显偏高，对其工业可用性会产生不良影响，要设法加以控制。

氮素含量是反映烟草营养水平和烟叶内在化学成分协调性的重要指标。优质烤烟总氮含量要求在1.5% ～3.5%，以2.5%为宜。由表3–15可知，总氮含量是B2F＞C3F＞X2F，经方差分析，部位间差异极显著。宁乡县烤烟总氮在适宜范围内。

烟草钾含量高，可提高烟叶的持火力，增强烟叶阴燃时间，使燃烧形成的低燃点物质减少，可降低烟气中的焦油和一氧化碳含量，提高卷烟燃吸的安全性。优质烤烟的含钾量不低于2%，在南方烟区以2.5%左右最为适。由表3–15可知，钾含量是X2F＞C3F＞B2F，经方差分析，部位间差异显著。宁乡县烤烟钾含量较高。

**表3–15　宁乡县烤烟常规化学成分总体特征**

| 等级 | 统计量 | 总糖/% | 还原糖/% | 烟碱/% | 总氮/% | 钾/% | 氯/% | 糖碱比 | 氮碱比 | 钾氯比 |
|---|---|---|---|---|---|---|---|---|---|---|
| B2F | 平均值 | 18.098b | 16.731b | 4.135A | 2.489A | 2.523c | 0.238a | 4.456C | 0.604B | 11.076a |
| | 标准差 | 3.283 | 2.448 | 0.474 | 0.270 | 0.281 | 0.055 | 1.090 | 0.051 | 2.493 |
| | 最小值 | 13.050 | 12.050 | 3.690 | 2.110 | 2.180 | 0.150 | 3.028 | 0.518 | 7.300 |
| | 最大值 | 25.310 | 21.380 | 5.000 | 2.970 | 3.120 | 0.320 | 6.730 | 0.666 | 15.533 |
| C3F | 平均值 | 25.082a | 22.317a | 2.901B | 1.903B | 2.872b | 0.186a | 9.176B | 0.678B | 16.621a |
| | 标准差 | 2.758 | 2.337 | 0.773 | 0.209 | 0.269 | 0.055 | 2.349 | 0.099 | 4.840 |
| | 最小值 | 21.100 | 18.200 | 2.170 | 1.620 | 2.250 | 0.120 | 4.941 | 0.505 | 10.799 |
| | 最大值 | 31.370 | 25.840 | 4.340 | 2.280 | 3.120 | 0.288 | 11.240 | 0.790 | 24.667 |
| X2F | 平均值 | 26.148a | 23.531a | 1.906C | 1.752C | 3.206a | 0.201a | 15.196A | 0.988A | 18.560a |
| | 标准差 | 2.595 | 2.462 | 0.542 | 0.144 | 0.305 | 0.073 | 6.527 | 0.297 | 8.206 |
| | 最小值 | 21.500 | 20.380 | 0.890 | 1.520 | 2.520 | 0.100 | 9.032 | 0.652 | 7.880 |
| | 最大值 | 29.990 | 27.760 | 2.790 | 1.930 | 3.590 | 0.320 | 31.660 | 1.710 | 33.000 |

烤烟是一种忌氯作物，但含有一定量的氯对烟叶质量又是必需的。烟叶

中含有0.4% ～0.8%的氯较为理想，这时的烟叶质地柔软，具有弹性和油润度，膨胀性好，破碎率低，可提高烟叶的切丝率。由表3–15可知，氯含量是B2F＞X2F＞C3F，经方差分析，部位间差异不显著。宁乡县烤烟氯含量较低，应注意适当提高烤烟的含氯量。

烟叶糖碱比是评价烟叶吃味的一项重要指标，通常被用作对烟气强度和柔和性评价的基础，烤烟糖/碱比要求在8～10。若糖碱比值超过15，虽然烟味温和，但劲头小，香气平淡；若比值在5以下，又烟味强烈，刺激性大，并有苦味。由表3–15可知，糖碱比是X2F＞C3F＞B2F，经方差分析，部位间差异极显著。宁乡县上部烟叶糖碱比过低，主要与其烟碱含量高有关，应控制上部烟叶的烟碱。

氮碱比值大小与烟叶成熟过程中氮素转化为烟碱氮的程度有关，可在一定程度上反映烟叶的成熟状况。烤烟的总氮与烟碱比值一般在0.8～1之间，以1较为合适。由表3–15可知，氮碱比是X2F＞C3F＞B2F，经方差分析，部位间差异极显著。宁乡县上、中部烟叶氮碱比过低，主要与其烟碱含量高有关，应控制上部烟叶的烟碱。

钾氯比是用于判定烟叶燃烧性的重要指标。其比值＞l时烟叶不熄火；比值＞2时燃烧性好，适宜的钾氯比值为5～10。由表3–15可知，钾氯比是X2F＞C3F ＞B2F，经方差分析，部位间差异显著。宁乡县烤烟钾氯比较大，并非烟叶中含钾量高引起，而是与烤烟的含氯量偏低有关。

2. 宁乡县烤烟常规化学成分区域差异

由表3–16可知，从上部烟叶看，烟碱、总氮、钾和钾氯比是横市镇大于大屯营乡，总糖、还原糖、氯、糖碱比和氮碱比是大屯营乡大于横市镇；从中部烟叶看，总糖、还原糖、烟碱、总氮、氯、钾和氮碱比是横市镇大于大屯营乡，糖碱比和钾氯比是大屯营乡大于横市镇；从上部烟叶看，烟碱、总氮和钾是横市镇大于大屯营乡，总糖、还原糖、氯、糖碱比、氮碱比和钾氯比是大屯营乡大于横市镇。

表3-16　宁乡县烤烟常规化学成分乡镇间差异

| 等级 | 乡镇 | 总糖/% | 还原糖/% | 烟碱/% | 总氮/% | 钾/% | 氯/% | 糖碱比 | 氮碱比 | 钾氯比 |
|---|---|---|---|---|---|---|---|---|---|---|
| B2F | 横市镇 | 17.974 | 16.416 | 4.178 | 2.490 | 2.604 | 0.226 | 4.392 | 0.599 | 11.877 |
| | 大屯营乡 | 18.222 | 17.046 | 4.092 | 2.488 | 2.442 | 0.250 | 4.519 | 0.609 | 10.274 |
| C3F | 横市镇 | 25.866 | 22.600 | 2.998 | 1.936 | 2.960 | 0.188 | 9.041 | 0.665 | 16.401 |
| | 大屯营乡 | 24.298 | 22.034 | 2.804 | 1.870 | 2.784 | 0.184 | 9.310 | 0.691 | 16.841 |
| X2F | 横市镇 | 26.044 | 22.788 | 1.982 | 1.780 | 3.376 | 0.193 | 13.650 | 0.926 | 17.937 |
| | 大屯营乡 | 26.252 | 24.274 | 1.830 | 1.724 | 3.036 | 0.208 | 16.741 | 1.051 | 19.183 |

3. 宁乡县烤烟常规化学成分与部分国内外烟区比较

由表3-17可知，宁乡县烟叶总糖和还原糖含量低于津巴布韦、巴西、大理，但高于桂阳县、龙山县，也高于全省平均值。宁乡县烟叶烟碱含量高于津巴布韦、巴西、大理、桂阳县，但低于龙山县，也低于全省平均值。宁乡县烟叶总氮含量高于桂阳县，但低于津巴布韦、巴西、大理、龙山县，也低于全省平均值。宁乡县烟叶钾含量低于津巴布韦、巴西，但高于桂阳县、大理、龙山县，也高于全省平均值。宁乡县烟叶氯含量高于大理，但低于津巴布韦、巴西、桂阳县、龙山县，也低于全省平均值。宁乡县烟叶糖碱比高于桂阳县、龙山县，但低于津巴布韦、巴西、大理，也低于全省平均值。宁乡县烟叶氮碱比低于津巴布韦、巴西、大理，但高于桂阳县、龙山县，也高于全省平均值。宁乡县烟叶钾氯比高于津巴布韦、巴西、大理、桂阳县、龙山县，也高于全省平均值。

表3-17　宁乡县烤烟常规化学成分与国内外其他烟区比较（C3F）

| 产地 | 总糖/% | 还原糖/% | 烟碱/% | 总氮/% | 钾/% | 氯/% | 糖碱比 | 氮碱比 | 钾氯比 |
|---|---|---|---|---|---|---|---|---|---|
| 湖南省平均 | 25.891 | 23.129 | 2.927 | 1.917 | 2.333 | 0.262 | 9.427 | 0.676 | 13.785 |
| 宁乡县 | 25.082 | 22.317 | 2.901 | 1.903 | 2.872 | 0.186 | 9.176 | 0.678 | 16.621 |
| 桂阳县 | 24.978 | 21.976 | 2.811 | 1.839 | 2.298 | 0.283 | 9.172 | 0.663 | 11.214 |
| 龙山县 | 24.415 | 22.022 | 3.055 | 1.952 | 1.988 | 0.272 | 8.049 | 0.644 | 7.735 |

（续表）

| 产地 | 总糖/% | 还原糖/% | 烟碱/% | 总氮/% | 钾/% | 氯/% | 糖碱比 | 氮碱比 | 钾氯比 |
|---|---|---|---|---|---|---|---|---|---|
| 大理 | 29.590 | 24.850 | 2.250 | 2.480 | 1.760 | 0.140 | 13.160 | 0.920 | 12.570 |
| 津巴布韦 | 26.380 | 25.050 | 2.240 | 2.020 | 3.430 | 0.670 | 11.780 | 0.990 | 6.870 |
| 巴西 | 25.540 | 23.520 | 2.380 | 1.970 | 2.960 | 0.590 | 10.720 | 0.950 | 5.020 |

### （四）宁乡县烤烟香气前体物特征及与国内外烟区比较

烟草中的多酚类化合物多为芸香苷、绿原酸、咖啡酸、莨菪亭、儿茶酚等，是烤烟中重要的香气前体物。在烟叶燃吸过程中，多酚热裂解形成的产物，许多对烟气香味有直接影响，可赋予烟气清甜香和烤香。宁乡县烟叶多酚含量在5.070% ～7.080%，平均为6.075%。由表3-18可知，宁乡县烟叶多酚含量较高，除低于大理和龙山县外，比津巴布韦、巴西和桂阳要高，也高于湖南省平均值。

氨基酸也是重要香气前体物，一方面，氨基酸在有氧条件下燃烧会产生氨，影响烟气质量；另一方面，烤烟在调制和醇化过程中，氨基酸和糖类物质会发生非酶棕化反应，形成大量具有烟草特征香味的挥发性化合物和大分子棕色化产物，不但赋予烟气的焙烤香、坚果香和甜焦糖味，还可使烟量感增加，使烟气显得较厚实。宁乡县烟叶氨基酸含量在5.720% ～10.590%，平均为8.155%。由表3-18可知，宁乡县烟叶氨基酸含量较低，低于津巴布韦、巴西、大理、桂阳县和龙山县，也低于湖南省平均值。

非挥发性有机酸主要有苹果酸、草酸、柠檬酸、丙二酸、琥珀酸，对烟草的香气没有明显的直接作用，但具有减轻烟气的刺激性，可使吸味变得醇和，并能增加烟气浓度。宁乡县烟叶非挥发性有机酸总量在39.090～72.106mg/g，平均为58.373mg/g。由表3-18可知，宁乡县烟叶非挥发性有机酸总量较低，低于津巴布韦、巴西、大理、桂阳县和龙山县，也低于湖南省平均值。

高级脂肪酸包括棕榈酸、硬脂酸、油酸、亚油酸、亚麻酸等，能改善烟气酸碱度，使烟气吃味醇和芳香的作用，是烤烟中重要的酸性潜香性成分。

宁乡县烟叶高级脂肪酸总量在5.260～6.920mg/g，平均为5.928mg/g。由表3-18可知，宁乡县烟叶高级脂肪酸总量较低，低于巴西、大理、桂阳县和龙山县，也低于湖南省平均值，但高于津巴布韦。

叶绿素是所有绿色植物中最重要的标致性物质，其降解产物是新植二烯和植物呋喃，这些物质是烤烟中挥发性香气物质含量最高的化合物，具有清香气息。宁乡县烟叶叶绿素含量在7.000～20.000μg/g，平均为13.500μg/g。由表3-18可知，宁乡县烟叶叶绿素含量较低，低于津巴布韦、巴西、大理、桂阳县和龙山县，也低于湖南省平均值。

烟草中类胡萝卜素以β-胡萝卜素和叶黄素的含量居多。类胡萝卜素的降解和热裂解产物可生成的近百种香气化合物，这些化合物是构成烤烟细腻、高雅、清新的主要香气成分，也是烤烟中除新植二烯以外含量较高的挥发性香气物质组分。宁乡县烟叶类胡萝卜素含量在64.000～118.000μg/g，平均为91.000μg/g。由表3-18可知，宁乡县烟叶质体色素总量较低，低于津巴布韦、巴西、大理、桂阳县和龙山县，也低于湖南省平均值。

表3-18　宁乡县烤烟香气前体物与国内外其他烟区比较（C3F）

| 产地 | 多酚总量/% | 氨基酸总量/% | 有机酸总量/mg·g$^{-1}$ | 高级脂肪酸总量/mg·g$^{-1}$ | 叶绿素/μg·g$^{-1}$ | 类胡萝卜素/μg·g$^{-1}$ | 质体色素总量/μg·g$^{-1}$ |
|---|---|---|---|---|---|---|---|
| 湖南省平均 | 5.347 | 11.956 | 82.829 | 6.288 | 25.500 | 128.758 | 453.145 |
| 宁乡县 | 6.075 | 8.155 | 58.373 | 5.928 | 13.500 | 78.000 | 91.000 |
| 桂阳县 | 5.323 | 10.963 | 80.004 | 6.480 | 14.000 | 112.000 | 125.667 |
| 龙山县 | 6.227 | 15.770 | 91.863 | 6.341 | 24.333 | 161.333 | 185.333 |
| 大理 | 6.450 | 17.450 | 81.340 | 8.000 | 54.790 | 216.090 | 270.880 |
| 津巴布韦 | 5.560 | 14.310 | 97.900 | 5.400 | 49.670 | 189.590 | 239.260 |
| 巴西 | 4.770 | 11.310 | 79.130 | 6.100 | 54.670 | 160.710 | 215.380 |

由表3-19可知，宁乡县不同乡镇的烟叶香气前体物存在差异。有机酸总量是横市镇大于大屯营乡，多酚总量、氨基酸总量、高级脂肪酸总量、叶绿素、类胡萝卜素、质体色素总量是大屯营乡大于横市镇。

表3-19　宁乡县烤烟香气前体物乡镇间差异（C3F）

| 乡镇 | 多酚总量/% | 氨基酸总量/% | 总有机酸/mg·g$^{-1}$ | 高级脂肪酸总量/mg·g$^{-1}$ | 叶绿素/μg·g$^{-1}$ | 类胡萝卜素/μg·g$^{-1}$ | 质体色素总量/μg·g$^{-1}$ |
|---|---|---|---|---|---|---|---|
| 横市镇 | 5.070 | 5.720 | 61.225 | 5.911 | 7.000 | 57.000 | 64.000 |
| 大屯营乡 | 7.080 | 10.590 | 55.520 | 5.946 | 20.000 | 99.000 | 118.000 |

### （五）宁乡县烤烟中性香气物特征及与国内外烟区比较

叶绿素降解产物主要为新植二烯，是中性挥发性香气物质含量最高的化合物。宁乡县烟叶新植二烯含量在314.300～482.700μg/g，平均为384.463μg/g。由表3-20可知，宁乡县烟叶新植二烯含量高于津巴布韦、桂阳县和龙山县，但低于巴西、大理，也低于湖南省平均值。

质体色素降解物总量包括新植二烯和类胡萝卜素降解产物，类胡萝卜素降解产物有巨豆三烯酮（A、B、C、D）、β-大马酮、β-紫罗兰醇、二氢猕猴桃内酯、香叶基丙酮等，这类物质所形成的香气质好、刺激性较小，是构成烤烟主要香气成分。虽然类胡萝卜素及其降解产物的香气域值较低，但对烤烟烟气的香气贡献率大。宁乡县烟叶质体色素降解物总量在381.200～529.870μg/g，平均为443.070μg/g。由表3-20可知，宁乡县烟叶质体色素降解物总量低于巴西、大理，但高于津巴布韦、桂阳县和龙山县，也高于湖南省平均值。

西柏烷类物质主要存在于烟叶的角质层上，是烟叶腺毛分泌物的主要成分，可以作为衡量烟叶表面分泌物形成致香物质量多少的重要指标，它们大多是一些醛、酮、酸类挥发性成分，其中主要产物是西柏三烯二醇、茄酮及其衍生物。它们不但本身具有很好的香气，而且由茄酮转化的产物，如茄醇、茄尼呋喃、降茄二酮等都是很重要的烟草香味物质。宁乡县烟叶西柏烷类物质总量在6.080～7.510μg/g，平均为6.820μg/g。由表3-20可知，宁乡县烟叶西柏烷类物质总量显著低于津巴布韦、巴西、大理，也低于桂阳县、龙山县和湖南省平均值。

烟草芳香属氨基酸降解产物中的苯甲醛（杏仁香、樱桃香、甜香）、苯乙醛（玫瑰花香）、苯甲醇（醇香）、苯乙醇（醇香）等是烟草中含量较丰富的香味成分。宁乡县烟叶芳香属氨基酸降解产物总量在3.860～6.720μg/g，平均为4.925μg/g。由表3-20可知，宁乡县烟叶芳香属氨基酸降解产物总量低于津巴布韦、巴西、大理、桂阳县和龙山县，也低于湖南省平均值。

美拉德反应，被认为是烤烟香气成分形成的重要过程之一。在调制过程中，氨基酸可直接与糖类物质发生非酶棕色化反应，形成阿马杜里（Amadori）化合物，这些物质可给予调制后烤烟特有的浓郁香气。宁乡县烟叶美拉德反应物总量在7.850～11.310μg/g，平均为8.872μg/g。由表3-20可知，宁乡县烟叶美拉德反应物总量显著低于津巴布韦、巴西、大理，但高于桂阳县和龙山县，也高于湖南省平均值。

宁乡县烟叶中性挥发性香气物总量在404.240～569.900μg/g，平均为472.122μg/g。由表3-20可知，宁乡县烟叶中性挥发性香气物总量低于津巴布韦、巴西、大理，也低于湖南省平均值，但高于桂阳县和龙山县。

**表3-20 宁乡县烤烟中性挥发性香气物与国内外其他烟区比较（C3F）**

| 产地 | 新植二烯/μg·g$^{-1}$ | 质体色素降解物总量/μg·g$^{-1}$ | 西柏烷类总量/μg·g$^{-1}$ | 芳香族氨基酸降解物总量/μg·g$^{-1}$ | 美拉德反应物总量/μg·g$^{-1}$ | 中性挥发性香气物总量/μg·g$^{-1}$ |
|---|---|---|---|---|---|---|
| 湖南省平均 | 392.062 | 440.830 | 13.003 | 11.144 | 7.939 | 473.700 |
| 宁乡县 | 384.643 | 443.070 | 6.820 | 4.925 | 8.872 | 472.122 |
| 桂阳县 | 373.452 | 423.048 | 9.009 | 6.276 | 5.663 | 447.196 |
| 龙山县 | 378.351 | 422.113 | 8.720 | 15.509 | 5.770 | 460.328 |
| 大理 | 504.910 | 529.790 | 28.170 | 6.500 | 14.600 | 597.920 |
| 津巴布韦 | 373.330 | 405.240 | 44.730 | 7.160 | 25.520 | 482.650 |
| 巴西 | 460.940 | 492.850 | 21.510 | 7.370 | 21.420 | 536.120 |

由表3-21可知，宁乡县不同乡镇的烟叶中性挥发性香气物存在差异。新植二烯、质体色素降解物总量、西柏烷类总量、芳香族氨基酸降解物总量、中性挥发性香气物总量是横市镇大于大屯营乡，美拉德反应物总量是大屯营乡大于横市镇。

表3-21 宁乡县烤烟中性挥发性香气物乡镇间差异（C3F）

| 乡镇 | 新植二烯/μg·g$^{-1}$ | 质体色素降解物总量/μg·g$^{-1}$ | 西柏烷类总量/μg·g$^{-1}$ | 芳香族氨基酸降解物总量/μg·g$^{-1}$ | 美拉德反应物总量/μg·g$^{-1}$ | 中性挥发性香气物总量/μg·g$^{-1}$ |
|---|---|---|---|---|---|---|
| 横市镇 | 401.563 | 456.637 | 7.187 | 4.993 | 8.543 | 485.690 |
| 大屯营乡 | 367.722 | 429.503 | 6.453 | 4.857 | 9.200 | 458.553 |

## （六）宁乡县烤烟感官评吸质量特征及与国内外烟区比较

1. 宁乡县烤烟感官评吸质量总体特征

宁乡县烤烟风格特点：具有偏浓香型的风格特征；香气较柔和细腻、较透发，有绵长感；烟香较饱满浓郁；烟气浓度中等略偏大，吃味强度适宜，余味尚干净舒适，燃烧性良好，整体配伍性较好。

由表3-22可知，宁乡县B2F等级烟叶感官评吸质量总分在60.89～65.09分，平均为63.61分；C2F等级烟叶感官评吸质量总分在64.56～66.89分，平均为65.61分；X2F等级烟叶感官评吸质量总分在60.19～66.64分，平均为63.73分。

表3-22 宁乡县烤烟感官评吸质量总体特征

| 等级 | 统计量 | 香气质 | 香气量 | 杂气 | 浓度 | 劲头 | 刺激性 | 余味 | 燃烧性 | 灰色 | 总分 |
|---|---|---|---|---|---|---|---|---|---|---|---|
| B2F | 平均值 | 6.28 | 6.86 | 5.97 | 6.98 | 6.10 | 6.05 | 6.24 | 6.95 | 6.78 | 63.61 |
| | 标准差 | 0.19 | 0.17 | 0.18 | 0.23 | 0.92 | 0.18 | 0.19 | 0.07 | 0.36 | 1.33 |
| | 最小值 | 6.10 | 6.50 | 5.60 | 6.60 | 3.80 | 5.60 | 5.90 | 6.80 | 6.00 | 60.89 |
| | 最大值 | 6.70 | 7.00 | 6.30 | 7.40 | 6.90 | 6.30 | 6.50 | 7.00 | 7.00 | 65.09 |
| C3F | 平均值 | 6.53 | 6.69 | 6.28 | 6.74 | 6.80 | 6.41 | 6.37 | 6.99 | 6.93 | 65.61 |
| | 标准差 | 0.25 | 0.22 | 0.23 | 0.22 | 0.24 | 0.28 | 0.27 | 0.03 | 0.13 | 0.77 |
| | 最小值 | 6.10 | 6.30 | 6.00 | 6.30 | 6.30 | 6.10 | 6.00 | 6.90 | 6.60 | 64.56 |
| | 最大值 | 6.80 | 6.90 | 6.80 | 7.00 | 7.20 | 7.00 | 6.80 | 7.00 | 7.00 | 66.89 |
| X2F | 平均值 | 6.21 | 6.30 | 6.23 | 6.34 | 6.23 | 6.72 | 6.42 | 6.96 | 6.99 | 63.73 |
| | 标准差 | 0.26 | 0.37 | 0.32 | 0.44 | 0.42 | 0.37 | 0.21 | 0.07 | 0.07 | 1.89 |
| | 最小值 | 5.80 | 5.90 | 5.60 | 5.80 | 5.40 | 6.00 | 6.00 | 6.80 | 6.80 | 60.19 |
| | 最大值 | 6.60 | 6.90 | 6.60 | 6.90 | 6.80 | 7.00 | 6.70 | 7.00 | 7.10 | 66.64 |

2．宁乡县烤烟感官评吸质量区域差异

由表3–23可知，从B2F等级烟叶看，大屯营乡烤烟的感官评吸质量总分高于横市镇，主要是香气量要高；从C3F等级烟叶看，大屯营乡烤烟的感官评吸质量总分高于横市镇，主要是香气质要好，香气量要高；从X2F等级烟叶看，大屯营乡烤烟的感官评吸质量总分高于横市镇，主要是香气质要好，香气量要高，杂气要小，劲头适中。从总体上看，大屯营乡烤烟的感官评吸质量要好于横市镇。

表3–23　宁乡县烤烟感官评吸质量乡镇间差异

| 等级 | 乡镇 | 香气质 | 香气量 | 杂气 | 浓度 | 劲头 | 刺激性 | 余味 | 燃烧性 | 灰色 | 总分 |
|---|---|---|---|---|---|---|---|---|---|---|---|
| B2F | 横市镇 | 6.34 | 6.80 | 5.98 | 7.08 | 5.78 | 6.02 | 6.22 | 6.94 | 6.82 | 63.18 |
| | 大屯营乡 | 6.22 | 6.92 | 5.96 | 6.88 | 6.42 | 6.08 | 6.26 | 6.96 | 6.74 | 64.03 |
| C3F | 横市镇 | 6.44 | 6.62 | 6.34 | 6.72 | 6.74 | 6.44 | 6.42 | 6.98 | 6.86 | 65.32 |
| | 大屯营乡 | 6.62 | 6.76 | 6.22 | 6.76 | 6.86 | 6.38 | 6.32 | 7.00 | 7.00 | 65.90 |
| X2F | 横市镇 | 6.16 | 6.24 | 6.18 | 6.16 | 6.04 | 6.76 | 6.42 | 6.94 | 7.02 | 62.79 |
| | 大屯营乡 | 6.26 | 6.36 | 6.28 | 6.52 | 6.42 | 6.68 | 6.42 | 6.98 | 6.96 | 64.67 |

3．宁乡县烤烟感官评吸质量与部分国内外烟区比较

由表3–24可知，宁乡县烤烟的感官评吸质量总分要低于津巴布韦、巴西和大理，略低于桂阳县和龙山县，也略高于湖南省平均值。

从评吸的各项指标分析，这主要表现在香气质、香气量、杂气和刺激性等指标上的差异。津巴布韦烤烟的香气质好、香气量相对较足、杂气较轻，最为明显的是香气量足和浓郁的焦甜香。大理烤烟相对津巴布韦和巴西烤烟在香气量和浓度及刺激性较低，但余味和香气质较好。宁乡县烤烟的劲头和刺激性较大，在香气质上也有一定的缺陷，但杂气分值高于巴西烤烟。

表3-24 宁乡县烤烟感官评吸质量与国内外其他烟区比较（C3F）

| 产地 | 香型 | 香气质 | 香气量 | 杂气 | 浓度 | 劲头 | 刺激性 | 余味 | 燃烧性 | 灰色 | 总分 |
|---|---|---|---|---|---|---|---|---|---|---|---|
| 湖南省平均 | 浓 | 6.67 | 6.76 | 6.33 | 6.81 | 6.84 | 6.48 | 6.48 | 7.00 | 7.00 | 66.59 |
| 宁乡县 | 浓 | 6.53 | 6.69 | 6.28 | 6.74 | 6.80 | 6.41 | 6.37 | 6.99 | 6.93 | 66.61 |
| 桂阳县 | 浓 | 6.68 | 6.86 | 6.40 | 6.87 | 6.97 | 6.55 | 6.49 | 7.00 | 7.03 | 67.36 |
| 龙山县 | 浓 | 6.66 | 6.82 | 6.36 | 6.86 | 6.88 | 6.43 | 6.55 | 6.99 | 7.01 | 66.82 |
| 大理 | 清 | 7.10 | 6.72 | 6.33 | 6.80 | 7.20 | 7.08 | 7.80 | 7.50 | 7.50 | 70.18 |
| 津巴布韦 | 浓 | 7.25 | 7.22 | 7.08 | 7.20 | 7.00 | 7.33 | 7.50 | 8.00 | 8.00 | 72.68 |
| 巴西 | 浓 | 6.90 | 7.00 | 6.00 | 7.50 | 7.30 | 6.58 | 6.90 | 8.00 | 7.50 | 69.08 |

## 三、讨论

（1）本研究选择成熟度、发育状况、叶片结构、身份、油分、色度、色均匀度、光滑或微青等8项评价指标，利用外观质量指数综合评价外观质量，能准确地体现外观质量特征，所得出的定量分析结果与已有的定性结论相一致。研究结果表明，宁乡县大屯营乡烤烟的外观质量要好于横市镇，烤烟的下部烟叶外观质量相对具有优势；但部分烟叶颜色偏淡、色度不浓，含青含杂比例稍高，外观质量还有待改善。

（2）宁乡县烟叶开片度、单叶重、叶质重、平衡含水率较低，但密度较高，含梗率适中。宁乡县烟叶开片度低，特别是上部烟叶，说明烟叶发育状况还有待提高。

（3）宁乡县烟叶总糖和还原糖含量低于津巴布韦、巴西、大理，但都在适宜范围内；上部烟叶的烟碱含量明显偏高，对其工业可用性会产生不良影响，要设法加以控制。总氮含量较低，在适宜范围内；钾含量虽低于国外烟叶，但在国内是属于钾含量高的；氯含量较低，应注意适当提高烤烟的含氯量。

（4）宁乡县烟叶多酚含量较高，氨基酸含量较低，非挥发性有机酸总量较低，高级脂肪酸总量较低，叶绿素含量较低，质体色素总量较低，使其烟叶感官质量与津巴布韦、巴西和郴州的浓香型烟叶，以及大理的清香型烟叶有区别。

（5）宁乡县烟叶新植二烯含量高于津巴布韦、桂阳县和龙山县，但低于巴西、大理；质体色素降解物总量低于巴西、大理，但高于津巴布韦、桂阳县和龙山县；西柏烷类物质总量、芳香属氨基酸降解产物总量、美拉德反应物总量较低；中性挥发性香气物总量低于津巴布韦、巴西、大理，高于桂阳县和龙山县。

（6）宁乡县烤烟具有偏浓香型的风格特征；香气较柔和细腻、较透发，有绵长感；烟香较饱满浓郁；烟气浓度中等略偏大，吃味强度适宜，余味尚干净舒适，燃烧性良好，整体配伍性较好。其感官评吸质量总分要低于津巴布韦、巴西和大理，略低于桂阳县和龙山县。

（7）通过分析宁乡县烤烟与津巴布韦、巴西等国进口烤烟和大理、湖南桂阳、湖南龙山等有代表性的烤烟品质特征和差异，可为深入研究提高宁乡县烤烟质量和工业可用性提供了一些参考数据和研究方案，也为宁乡县进行烤烟产品风格定位，制定发挥自身特点的最佳生产方案提供了理论和实践依据。

# 第四章　卷烟品牌导向型烟叶原料评价体系构建及基地筛选

## 第一节　基地烟叶原料评价体系构建

### 一、材料和方法

#### （一）烟叶样品材料

以本项目2012—2014年在宁乡不同乡镇定点选取的不同部位的烟叶样品为研究材料，根据不同乡镇植烟面积、生态特点差异，中部叶每乡镇选取2～3份代表样品，上部叶每乡镇选取1～2份代表样品，下部叶每乡镇选择1～2代表样品，作为研究样品（如表4–1所示）。不同年份不同部位研究样品的数量。

表4–1　不同部位烟叶取样表

| 等级 | 取样数 |
|---|---|
| B2F | 180 |
| C3F | 180 |
| X2F | 180 |

#### （二）数理统计方法

本研究为明确影响“利群”品牌原料需求主导的宁乡烟叶质量风格的主要外观、物理、化学指标，以及不同指标对宁乡烟叶质量风格影响的规律和适宜区间，系统应用了相关、回归、通径分析、多元方差分析、聚类分析等数理统计方法以及大量的数学计算，数理统计方法或计算由EXCEL、DPS或SPSS软件完成。

#### （三）研究思路和技术路线

本研究以利群品牌对宁乡烟叶的特色需求为导向，以“利群”品牌在宁乡产区的历史调拨点——宁乡为代表产区，通过对不同部位烟叶风格特征及香吃味品质特点分析，明确不同部位烟叶的质量风格特点。以宁乡烟叶风格特征及香吃味品质特点及指标间的内在联系为基础，选择清香型风格典型性作为宁乡烟叶风格特征的代表指标，感官质量评价总分作为香吃味品质的代表指标，综合应用相关、回归、通径分析、方差分析系统研究不同部位烟叶外观、物理、化学指标与其风格特征及香吃味品质的关系，确定影响宁乡烟叶质量风格的主要理化指标，及各指标对宁乡烟叶质量风格影响的规律，在此基础上，选择代表不同部位优质烟叶香型特征及感官质量档次的样品作为“优选样品”，以“优选样品”主要理化指标的平均值±标准差为基础，参考代表样品理化指标与宁乡烤烟香型典型性及评吸总分关系的散点图特征，确定不同部位、不同指标的适宜区间。以中部烟叶为代表，进一步通过因子结构分析，简化表征宁乡烤烟质量风格特征的烟叶理化指标指标，应用隶属函数模型和指数和法对不同区域烤烟化学成分协调性进行综合评价。其基本技术路线流程见图4-1。

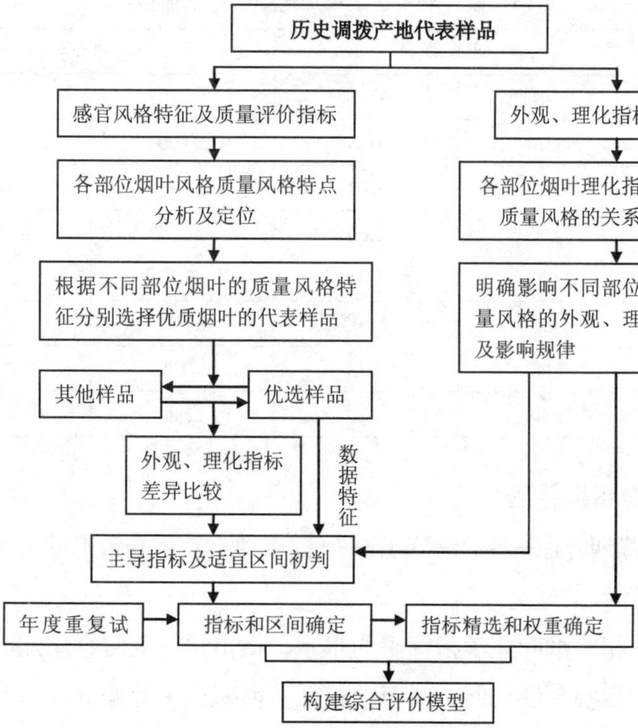


图4-1 技术路线

## 二、结果与分析

### （一）基地烟叶质量风格特点

1. 外观质量

宁乡烟叶叶片较大，单叶重较高，开片较好，各部位烟叶成熟度较好，颜色以橘黄为主，色度较好。上部叶结构“尚疏松—稍密”，身份“稍厚”，油分“有—稍有”为主；中部叶结构疏松，身份“稍薄—适中”，油分以“稍有—有”；下部叶身份稍薄，油分以稍有为主。

2. 物理指标特征

“利群”品牌烟叶原料生产示范点——横市镇、老粮仓镇烟叶主要物理指标特点如表4–2所示。

横市镇、老粮仓镇烟叶具有页面密度较低，填充值较高，平衡含水率较高的特点。老粮仓乡烟叶单叶重、叶长、叶宽相对较低，含梗率相对较高。

**表4–2 横市镇、老粮仓镇中部烤烟物理指标特点**

| 指标 | 横市镇 | | 老粮仓乡 | |
|---|---|---|---|---|
| | 平均值 | 标准差 | 平均值 | 标准差 |
| 单叶重/cm | 11.74 | 1.75 | 10.90 | 2.36 |
| 叶长/cm | 66.12 | 3.82 | 62.95 | 5.00 |
| 叶宽/cm | 23.38 | 1.60 | 22.54 | 1.99 |
| 含梗率/% | 33.71 | 3.71 | 35.33 | 2.86 |
| 叶面密度/g/m$^2$ | 61.84 | 11.03 | 65.39 | 7.03 |
| 填充值/cm$^3$/g | 3.66 | 0.33 | 4.02 | 0.44 |
| 平衡含水率/% | 12.88 | 2.20 | 12.84 | 1.21 |

3. 化学成分指标特征

“利群”品牌烟叶原料生产示范点——横市镇、老粮仓镇烟叶主要化学指标特点如表4–3所示。

由表看出，相对烟叶化学指标平均水平，横市镇、老粮仓镇烟叶的具有总糖、还原糖、淀粉含量较低，两糖差较低，糖碱比中等偏低，烟叶钾含量较高，氯含量较低的特点。

表4–3　横市镇、老粮仓镇中部烤烟化学指标特点

| 指标 | 横市镇 | | 老粮仓乡 | |
|---|---|---|---|---|
| | 平均值 | 标准差 | 平均值 | 标准差 |
| 总糖% | 28.6 | 4.26 | 26.5 | 4.70 |
| 还原糖% | 23.5 | 3.59 | 21.7 | 3.70 |
| 总氮% | 1.76 | 0.21 | 1.86 | 0.29 |
| 烟碱% | 2.06 | 0.44 | 2.30 | 0.50 |
| 钾% | 2.21 | 0.48 | 2.25 | 0.38 |
| 氯% | 0.33 | 0.26 | 0.21 | 0.12 |
| 糖碱比 | 12.03 | 3.46 | 9.99 | 3.04 |
| 氮碱比 | 0.89 | 0.17 | 0.83 | 0.17 |
| 两糖差 | 5.08 | 2.64 | 4.79 | 2.19 |
| 钾氯比 | 14.4 | 14.4 | 15.5 | 11.1 |

4. 感官质量特征

总体分析，宁乡烤烟感官质量特征为：浓度中等、劲头适中，香型风格以浓香为主，烟气成团性"中等—较好"，干燥感中等，甜度较明显，柔和性中等，香气质"中等—较好"，香气量足，杂气稍有，刺激性稍有，余味尚舒适，燃烧性较强，灰色灰白。

横市镇、老粮仓镇烤烟具有成团性、干燥感得分较高，香气量较足，刺激性较轻，余味较舒适，感官评吸总分较高的特点。尤其是横市镇烟叶，还具有浓香型风格突出，有甜感，香气质较好，杂气较轻的特点（如表4–4所示）。

表4–4　横市镇、老粮仓镇中部烤烟感官品质指标特点

| 指标 | 横市镇 | | 老粮仓镇 | |
|---|---|---|---|---|
| | 平均值 | 标准差 | 平均值 | 标准差 |
| 浓度 | 3.06 | 0.16 | 3.76 | 0.42 |
| 劲头 | 3.00 | 0.26 | 3.18 | 0.24 |
| 香型 | 4.39 | 0.59 | 3.44 | 0.68 |
| 成团性 | 3.65 | 0.42 | 4.00 | 0.42 |
| 干燥感 | 3.71 | 0.43 | 3.50 | 0.34 |

（续表）

| 指标 | 横市镇 | | 老粮仓镇 | |
|---|---|---|---|---|
| | 平均值 | 标准差 | 平均值 | 标准差 |
| 甜度 | 2.37 | 0.48 | 2.15 | 0.23 |
| 柔和性 | 3.56 | 0.40 | 3.15 | 0.23 |
| 香气质 | 15.20 | 0.76 | 14.41 | 0.88 |
| 香气量 | 16.00 | 0.99 | 15.85 | 0.78 |
| 杂气 | 11.75 | 0.72 | 11.53 | 0.36 |
| 刺激性 | 13.76 | 0.98 | 13.53 | 0.85 |
| 余味 | 15.77 | 0.96 | 14.88 | 0.72 |
| 燃烧性 | 4.48 | 0.50 | 4.29 | 0.46 |
| 灰色 | 3.95 | 0.15 | 4.00 | 0.00 |

## （二）原料评价体系构建

1. 研究思路

本研究以“利群”品牌使用宁乡烟叶的历史经验为基础，以“利群”品牌对宁乡烟叶的特色需求为导向，以感官评吸的香气量作为“利群”品牌评价宁乡烟叶质量特征的主要指标，综合考虑香气质、杂气、刺激性以及余味特征，应用方差分析，系统研究不同部位不同外观、物理、化学指标范围的烟叶香气量以及其他感官品质的差异，明确不同指标对烟叶香气量及其他指标影响的规律，确定影响指标和适宜区间以及影响权重，应用模糊数学隶属函数指数和法，建立“利群”品牌需求主导的宁乡烟叶质量风格综合评价模型。

2. “利群”品牌原料需求主导的宁乡烟叶质量风格评价指标的筛选

（1）影响宁乡烟叶质量风格的主要外观质量指标研究

根据不同部位不同外观质量档次烟叶主要感官质量指标的多元方差分析，不同外观质量指标的烟叶香气量、香气质、杂气、刺激性、余味、燃烧性、灰色差异均达不到显著水平，可能与外观质量指标的判别误差较大有关（如表4-5、表4-6、表4-7、表4-8、表4-9、表4-10、表4-11、表4-12、表4-13所示）。

①上部叶不同外观质量烟叶感官品质指标的多元方差分析

表4-5　上部叶不同成熟度烟叶感官品质指标平均值±标准差及差异检验

| 因子 | 成熟- | 成熟 | 成熟+ | $F$-值 | $p$ |
|---|---|---|---|---|---|
| 香气质 | 14.36 ± 0.48 | 14.30 ± 0.49 | 14.33 ± 0.45 | 1.41 | 0.23 |
| 香气量 | 14.78 ± 0.68 | 14.88 ± 0.85 | 14.91 ± 0.77 | 1.81 | 0.13 |
| 杂气 | 11.54 ± 0.41 | 11.56 ± 0.42 | 11.54 ± 0.38 | 1.64 | 0.16 |
| 刺激性 | 11.87 ± 0.41 | 11.76 ± 0.41 | 11.89 ± 0.42 | 1.03 | 0.39 |
| 余味 | 14.06 ± 0.59 | 13.96 ± 0.62 | 13.97 ± 0.47 | 0.98 | 0.42 |
| 燃烧性 | 3.95 ± 0.15 | 3.91 ± 0.24 | 3.97 ± 0.24 | 0.95 | 0.44 |
| 灰色 | 2.94 ± 0.32 | 3.02 ± 0.20 | 2.93 ± 0.35 | 1.71 | 0.15 |

表4-6　上部叶不同颜色烟叶感官品质指标平均值±标准差及差异检验

| 因子 | 柠 | 桔- | 桔 | 桔+ | $F$-值 | $p$ |
|---|---|---|---|---|---|---|
| 香气质 | 14.36 ± 0.42 | 14.27 ± 0.41 | 14.33 ± 0.44 | 14.37 ± 0.35 | 1.23 | 0.30 |
| 香气量 | 14.92 ± 0.52 | 14.78 ± 0.48 | 15.0 ± 0.75 | 15.04 ± 0.78 | 1.02 | 0.38 |
| 杂气 | 11.62 ± 0.36 | 11.69 ± 0.43 | 11.63 ± 0.41 | 11.59 ± 0.23 | 0.42 | 0.66 |
| 刺激性 | 11.81 ± 0.33 | 11.97 ± 0.40 | 11.77 ± 0.37 | 11.85 ± 0.25 | 0.32 | 0.73 |
| 余味 | 14.51 ± 0.47 | 14.19 ± 0.50 | 14.41 ± 0.21 | 13.93 ± 0.19 | 3.04 | 0.06 |
| 燃烧性 | 4.00 ± 0.00 | 3.99 ± 0.06 | 3.95 ± 0.25 | 3.96 ± 0.28 | 0.42 | 0.66 |
| 灰色 | 3.02 ± 0.13 | 3.13 ± 0.33 | 2.98 ± 0.37 | 3.01 ± 0.39 | 0.22 | 0.80 |

表4-7　上部叶不同身份烟叶感官品质指标平均值±标准差及差异检验

| 因子 | 厚 | 稍薄 | 稍厚 | $F$-值 | $p$ |
|---|---|---|---|---|---|
| 香气质 | 13.79 ± 0.56 | 13.88 ± 0.51 | 13.87 ± 0.48 | 1.5161 | 0.223 |
| 香气量 | 14.74 ± 0.41 | 14.86 ± 0.36 | 14.76 ± 0.32 | 1.112 | 0.3519 |
| 余味 | 13.99 ± 0.52 | 14.08 ± 0.52 | 14.05 ± 0.45 | 0.6102 | 0.6557 |
| 杂气 | 11.42 ± 0.57 | 11.52 ± 0.48 | 11.54 ± 0.45 | 0.9191 | 0.4537 |
| 刺激性 | 12.99 ± 0.29 | 13.00 ± 0.31 | 13.03 ± 0.29 | 1.9155 | 0.151 |
| 燃烧性 | 3.41 ± 0.18 | 3.45 ± 0.10 | 3.47 ± 0.08 | 2.6669 | 0.073 |
| 灰色 | 2.96 ± 0.24 | 2.92 ± 0.17 | 2.93 ± 0.10 | 1.4651 | 0.234 |

表4-8 上部叶不同结构烟叶感官品质指标平均值±标准差及差异检验

| 因子 | 尚疏 | 稍密 | 稍密- | 疏 | $F$-值 | $p$ |
|---|---|---|---|---|---|---|
| 香气质 | 14.04±0.62 | 13.73±0.52 | 13.94±0.46 | 13.91±0.51 | 1.96 | 0.122 |
| 香气量 | 14.93±0.40 | 14．89±0.39 | 14.81±0.24 | 14.87±0.35 | 1.54 | 0.206 |
| 余味 | 14.19±0.50 | 14.00±0.50 | 14.24±0.44 | 14.19±0.52 | 2.36 | 0.074 |
| 杂气 | 11.60±0.55 | 11.56±0.53 | 11.48±0.44 | 11.63±0.48 | 1.76 | 0.112 |
| 刺激性 | 13.16±0.33 | 12.95±0.28 | 12.98±0.36 | 13.03±0.31 | 1.33 | 0.268 |
| 燃烧性 | 3.48±0.05 | 3.43±0.16 | 3.46±0.09 | 3.45±0.10 | 0.53 | 0.664 |
| 灰色 | 2.98±0.05 | 2.89±0.21 | 2.91±0.12 | 2.92±0.17 | 0.60 | 0.619 |

表4-9 上部叶不同油分烟叶感官品质指标平均值±标准差及差异检验

| 因子 | 稍有 | 稍有- | 稍有+ | 有 | $F$-值 | $p$ |
|---|---|---|---|---|---|---|
| 香气质 | 13.68±0.50 | 13.73±0.54 | 13.94±0.60 | 13.84±0.50 | 1.10 | 0.29 |
| 香气量 | 14.74±0.36 | 14.64±0.41 | 14.87±0.41 | 14.72±0.34 | 1.16 | 0.26 |
| 余味 | 14.01±0.50 | 13.86±0.51 | 14.26±0.54 | 14.01±0.44 | 0.14 | 0.87 |
| 杂气 | 11.41±0.52 | 11.31±0.52 | 11.71±0.55 | 11.59±0.45 | 1.81 | 0.11 |
| 刺激性 | 12.96±0.31 | 12.93±0.28 | 13.09±0.27 | 13.03±0.30 | 1.77 | 0.15 |
| 燃烧性 | 3.42±0.15 | 3.44±0.13 | 3.47±0.13 | 3.46±0.09 | 1.46 | 0.22 |
| 灰色 | 2.87±0.22 | 2.92±0.18 | 2.95±0.14 | 2.94±0.11 | 1.73 | 0.16 |

② 中部叶不同外观质量烟叶感官品质指标的多元方差分析

表4-10 中部叶不同成熟度烟叶感官品质指标平均值±标准差及差异检验

| 因子 | 成熟- | 成熟 | 成熟+ | $F$-值 | $p$ |
|---|---|---|---|---|---|
| 香气质 | 14.35±0.72 | 14.38±0.77 | 14.53±0.77 | 2.10 | 0.12 |
| 香气量 | 14.90±1.10 | 14.70±1.22 | 14.83±1.33 | 0.87 | 0.42 |
| 杂气 | 11.52±1.00 | 11.39±1.15 | 11.43±1.29 | 0.22 | 0.59 |
| 刺激性 | 12.83±0.70 | 13.00±0.80 | 13.14±0.85 | 1.76 | 0.11 |
| 余味 | 14.65±0.76 | 14.76±0.85 | 14.89±0.85 | 1.72 | 0.17 |
| 燃烧性 | 4.23±0.34 | 4.32±0.45 | 4.35±0.48 | 2.5 | 0.10 |

表4-11　中部叶不同颜色烟叶感官品质指标平均值±标准差及差异检验

| 因子 | 柠 | 桔- | 桔 | 桔+ | *F*-值 | *p* |
|---|---|---|---|---|---|---|
| 香气质 | 14.32±0.68 | 14.48±0.83 | 14.33±0.70 | 14.52±0.79 | 1.66 | 0.18 |
| 香气量 | 14.84±1.08 | 14.87±1.13 | 14.46±1.23 | 15.03±1.35 | 1.54 | 0.25 |
| 杂气 | 11.56±0.99 | 11.44±0.99 | 11.44±1.21 | 11.52±1.33 | 0.29 | 0.79 |
| 刺激性 | 12.90±0.59 | 13.07±0.87 | 12.83±0.76 | 13.04±0.86 | 1.32 | 0.26 |
| 余味 | 14.59±0.68 | 14.89±0.90 | 14.75±0.75 | 14.79±0.87 | 1.47 | 0.16 |
| 燃烧性 | 4.22±0.32 | 4.25±0.43 | 4.38±0.47 | 4.18±0.48 | 0.78 | 0.43 |
| 灰色 | 3.82±0.37 | 3.78±0.39 | 3.83±0.34 | 3.84±0.29 | 1.64 | 0.18 |

表4-12　中部叶不同身份烟叶感官品质指标平均值±标准差及差异检验

| 因子 | 稍薄 | 适中 | 适中- | *F*-值 | *p* |
|---|---|---|---|---|---|
| 香气质 | 14.40±0.76 | 14.35±0.72 | 14.53±0.79 | 1.64 | 0.20 |
| 香气量 | 14.93±1.15 | 14.64±1.19 | 14.82±1.34 | 1.74 | 0.18 |
| 杂气 | 11.57±1.05 | 11.45±1.11 | 11.61±1.33 | 1.16 | 0.33 |
| 刺激性 | 12.90±0.78 | 12.98±0.74 | 13.14±0.86 | 3.04 | 0.05 |
| 余味 | 14.73±0.83 | 14.71±0.76 | 14.88±0.87 | 1.60 | 0.20 |
| 燃烧性 | 4.36±0.37 | 4.35±0.47 | 4.45±0.48 | 1.71 | 0.19 |
| 灰色 | 3.78±0.39 | 3.85±0.33 | 3.82±0.29 | 2.24 | 0.14 |

表4-13　中部叶不同油分烟叶感官品质指标平均值±标准差及差异检验

| 因子 | 稍有 | 稍有- | 稍有+ | 有 | *F*-值 | *p* |
|---|---|---|---|---|---|---|
| 香气质 | 14.36±0.72 | 14.44±0.79 | 14.37±0.73 | 14.57±0.81 | 1.53 | 0.21 |
| 香气量 | 14.89±1.12 | 14.81±1.18 | 14.73±1.28 | 14.78±1.38 | 0.34 | 0.79 |
| 杂气 | 11.61±1.02 | 11.46±1.02 | 11.36±1.27 | 11.44±1.36 | 1.62 | 0.18 |
| 刺激性 | 12.97±0.70 | 13.11±0.82 | 12.93±0.75 | 13.02±0.92 | 0.72 | 0.56 |
| 余味 | 14.75±0.74 | 14.83±0.90 | 14.71±0.73 | 14.87±0.92 | 1.84 | 0.44 |
| 燃烧性 | 4.33±0.34 | 4.36±0.47 | 4.35±0.47 | 4.28±0.48 | 1.53 | 0.21 |
| 灰色 | 3.79±0.39 | 3.84±0.34 | 3.87±0.31 | 3.87±0.31 | 1.33 | 0.26 |

（2）影响宁乡烟叶质量风格的主要物理指标及其适宜区间研究

根据中部叶不同物理指标与感官质量指标的相关分析结果，物理指标对感官品质的影响相对较弱，因此，在宁乡烟叶质量风格评价中，暂不考虑物理指标（如表4–14所示）。

**表4–14 中部叶物理特性与感官质量的相关分析**

| 相关系数 | 香气质 | 香气量 | 杂气 | 刺激性 | 余味 | 燃烧性 | 灰色 | 总分 |
|---|---|---|---|---|---|---|---|---|
| 单叶重 | 0.058 | –0.060 | –0.249 | 0.054 | 0.109 | 0.290 | –0.032 | –0.017 |
| 叶长 | 0.097 | –0.120 | –0.286 | 0.113 | 0.157 | 0.364 | 0.051 | –0.002 |
| 叶宽 | 0.034 | 0.194 | 0.134 | –0.108 | –0.003 | –0.097 | –0.002 | 0.068 |
| 含梗率 | –0.045 | 0.077 | 0.109 | –0.024 | –0.029 | –0.160 | 0.064 | 0.022 |
| 叶面密度 | 0.032 | 0.002 | 0.038 | –0.086 | –0.023 | –0.050 | –0.079 | –0.016 |
| 填充值 | 0.025 | 0.222 | 0.017 | 0.104 | 0.096 | –0.045 | 0.031 | 0.109 |
| 平衡含水率 | 0.043 | –0.293 | –0.467 | 0.175 | 0.120 | 0.554 | –0.116 | –0.100 |

（3）影响宁乡烟叶质量风格的主要化学指标及其适宜区间研究

①总糖、还原糖含量对宁乡烟叶质量风格的影响

根据不同部位烟叶总糖、还原糖含量范围的烟叶感官质量指标的多元方差分析及单因子差异检验结果，总糖、还原糖含量主要对上、中部叶香气量及香气质、余味得分有显著或极显著影响。总糖、还原糖过高，烟叶香气量不足，含量过低，香气质、余味较差。结合宁乡烟叶总糖、还原糖含量分布特点，上部叶总糖、还原糖含量适宜区间分别为18%～21%、15%～18%，中部叶总糖、还原糖适宜区间分别为23%～26%、21%～24%（如表4–15、表4–16、表4–17、表4–18所示）。

**表4–15 不同总糖含量范围的上部叶感官质量指标平均值±标准差及差异检验**

| 总糖 | 香气质 | 香气量 | 杂气 | 刺激性 | 余味 |
|---|---|---|---|---|---|
| 15% | 13.91±0.29 | 15.00±0.36 | 11.56±0.40 | 11.30±0.33 | 14.06±0.47 |
| 15%～18% | 13.82±0.48 | 15.32±0.87 | 11.60±0.40 | 11.05±0.48 | 14.14±0.52 |
| 18%～21% | 14.46±0.53 | 15.37±0.60 | 11.51±0.36 | 11.93±0.40 | 14.13±0.65 |
| 21%～24% | 14.25±0.48 | 15.10±0.64 | 11.51±0.39 | 11.80±0.39 | 13.92±0.60 |
| *F*–值 | 3.68 | 5.85 | 1.63 | 1.14 | 1.69 |
| *p* | 0.019 | 0.001 | 0.14 | 0.34 | 0.12 |

表4-16　不同还原糖含量范围的上部叶感官质量指标平均值±标准差及差异检验

| 还原糖 | 香气质 | 香气量 | 杂气 | 刺激性 | 余味 |
|---|---|---|---|---|---|
| 15% | 14.18±0.30 | 15.02±0.46 | 11.62±0.38 | 11.89±0.35 | 14.09±0.46 |
| 15%～18% | 14.22±0.38 | 15.00±0.78 | 11.59±0.39 | 11.91±0.43 | 14.17±0.56 |
| 18%～21% | 14.38±0.52 | 15.10±0.71 | 11.61±0.41 | 11.96±0.45 | 14.16±0.65 |
| 21%～24% | 14.35±0.49 | 14.89±0.84 | 11.57±0.39 | 11.85±0.40 | 13.90±0.62 |
| *F*-值 | 2.332 | 2.395 | 0.561 | 1.269 | 6.825 |
| *p* | 0.042 | 0.037 | 0.730 | 0.277 | 0.000 |

表4-17　不同总糖含量范围的中部叶感官质量指标平均值±标准差及差异检验

| 总糖 | 香气质 | 香气量 | 杂气 | 刺激性 | 余味 |
|---|---|---|---|---|---|
| ≤20% | 14.20±0.98 | 14.99±1.41 | 11.42±1.30 | 12.94±1.05 | 14.74±0.77 |
| 20%～23% | 14.47±0.67 | 15.22±1.04 | 11.55±0.91 | 13.07±0.74 | 14.95±0.70 |
| 23%～26% | 14.43±0.79 | 15.19±1.26 | 11.51±1.26 | 13.29±0.73 | 15.10±1.05 |
| 26%～29% | 14.55±0.77 | 14.87±1.12 | 11.50±0.98 | 13.13±0.83 | 14.85±0.93 |
| *F*-值 | 2.791 | 4.839 | 0.147 | 2.885 | 3.058 |
| *p* | 0.016 | 0.000 | 0.981 | 0.014 | 0.010 |

表4-18　不同还原糖含量范围的中部叶感官质量指标平均值±标准差及差异检验

| 还原糖 | 香气质 | 香气量 | 杂气 | 刺激性 | 余味 |
|---|---|---|---|---|---|
| ≤18% | 14.30±0.79 | 14.96±1.08 | 11.70±0.96 | 12.80±0.77 | 14.74±0.86 |
| 18%～21% | 14.41±0.76 | 15.30±1.09 | 11.51±1.11 | 13.10±0.76 | 14.84±0.76 |
| 21%～24% | 14.51±0.74 | 15.17±1.22 | 11.70±0.97 | 13.07±0.76 | 14.93±0.72 |
| >24% | 14.44±0.76 | 14.79±1.30 | 11.28±1.37 | 13.01±0.74 | 14.82±0.84 |
| *F*-值 | 3.07 | 7.25 | 2.07 | 1.38 | 2.00 |
| *p* | 0.010 | 0.000 | 0.084 | 0.239 | 0.094 |

②总氮、烟碱含量对宁乡烟叶质量风格的影响

根据上部叶不同烟碱、总氮含量范围的烤烟感官质量指标的多元方差分析结果，上部叶烟碱、总氮含量对香气量的影响达不到显著水平，但烟碱、总氮含量过高，烟气刺激性增加，香气质和余味变差。上部叶烟碱、总氮含量的适宜区间分别为：2.6%～3.6%、1.7%～2.3%（如表4-19、表4-20所示）。

根据中部叶不同烟碱、总氮含量范围的烤烟感官质量指标的多元方差分析结果，总氮含量对烤烟香气量和杂气有极显著影响，烟碱含量烤烟香气量和余味有显著影响，对烟气杂气和刺激性有极显著影响。烟碱、总氮含量过低，烟叶香气量不足，杂气较重，烟碱、总氮含量过高，香气质较差，刺激性变大。中部叶烟碱、总氮含量的适宜区间分别为，1.6%～2.6%、1.7%～2.0%（如表4–21、表4–22所示）。

表4–19　不同总氮含量范围的上部叶感官质量指标平均值 ± 标准差及差异检验

| 总氮 | 香气质 | 香气量 | 杂气 | 刺激性 | 余味 |
|---|---|---|---|---|---|
| ≤1.7% | 14.23 ± 0.55 | 14.84 ± 0.64 | 11.48 ± 0.51 | 11.96 ± 0.39 | 14.14 ± 0.56 |
| 1.7%～2.0% | 14.38 ± 0.39 | 15.08 ± 0.62 | 11.57 ± 0.43 | 11.99 ± 0.34 | 14.23 ± 0.50 |
| 2.0%～2.3% | 14.36 ± 0.47 | 14.93 ± 0.69 | 11.63 ± 0.42 | 11.86 ± 0.48 | 13.99 ± 0.64 |
| 2.3%～2.6% | 14.25 ± 0.50 | 15.00 ± 0.60 | 11.61 ± 0.36 | 11.88 ± 0.44 | 13.84 ± 0.66 |
| ≥2.6% | 14.02 ± 0.43 | 14.91 ± 0.56 | 11.69 ± 0.33 | 11.67 ± 0.43 | 13.60 ± 0.44 |
| *F*–值 | 2.95 | 1.85 | 1.33 | 2.87 | 7.12 |
| *p* | 0.020 | 0.12 | 0.257 | 0.023 | 0.000 |

表4–20　不同烟碱含量范围的上部叶感官质量指标平均值 ± 标准差及差异检验

| 烟碱 | 香气质 | 香气量 | 杂气 | 刺激性 | 余味 |
|---|---|---|---|---|---|
| ≤2.6% | 14.33 ± 0.47 | 14.89 ± 0.67 | 11.66 ± 0.48 | 11.84 ± 0.46 | 14.01 ± 0.65 |
| 2.6%～2.9% | 14.33 ± 0.49 | 15.02 ± 0.84 | 11.65 ± 0.34 | 11.93 ± 0.49 | 14.03 ± 0.69 |
| 2.9%～3.2% | 14.34 ± 0.471 | 15.03 ± 0.77 | 11.63 ± 0.42 | 11.92 ± 0.42 | 14.16 ± 0.65 |
| 3.2%～3.5% | 14.31 ± 0.5 | 15.03 ± 0.67 | 11.57 ± 0.34 | 11.96 ± 0.37 | 14.10 ± 0.59 |
| 3.5%～3.8% | 14.27 ± 0.47 | 14.88 ± 0.78 | 11.57 ± 0.39 | 11.89 ± 0.40 | 13.96 ± 0.54 |
| ≥3.8% | 14.10 ± 0.50 | 14.96 ± 0.69 | 11.60 ± 0.42 | 11.86 ± 0.41 | 13.80 ± 0.52 |
| *F*–值 | 2.247 | 2.005 | 0.578 | 0.647 | 2.740 |
| *p* | 0.049 | 0.054 | 0.717 | 0.664 | 0.019 |

表4–21　不同总氮含量范围的中部叶感官质量指标平均值 ± 标准差及差异检验

| 总氮 | 香气质 | 香气量 | 杂气 | 刺激性 | 余味 |
|---|---|---|---|---|---|
| ≤1.6% | 14.48 ± 0.88 | 14.68 ± 0.72 | 11.58 ± 1.13 | 13.14 ± 0.93 | 14.85 ± 0.99 |
| 1.6%～1.9% | 14.52 ± 0.56 | 15.02 ± 0.77 | 12.13 ± 0.50 | 13.00 ± 0.83 | 14.74 ± 0.83 |
| 1.9%～2.2% | 14.47 ± 0.70 | 15.35 ± 0.86 | 11.54 ± 1.25 | 12.91 ± 0.69 | 14.75 ± 0.76 |

（续表）

| 总氮 | 香气质 | 香气量 | 杂气 | 刺激性 | 余味 |
|---|---|---|---|---|---|
| ≥2.2% | 14.32 ± 0.77 | 14.86 ± 1.24 | 11.36 ± 1.23 | 13.00 ± 0.56 | 14.85 ± 0.52 |
| $F$–值 | 0.43 | 4.20 | 4.02 | 1.16 | 0.42 |
| $p$ | 0.728 | 0.006 | 0.008 | 0.326 | 0.742 |

**表4–22　不同烟碱含量范围的中部叶感官质量指标平均值 ± 标准差及差异检验**

| 烟碱 | 香气质 | 香气量 | 杂气 | 刺激性 | 余味 |
|---|---|---|---|---|---|
| ≤1.6% | 14.28 ± 0.65 | 14.56 ± 1.24 | 11.48 ± 1.08 | 12.90 ± 0.73 | 14.84 ± 0.96 |
| 1.6%～1.9% | 14.41 ± 0.77 | 14.67 ± 1.16 | 11.76 ± 1.16 | 13.26 ± 0.87 | 14.77 ± 0.79 |
| 1.9%～2.2% | 14.49 ± 0.84 | 15.11 ± 1.05 | 11.78 ± 0.84 | 13.12 ± 0.86 | 15.00 ± 0.96 |
| 2.2%～2.5% | 14.31 ± 0.68 | 15.20 ± 1.10 | 11.58 ± 1.05 | 13.15 ± 0.89 | 14.91 ± 0.84 |
| 2.5%～2.8% | 14.66 ± 0.78 | 14.86 ± 1.22 | 11.28 ± 1.25 | 12.74 ± 0.56 | 14.68 ± 0.68 |
| ≥2.8% | 14.49 ± 0.79 | 14.57 ± 1.46 | 11.21 ± 1.49 | 12.90 ± 0.79 | 14.49 ± 0.67 |
| $F$–值 | 1.868 | 3.039 | 3.136 | 3.207 | 2.528 |
| $p$ | 0.099 | 0.011 | 0.009 | 0.008 | 0.029 |

③糖碱比含量对宁乡烟叶质量风格的影响

根据不同糖碱比范围的烤烟感官质量指标的多元方差分析结果，上部叶烟气余味得分差异达极显著水平，香气质得分差异达显著水平，香气量得分差异接近显著水平。上部叶随糖碱比升高，香气量、香气质、刺激性得分有显著升高的趋势。综合分析，上部叶糖碱比适宜区间为4～6（如表4–23所示）。

中部叶糖碱比过高，烟叶香气量不足，过低，香气质变差，刺激性加重，综合分析，中部叶糖碱比适宜区间为8～12（如表4–24所示）。

**表4–23　不同糖碱比含量范围的上部叶感官质量指标平均值 ± 标准差及差异检验**

| 糖碱比 | 香气质 | 香气量 | 杂气 | 刺激性 | 余味 |
|---|---|---|---|---|---|
| ≤4.0 | 14.18 ± 0.51 | 15.13 ± 0.67 | 11.56 ± 0.36 | 11.91 ± 0.38 | 13.86 ± 0.60 |
| 4.0～6.0 | 14.17 ± 0.47 | 15.05 ± 0.63 | 11.60 ± 0.40 | 11.91 ± 0.40 | 13.76 ± 0.58 |
| 6.0～8.0 | 14.38 ± 0.52 | 14.98 ± 0.67 | 11.61 ± 0.39 | 11.92 ± 0.41 | 14.13 ± 0.53 |
| $F$–值 | 3.08 | 2.34 | 0.20 | 0.34 | 4.74 |
| $p$ | 0.010 | 0.055 | 0.94 | 0.85 | 0.00 |

表4-24 不同糖碱比含量范围的中部叶感官质量指标平均值±标准差及差异检验

| 糖碱比 | 香气质 | 香气量 | 杂气 | 刺激性 | 余味 |
| --- | --- | --- | --- | --- | --- |
| ≤6.0 | 14.28±0.67 | 14.96±0.62 | 11.41±1.32 | 13.05±0.81 | 14.68±0.92 |
| 6.0～8 | 14.37±0.67 | 15.03±0.54 | 11.32±1.24 | 13.01±0.70 | 14.73±0.81 |
| 8～10 | 14.54±0.63 | 14.94±0.68 | 11.46±1.07 | 13.25±0.90 | 14.90±0.78 |
| 10～12 | 14.57±0.60 | 14.99±0.73 | 11.43±1.13 | 13.03±0.90 | 15.02±0.86 |
| ≥12 | 14.41±0.71 | 14.60±0.67 | 11.60±1.28 | 12.74±0.69 | 14.67±0.71 |
| $F$-值 | 2.296 | 3.354 | 1.588 | 2.566 | 2.213 |
| $p$ | 0.0426 | 0.010 | 0.1624 | 0.0267 | 0.0524 |

④氮碱比含量对宁乡烟叶质量风格的影响

据不同部位不同氮碱比范围的烤烟感官质量指标的多元方差分析结果，氮碱比对烤烟感官品质的影响达不到显著水平（如表4-25、表4-26所示）。

表4-25 不同氮碱比含量范围的上部叶感官质量指标平均值±标准差及差异检验

| 氮碱比 | 香气质 | 香气量 | 杂气 | 刺激性 | 余味 |
| --- | --- | --- | --- | --- | --- |
| ≤0.6 | 14.21±0.50 | 14.96±0.70 | 11.61±0.45 | 11.86±0.46 | 13.79±0.60 |
| 0.6～0.7 | 14.33±0.51 | 15.00±0.70 | 11.58±0.40 | 11.91±0.38 | 13.99±0.64 |
| 0.7～0.8 | 14.29±0.47 | 14.96±0.75 | 11.63±0.38 | 11.93±0.43 | 14.08±0.59 |
| ≥0.8 | 14.23±0.48 | 14.85±0.84 | 11.53±0.40 | 11.95±0.44 | 13.89±0.57 |
| $F$-值 | 1.03 | 0.61 | 1.64 | 1.76 | 1.62 |
| $p$ | 0.38 | 0.61 | 0.153 | 0.14 | 0.15 |

表4-26 不同氮碱比含量范围的中部叶感官质量指标平均值±标准差及差异检验

| 氮碱比 | 香气质 | 香气量 | 杂气 | 刺激性 | 余味 |
| --- | --- | --- | --- | --- | --- |
| ≤0.6 | 14.42±0.98 | 15.05±1.47 | 11.47±1.49 | 13.17±1.08 | 15.02±0.97 |
| 0.6～0.7 | 14.64±0.65 | 14.73±1.06 | 11.47±1.05 | 12.86±0.83 | 14.91±0.92 |
| 0.7～0.8 | 14.45±0.88 | 14.78±1.44 | 11.63±1.29 | 13.13±0.92 | 14.80±0.94 |
| 0.8～0.9 | 14.46±0.70 | 15.07±1.10 | 11.68±1.02 | 12.97±0.73 | 14.83±0.79 |
| 0.9～1.0 | 14.45±0.70 | 15.06±1.01 | 11.56±0.86 | 12.88±0.71 | 14.72±0.73 |
| 1.0～1.1 | 14.23±0.62 | 14.77±1.00 | 11.67±1.06 | 12.83±0.55 | 14.51±0.65 |

（续表）

| 氮碱比 | 香气质 | 香气量 | 杂气 | 刺激性 | 余味 |
|---|---|---|---|---|---|
| ≥1.1 | 14.17 ± 0.66 | 14.82 ± 1.17 | 11.54 ± 1.01 | 12.71 ± 0.42 | 14.58 ± 0.52 |
| $F$–值 | 2.84 | 1.36 | 0.38 | 1.59 | 1.84 |
| $p$ | 0.09 | 0.53 | 0.88 | 0.16 | 0.09 |

⑤钾含量对宁乡烟叶质量风格的影响

根据不同部位不同钾含量范围的烟叶感官品质的多元方差分析结果，随钾含量的提高，烟叶香气量有显著升高的趋势，结合宁乡烟叶不同部位钾含量特征，上部叶钾含量下限设为2.4%，中部叶为1.8%（如表4–27、表4–28所示）。

表4–27　不同钾含量范围的上部叶感官质量指标平均值 ± 标准差及差异检验

| 钾含量 | 香气质 | 香气量 | 杂气 | 刺激性 | 余味 |
|---|---|---|---|---|---|
| ≤2.1% | 14.27 ± 0.45 | 14.93 ± 0.67 | 11.57 ± 0.37 | 11.84 ± 0.41 | 13.98 ± 0.67 |
| 2.1% ～2.4% | 14.32 ± 0.46 | 14.96 ± 0.61 | 11.60 ± 0.44 | 11.91 ± 0.40 | 13.99 ± 0.58 |
| 2.4% ～2.7% | 14.29 ± 0.53 | 15.00 ± 0.42 | 11.66 ± 0.41 | 11.96 ± 0.48 | 14.05 ± 0.60 |
| ≥2.7% | 14.21 ± 0.55 | 15.06 ± 0.25 | 11.63 ± 0.38 | 11.86 ± 0.41 | 14.09 ± 0.63 |
| $F$–值 | 0.497 | 2.708 | 0.851 | 1.111 | 1.541 |
| $p$ | 0.738 | 0.031 | 0.494 | 0.351 | 0.190 |

表4–28　不同钾含量范围的中部叶感官质量指标平均值 ± 标准差及差异检验

| 钾含量 | 香气质 | 香气量 | 杂气 | 刺激性 | 余味 |
|---|---|---|---|---|---|
| ≤2.1% | 14.44 ± 0.66 | 14.67 ± 1.08 | 11.58 ± 1.18 | 12.97 ± 0.80 | 14.80 ± 0.72 |
| 2.1% ～2.4% | 14.50 ± 0.73 | 14.93 ± 1.20 | 11.61 ± 1.18 | 13.02 ± 0.78 | 14.73 ± 0.87 |
| 2.4% ～2.7% | 14.45 ± 0.79 | 15.01 ± 1.26 | 11.62 ± 1.07 | 13.03 ± 0.85 | 14.85 ± 0.83 |
| ≥2.7% | 14.35 ± 0.85 | 14.98 ± 1.13 | 11.37 ± 0.95 | 13.05 ± 0.75 | 14.86 ± 0.85 |
| $F$–值 | 1.062 | 4.337 | 2.703 | 0.240 | 0.824 |
| $p$ | 0.375 | 0.002 | 0.030 | 0.916 | 0.511 |

⑥氯含量对宁乡烟叶质量风格的影响

根据不同部位不同氯含量范围的烟叶感官品质的多元方差分析结果，上部叶氯含量对香气量、余味有极显著影响，对刺激性得分有显著影响。中部叶氯含量对香气量、杂气有极显著影响，对香气质、刺激性有显著影响。随烤烟氯含量的提高，烟气香气量以及香气质、刺激性、余味、杂气得分有显著降低的趋势，根据分析结果，综合考虑宁乡烟叶氯含量现状，宁乡烟叶氯的适宜区间为0.1%～0.6%（如表4-29、表4-30所示）。

表4-29 不同氯含量范围的上部叶感官质量指标平均值±标准差及差异检验

| 氯含量 | 香气质 | 香气量 | 杂气 | 刺激性 | 余味 |
|---|---|---|---|---|---|
| ≤0.1% | 14.38±0.55 | 15.12±0.69 | 11.73±0.54 | 12.10±0.43 | 14.27±0.50 |
| 0.1%～0.2% | 14.34±0.51 | 15.03±0.67 | 11.64±0.39 | 11.91±0.44 | 14.14±0.62 |
| 0.2%～0.4% | 14.24±0.50 | 15.02±0.67 | 11.59±0.38 | 11.88±0.51 | 13.99±0.62 |
| 0.4%～0.6% | 14.25±0.48 | 14.99±0.49 | 11.57±0.44 | 11.86±0.39 | 13.97±0.58 |
| 0.6%～0.8% | 14.19±0.48 | 14.71±0.66 | 11.63±0.40 | 11.84±0.35 | 13.82±0.59 |
| ≥0.8% | 14.27±0.45 | 14.77±0.68 | 11.55±0.30 | 11.85±0.36 | 13.86±0.64 |
| $F$-值 | 0.976 | 4.916 | 1.402 | 2.570 | 4.132 |
| $p$ | 0.432 | 0.001 | 0.223 | 0.027 | 0.001 |

表4-30 不同氯含量范围的中部叶感官质量指标平均值±标准差及差异检验

| 氯含量 | 香气质 | 香气量 | 杂气 | 刺激性 | 余味 |
|---|---|---|---|---|---|
| ≤0.1% | 14.47±0.62 | 14.94±0.98 | 11.95±0.64 | 13.11±0.94 | 14.74±0.56 |
| 0.1%～0.2% | 14.54±0.80 | 15.22±1.00 | 11.83±1.16 | 13.10±0.86 | 14.88±0.89 |
| 0.2%～0.4% | 14.68±0.68 | 15.07±1.11 | 10.92±1.54 | 13.10±0.78 | 14.81±0.86 |
| 0.4%～0.6% | 14.44±0.76 | 14.88±1.28 | 11.75±1.07 | 13.05±0.93 | 14.89±0.99 |
| 0.6%～0.8% | 14.32±0.88 | 14.22±1.41 | 11.63±0.92 | 12.95±0.56 | 14.78±0.86 |
| ≥0.8% | 14.13±0.83 | 14.09±1.37 | 10.65±1.41 | 12.69±0.75 | 14.50±0.75 |
| $F$-值 | 2.92 | 8.67 | 12.15 | 2.31 | 1.73 |
| $p$ | 0.01 | 0.00 | 0.00 | 0.04 | 0.13 |

（4）影响宁乡烟叶质量风格的主要指标及其适宜区间

综合以上分析，外观质量、物理指标对宁乡烟叶的影响相对较小，感官质量对宁乡烟叶的影响相对较大。

根据分析，影响宁乡烟叶的主要化学指标为：总糖、还原糖、烟碱、总氮、挥发碱、醚提物、糖碱比、钾、氯。不同部位不同指标的适宜区间见表4-31。

表4-31　“利群”品牌原料需求主导的宁乡特色烟叶主要化学指标适宜区间

| 指标 | 上部叶 | 中部叶 |
| --- | --- | --- |
| 总糖% | 18～21 | 23～26 |
| 还原糖% | 15～18 | 21～24 |
| 总氮% | 1.7～2.3 | 1.6～2.0 |
| 烟碱% | 2.6～3.6 | 1.6～2.6 |
| 钾% | ≥2.4 | ≥1.8 |
| 氯% | 0.1～0.6 | 0.1～0.6 |
| 糖碱比 | 4～6 | 8～12 |
| 醚提物% | 6.0% ～7.5% | 5.5% ～6.5% |

3．“利群”品牌原料需求主导的宁乡烟叶质量风格评价指标权重确定

以“利群”品牌对宁乡烟叶的特色需求为主导，以评价指标对宁乡烟叶质量总分（总分=香气质×20%+香气量×35%+杂气×20%+刺激性×10%+余味×15%）回归分析的标准化系数绝对值表示相对贡献大小，计算权重，不同指标对宁乡烟叶质量风格贡献权重以两年的平均值表示，结果见表4-32。

表4-32　宁乡烤烟质量风格综合评价指标、权重及其适宜区间（中部叶）

| 指标 | 权重 | 隶属函数类型 | 下限（a） | 最优值下限（b） | 最优值上限（c） | 上限（d） |
| --- | --- | --- | --- | --- | --- | --- |
| 总糖 | 0.260 | 降梯形 | 24 | 26 | 30 | 33 |
| 烟碱 | 0.247 | 抛物线型 | 1.6 | 1.8 | 2.4 | 2.6 |
| 糖碱比 | 0.206 | 抛物线型 | 8 | 11 | 13 | 15 |
| 醚提物 | 0.087 | 升梯形 | 5.5 | | | 6.5% |
| 钾 | 0.040 | 升梯形 | 1.8 | | | |
| 氯 | 0.159 | 降梯形 | 0.1 | | | 0.6 |

4．基地烟叶质量风格评价综合评价模型

（1）评价指标

在选择的影响宁乡烟叶质量风格的主要化学中，总糖、还原糖之间，烟

碱、总氮、挥发碱之间，存在较强的相关性，对指标权重确定会造成较大影响，因此，根据指标间的内在联系，以及不同指标对宁乡烟叶质量风格影响的大小，将指标简化为：总糖、烟碱、糖碱比、醚提物、钾、氯。

（2）综合评价模型及不同指标的隶属函数类型

由于不同指标对烤烟质量风格影响的规律不同，各指标的最适值范围也不一致，本研究以上烟“利群”品牌对宁乡烟叶质量风格的需求为主导，以中部叶为代表，根据不同指标对宁乡烤烟质量风格影响的规律，将各指标划分为不同的隶属函数类型，为消除量纲影响，运用模糊数学理论计算各质量指标的隶属度，使各参评指标的原始数据转换为0.1～1.0的数值。应用隶属函数模型和指数和法对宁乡烟叶进行综合评价，综合评价指数的公式为$CEI=\sum_{j=1}^{m} N_{ij}*W_{ij}$，式中$N_{ij}$和$W_{ij}$分别表示第$i$个烟叶样本、第j个指标的隶属度值和权重系数，其中$0<N_{ij}\leqslant 1$，$0\leqslant W_{ij}\leqslant 1$且满足$\sum_{j=1}^{m} W_{ij}=1$。

烟碱、糖、糖碱比对其感官品质的影响规律接近抛物线型，其函数表达式为：

$$f(x)=\begin{cases}0.1 & x<a;x>d\\ 0.9*(x-a)/(b-a)+0.1 & a\leqslant x<b\\ 1.0 & b\leqslant x\leqslant c\\ 0.9*(d-x)/(d-c)\ +0.1 & c<x\leqslant d\end{cases}$$

烟叶氯的隶属函数模型接近降梯形，函数表达式为：

$$f(x)=\begin{cases}0.1 & x>d\\ 0.9*(d-x)/(d-a)+0.1 & a\leqslant x\leqslant d\\ 1.0 & x<a\end{cases}$$

烟叶钾与醚提物对宁乡烟叶品质的影响的隶属函数模型接近升梯形。函数表达式为：

$$f(x)=\begin{cases}1.0 & x>d\\ 0.9*(x-a)/(d-a)+0.1 & a\leqslant x\leqslant d\\ 0.1 & x<a\end{cases}$$

# 第二节　烟叶原料生产基地筛选

## 一、材料和方法

### （一）研究材料

以本项目2012年至2014年GPS定位选取的宁乡县所有定点土壤及烟叶样品基础数据及分析数据资料为研究材料。

### （二）研究思路和方法

本研究以“利群”品牌对宁乡烟叶的特色需求为导向，以“利群”品牌在宁乡产区的历史调拨点，在深入分析宁乡县烤烟质量类型特点及生态条件对烟叶质量风格影响规律的基础上，筛选表征宁乡烤烟质量风格的主要化学成分指标，及影响烟叶质量风格的主要生态因子指标，应用系统聚类，对宁乡烤烟进行质量—生态类型分区。以“利群”品牌卷烟对宁乡烟叶的质量需求为主导，应用隶属函数模型和指数和法对宁乡不同质量—生态类型区烟叶质量风格进行综合评价，筛选“利群”品牌在宁乡产区的生产区域。并以宁乡烤烟质量—生态区划的质量、生态指标作为判别因子，应用多类逐步判别分析，建立判别函数，在宁乡全县植烟乡镇筛选浙江中烟工业有限责任公司所需的原料生产基地。进一步综合考虑不同选择区域的历史应用经验、原料供应能力、化学指标协调性以及安全性特点，选择“利群”品牌需求主导的宁乡烟叶原料生产首选区和备选区（如图4–2所示）。

## （三）基本技术路线流程

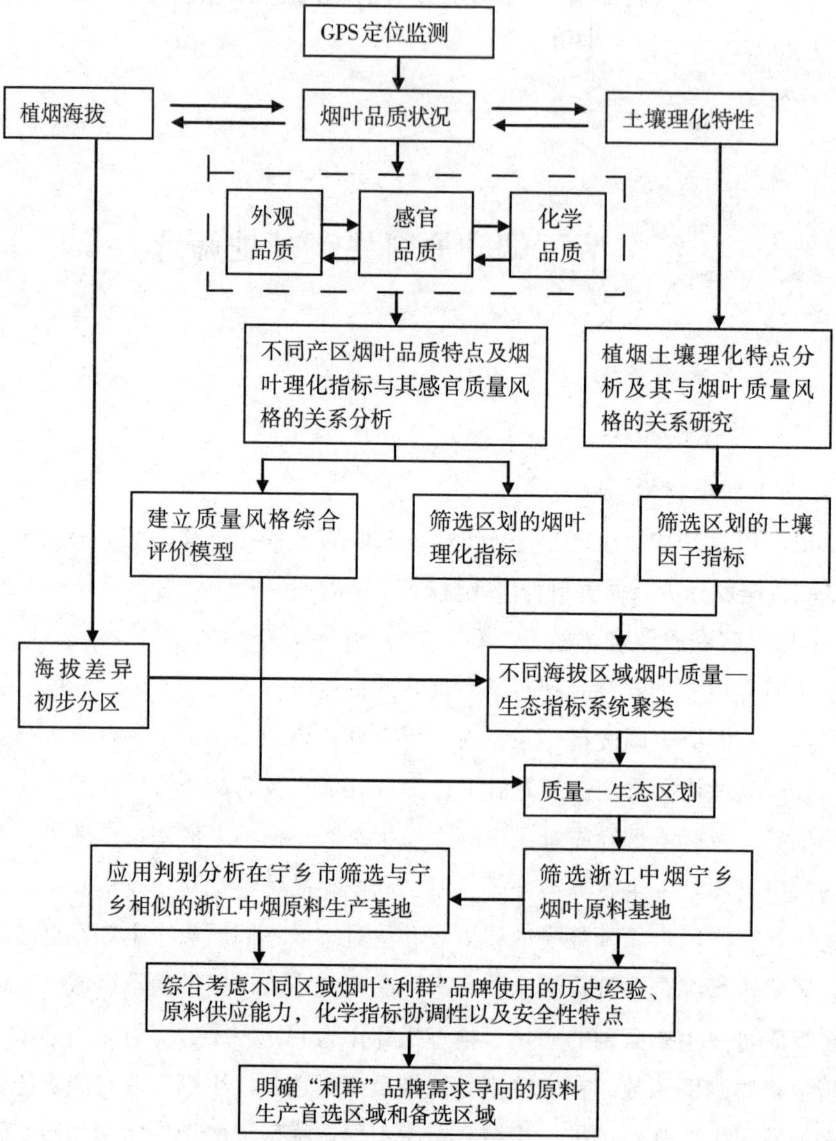


图4–2 基本技术路线

## 二、结果与分析

### （一）基础数据分析

本书将以2012年至2014年宁乡县定位监测点植烟土壤和烟叶样品的定点检测数据为基础数据，通过系统分析，明确宁乡县植烟土壤海拔、土壤类型分布、植烟土壤理化特性、土壤质地特点，以及不同产地烟叶的外观、物理、化学和感官质量风格特点（见第二章）。

### （二）综合评价结果

应用隶属函数模型和指数和法对不同区域烤烟质量风格进行综合评价，根据评价结果，中部丘陵高糖区（Ⅲ）——横市镇、喻家坳乡、双凫铺镇、老粮仓镇，流沙河镇综合评价指数高于其他乡镇，其中以横市镇、老粮仓镇综合评价指数最高；东南部平原低丘低烟碱区（Ⅰ）——大屯营乡，西北山东高糖区（Ⅳ）——崔坪乡，东北部平原高烟碱区（Ⅱ）——朱良桥乡，与“利群”品牌使用宁乡烟叶的历史经验相符。因此，结合“利群”品牌使用宁乡烟叶的历史经验，将横市镇、老粮仓镇作为“利群”品牌在宁乡的烟叶生产首选区域。

# 第五章　烟叶基地关键技术研究

## 第一节　卷烟品牌品种喜好性研究

影响烟叶品质的诸多因素中，品种因素约占25% ～35%。以品种（系）比较、品种（系）区试、品种示范和配套技术研究为主，通过系统研究不同品种（系）的施肥、栽培、烘烤等配套技术，筛选出彰显宁乡特色浓香型、配伍性好的品质特性的品种，充分满足“利群”品牌烟叶原料需求。

### 一、材料与方法

#### （一）试验条件

试验在宁乡县流沙河镇流沙河村进行，属亚热带湿润季风气候区。供试土壤为水稻土，耕作层（0～20cm）土壤基本理化性状为：土壤pH6.6、全氮1.84g/kg、碱解氮131mg/kg、全磷0.58g/kg、有效磷6.6mg/kg、全钾7.0g/kg、速效钾40mg/kg、有机质40.4g/kg。前茬为水稻。

#### （二）试验设计

1. 品种比较

田间试验设计：品种比较试验采用完全随机区组设计，重复三次，小区面积不低于40m$^2$，行距1.2m，株距0.5m。区组和小区尽量考虑“方形区组，长形小区”，以减少试验误差，小区试验每个小区按100株计数，四周设立保护行（如表5-1所示）。

表5-1　试验编号

| 编号 | V1 | V2 | V3 | V4 | V5 | V6 | V7 |
|---|---|---|---|---|---|---|---|
| 品种 | 云烟202 | K326 | 中烟201 | 南江3号 | HY–9–7 | 贵烟4号 | 云烟97 |

采用漂浮育苗，3月20日移栽。栽培管理措施均按照优质烟生产技术方案要求进行。以流沙站为试验点，在烟农户刘凤明田块进行试验（如表5-2所示）。

表5-2　小区布局

| Ⅰ | Ⅱ | Ⅲ |
|---|---|---|
| V2（CK） | V6 | V1 |
| V4 | V2（CK） | V5 |
| V3 | V7 | V2（CK） |
| V5 | V5 | V4 |
| V6 | V4 | V3 |
| V7 | V1 | V7 |
| V1 | V3 | V6 |

肥力梯度——→

7个品系（种）3次重复的随机区组排列

品种试验，各品种施肥种类和总量一致，施氮水平为141kg/hm，N：P205：K20=1：1.2：2.8，氮肥的基肥和追肥比例为54.3%：45.7%。3月10日施基肥，采用双层施肥法，基肥用量为：烟草专用基肥975kg/hm、钙镁磷肥375kg/hm、生物活性肥225kg/hm。追肥于3月28日（提苗肥60kg/hm）、4月6日（硝酸钾82.5kg/hm）、4月16日（硝酸钾112.5kg/hm）、5月2日（硝酸钾180 kg/hm，硫酸钾225kg/hm）分4次施入。

2. 特色品种肥料试验

（1）参试品种

云烟97、K326。

（2）施肥水平

N：P：K=1：1：2.5～3。

T1：N=112.5kg/hm、T2：N=127.5kg/hm、T3：N=142.5kg/hm、T4：N=157.5kg/hm。

表5-3 肥料试验小区布局图

| | | | | | | | | |
|---|---|---|---|---|---|---|---|---|
| Ⅰ | V7T2 | V7T1 | V2T3 | V7T4 | V2T1 | V2T2 | V7T3 | V2T4 |
| Ⅱ | V7T3 | V7T4 | V2T4 | V2T2 | V2T1 | V7T1 | V7T2 | V2T3 |
| Ⅲ | V2T1 | V7T1 | V2T2 | V7T4 | V7T3 | V2T4 | V2T3 | V7T2 |

肥力梯度——→

2个品系（种）4个肥料水平3次重复的随机区组排列

注：V代表品种，V2（K326），V7为云烟97，T代表施肥水平，T1，T2，T3，T4分别指施肥的4个水平。

处理中的VT指品种与施肥水平相结合，如处理V7T3指V7品种的施肥水平是T3水平，处理V2T2指V2品种的施肥水平是T2水平，其余依次类推。四周设立保护行，每个小区100株（如表5-3所示）。

3月10日施基肥，采用双层施肥法，基肥用量为：烟草专用基肥975kg/hm、钙镁磷肥375 kg/hm、生物活性肥225kg/hm。追肥于3月28日（提苗肥60kg/hm）、4月6日（硝酸钾82.5kg/hm）、4月16日（硝酸钾112.5kg/hm）、5月2日（硫酸钾225 kg/hm；追肥：T1、无，T2、150kg/hm，T3、300kg/hm，T4、450kg/hm）分4次施入。

### （三）测定项目与方法

农艺性状的调查分析按烟草行业标准（YC/T142—1998）进行。烟叶采烤完毕后统计经济性状，并分品种（包括对照）分别取C3F、B2F各5.0 kg进行化学成分分析，分析在中南试验站进行。

## 二、结果与分析

### （一）品种（系）植物学形状比较

表5-4 各品种（系）烟叶植物学性质

| 品种（品系） | 叶色 | 叶柄 | 叶面 | 叶尖 | 叶缘 | 叶耳 | 叶肉组织 | 叶片厚薄 | 叶脉颜色 |
|---|---|---|---|---|---|---|---|---|---|
| 云烟202 | 绿 | 无 | 较平 | 钝尖 | 较平 | 无 | 中 | 中 | 绿 |
| K326（CK） | 深绿 | 无 | 较平 | 尖 | 较平 | 无 | 细 | 厚 | 绿 |
| 中烟201 | 深绿 | 无 | 较平 | 渐尖 | 较平 | 无 | 中 | 中 | 黄绿 |

（续表）

| 品种（品系） | 叶色 | 叶柄 | 叶面 | 叶尖 | 叶缘 | 叶耳 | 叶肉组织 | 叶片厚薄 | 叶脉颜色 |
|---|---|---|---|---|---|---|---|---|---|
| 南江3号 | 深绿 | 无 | 皱 | 尖 | 皱褶 | 无 | 中 | 厚 | 绿 |
| HY-9-7 | 绿 | 无 | 平 | 急尖 | 较平 | 中 | 中 | 厚 | 绿 |
| 贵烟4号 | 绿 | 无 | 较平 | 钝尖 | 较平 | 中 | 中 | 厚 | 黄绿 |
| 云烟97 | 绿 | 无 | 较平 | 尖 | 较平 | 中 | 厚 | 厚 | 黄绿 |

续上表：

| 品种（品系） | 主脉粗细 | 主侧脉角度 | 叶序 | 田间整齐度 | 茎叶角度 | 叶形 | 大田生长势 | 侧芽生长势 |
|---|---|---|---|---|---|---|---|---|
| 云烟202 | 中 | 50～70 | 3/8 | 较齐 | 70 | 长椭圆 | 团棵期中、现蕾期中 | 中 |
| K326（CK） | 粗 | 60～70 | 3/8、3/9 | 较齐 | 60 | 长椭圆 | 团棵期强、现蕾期弱 | 强 |
| 中烟201 | 较细 | 70～80 | 3/9 | 不齐 | 60 | 长椭圆 | 团棵期中、现蕾期弱 | 弱 |
| 南江3号 | 中 | 60～70 | 3/9 | 齐 | 70 | 长椭圆 | 团棵期中、现蕾期强 | 弱 |
| HY-9-7 | 中 | 50～70 | 3/8 | 不齐 | 70 | 长椭圆 | 团棵期中、现蕾期中 | 中 |
| 贵烟4号 | 较细 | 60～70 | 3/8 | 较齐 | 70 | 长椭圆 | 团棵期弱、现蕾期中 | 弱 |
| 云烟97 | 较细 | 70～80 | 3/9 | 较齐 | 70 | 长椭圆 | 团棵期中、现蕾期强 | 弱 |

从生物学性状比较，K326、中烟201、南江3号颜色较深，其余为绿；叶面除南江3号较皱外，其余都较平；叶片厚薄除云烟202、中烟201中等，其余较厚；主脉除K326较粗外，其余云烟202、南江3号、HY-9-7为中，中烟201、贵烟4号、云烟97主脉较细；田间整齐度南江3号最齐，中烟201、HY-9-7不齐，其余较齐（如表5-4所示）。

**（二）农艺性状**

针对株高、茎围、节距、有效叶以及腰叶长宽，采用田间调查的方式每个重复调查10株，采用新复极差法处理所测数据，分别有如下结果：

**表5-5　株高差异性分析**

| 品种 | 株高（$\overline{xi}$）cm | 差异显著性 | |
|---|---|---|---|
| | | 5% | 1% |
| 云烟97 | 119.17 | a | A |
| 南江3号 | 118.89 | a | A |
| 贵烟4号 | 116.78 | a | A |
| 云烟202 | 112.89 | a | A |
| 中烟201 | 112.5 | a | A |
| HY-9-7 | 103.67 | b | B |
| K326（CK） | 96.28 | c | B |

株高以云烟97最高，云烟97、南江3号、贵烟4号、云烟202、中烟201无显著差异，HY-9-7高于对照，低于上述品种（如表5-5所示）。

**表5-6　茎围差异性分析**

| 品种 | 茎围（$\overline{xi}$）cm | 差异显著性 | |
|---|---|---|---|
| | | 5% | 1% |
| 南江3号 | 11.6 | a | A |
| 云烟97 | 9.89 | b | B |
| 贵烟4号 | 9.81 | b | B |
| K326（CK） | 9.76 | bc | B |
| 云烟202 | 9.74 | bc | B |
| HY-9-7 | 9.49 | bc | B |
| 中烟201 | 9.37 | c | B |

茎围反映烟株茎秆生长的粗细，直接对烟叶营养供应产生影响，从茎围来看，南江3号表现最好，高于所有其他参试品种，与其他品种存在极显著差异，其余品种只有中烟201低于对照（如表5-6所示）。

表5-7　节距差异性分析

| 品种 | 节距（$\overline{xi}$）cm | 差异显著性 | |
|---|---|---|---|
| | | 5% | 1% |
| 云烟97 | 8.18 | a | A |
| 中烟201 | 7.16 | b | B |
| 云烟202 | 6.73 | bc | BC |
| HY-9-7 | 6.69 | bc | BC |
| 贵烟4号 | 6.44 | c | BC |
| K326（CK） | 6.11 | c | BC |
| 南江3号 | 6.05 | c | C |

节距的大小反映了烟叶叶片之间的间隔，反映在烟株上表现为烟叶采光的好坏，烟叶节距较高，对烟叶的均匀性及中下部叶光照的充足程度有利。从上表中可以看出，云烟97好于其他品种，并存在极显著差异，中烟201高于对照，其余与对照差异不显著（如表5-7所示）。

表5-8　有效叶数差异性分析

| 品种 | 叶数（$\overline{xi}$）片 | 差异显著性 | |
|---|---|---|---|
| | | 5% | 1% |
| 南江3号 | 20.17 | a | A |
| 云烟202 | 18.06 | b | B |
| 贵烟4号 | 17.56 | bc | B |
| 中烟201 | 16.72 | cd | BC |
| K326（CK） | 16.61 | cd | BC |
| HY-9-7 | 15.89 | d | C |
| 云烟97 | 15.56 | d | C |

有效叶片在打顶之前测量，统一由中心花下第5叶算起，得上表结果，南江3号叶片最大，并与对照产生极显著差异，云烟202与对照产生显著差异，其余与对照差异不显著（如表5-8所示）。

表5-9 腰叶长度差异分析

| 品种 | 腰叶长（$\overline{xi}$）cm | 差异显著性 | |
|---|---|---|---|
| | | 5% | 1% |
| 南江3号 | 88.89 | a | A |
| 云烟97 | 85.17 | b | AB |
| 中烟201 | 84.5 | bc | AB |
| 贵烟4号 | 81.17 | cd | BC |
| K326（CK） | 80.83 | d | BC |
| 云烟202 | 78.44 | d | C |
| HY-9-7 | 77.78 | d | C |

表5-10 腰叶宽度差异分析

| 品种 | 腰叶宽（$\overline{xi}$）cm | 差异显著性 | |
|---|---|---|---|
| | | 5% | 1% |
| 南江3号 | 34.33 | a | A |
| 贵烟4号 | 34.17 | a | A |
| 云烟97 | 33.86 | a | A |
| 云烟202 | 32.56 | ab | AB |
| 中烟201 | 32.53 | ab | AB |
| HY-9-7 | 31.22 | b | B |
| K326（CK） | 27.67 | c | C |

表5-11 腰叶长×腰叶宽

| 品种 | 长×宽（$\overline{xi}$）$cm^2$ | 差异显著性 | |
|---|---|---|---|
| | | 5% | 1% |
| 南江3号 | 3054.9 | a | A |
| 云烟97 | 2885.6 | ab | AB |
| 贵烟4号 | 2781.2 | b | ABC |
| 中烟201 | 2749.4 | bc | BC |

（续表）

| 品种 | 长×宽（$\overline{xi}$）$cm^2$ | 差异显著性 | |
|---|---|---|---|
| | | 5% | 1% |
| 云烟202 | 2558.8 | cd | CD |
| HY-9-7 | 2420.2 | de | DE |
| K326（CK） | 2242.3 | e | E |

腰叶长、宽，以及腰叶长×腰叶宽，主要是测量不同品种的有效叶面积，从测定值比较，南江3号腰叶长宽均高于对照，存在极显著差异；从叶长数据比较，南江3号、云烟97、中烟201显著高于对照；从叶宽数据比较，南江3号、云烟97、贵烟4号处于同一水平，极显著高于其他品种，K326的叶宽是最窄，极显著低于其他品种（如表5-9、表5-10、表5-11所示）。

### （三）品种抗逆性

表5-12　各品种（系）病害发生情况

| 品 种（品系） | 花叶病 | 气候斑点病 | 马铃薯Y病毒 |
|---|---|---|---|
| | 病情指数 | 病情指数 | 病情指数 |
| 云烟202 | 0 | 0.49 | 9.07 |
| K326（CK） | 3.67 | 0 | 14.94 |
| 中烟201 | 10.81 | 0 | 10.43 |
| 南江3号 | 12.66 | 0 | 8.99 |
| HY-9-7 | 5.75 | 5.49 | 11.11 |
| 贵烟4号 | 0.13 | 0 | 15.71 |
| 云烟97 | 0.38 | 0 | 9.17 |

品种抗性主要筛选宁乡烟叶产区主要病害花叶病、气候斑点病和马铃薯Y病毒进行比较。花叶病病情普遍不是很严重，今年主要发生的是PVY，PVY病情计算参照花叶病计算方法，从病情指数看所有品种都高抗，贵烟4号和K326病情指数偏高，其余低于对照（如表5-12所示）。

## （四）经济性状

1. 产量

表5-13 产量差异性分析

| 品种 | 产量（$\overline{xi}$）kg | 差异显著性 | |
|---|---|---|---|
| | | 5% | 1% |
| 南江3号 | 15.89 | a | A |
| 贵烟4号 | 14.89 | ab | A |
| 云烟97 | 13.67 | ab | A |
| 中烟201 | 12.78 | b | A |
| 云烟202 | 12 | b | A |
| K326（CK） | 12 | b | A |
| HY-9-7 | 12 | b | A |

从产量比较，只有南江3号与对照存在显著差异，其余差异不显著，贵烟4号、云烟97、中烟201产量高于对照（如表5-13所示）。

2. 产值

表5-14 产值差异性分析

| 品种 | 产值（$\overline{xi}$）元 | 差异显著性 | |
|---|---|---|---|
| | | 5% | 1% |
| 南江3号 | 252.95 | a | A |
| 贵烟4号 | 228.10 | ab | AB |
| 云烟97 | 214.57 | abc | AB |
| 中烟201 | 198.29 | bc | AB |
| HY-9-7 | 188.16 | bc | B |
| 云烟202 | 185.28 | bc | B |
| K326（CK） | 177.84 | c | B |

从经济性状差异上比较，南江3号产值在1%显著水平极显著高于对照K326，云烟202产值在5%显著水平高于对照。其余与对照不存在显著差异（如表5-14所示）。

表5-15　各品种（系）经济性状比较

| 品种（品系） | 面积（hm） | 总产量（kg） | 总产值（元） | 产量（hm/kg） | 产值（hm/元） | 均价（元/kg） | 上等烟比例（%） | 中等烟比例（%） |
|---|---|---|---|---|---|---|---|---|
| 南江3号 | 0.006 | 15.89 | 252.95 | 2621.85 | 41737.23 | 15.92 | 68.1% | 31.4% |
| 贵烟4号 | 0.006 | 14.89 | 228.10 | 2456.85 | 37636.41 | 15.32 | 49.1% | 47.5% |
| 云烟97 | 0.006 | 13.67 | 214.57 | 2255.55 | 35403.5 | 15.70 | 63.2% | 32.4% |
| 中烟201 | 0.006 | 12.78 | 198.29 | 2108.7 | 32718.49 | 15.52 | 54.3% | 42.4% |
| HY-9-7 | 0.006 | 12 | 188.16 | 1980 | 31046.4 | 15.68 | 62.6% | 32.1% |
| 云烟202 | 0.006 | 12 | 185.28 | 1980 | 30571.2 | 15.44 | 51.3% | 45.1% |
| K326（CK） | 0.006 | 12 | 177.84 | 1980 | 29343.6 | 14.82 | 45.6% | 45.2% |

从经济性状可以看出南江3号产值和产量最高，各品种产值都高于对照（如表5-15所示）。

## （五）烟叶质量

1. 烟叶外观质量

表5-16　各品种（系）烤后烟叶外观品质

| 品种 | 成熟度 | 颜色 | 光泽 | 油分 | 叶片结构 | 叶片厚度 |
|---|---|---|---|---|---|---|
| 云烟202 | 成熟 | 正黄 | 中 | 少 | 疏松 | 中等 |
| K326（CK） | 成熟 | 深黄 | 中 | 中 | 尚疏松 | 稍厚 |
| 中烟201 | 成熟 | 正黄 | 中 | 中 | 疏松 | 中等 |
| 南江3号 | 成熟 | 金黄 | 强 | 较多 | 疏松 | 中等 |
| HY-9-7 | 成熟 | 正黄 | 中 | 中 | 疏松 | 中等 |
| 贵烟4号 | 成熟 | 正黄 | 强 | 中 | 疏松 | 中等 |
| 云烟97 | 成熟 | 正黄 | 强 | 中 | 尚疏松 | 稍厚 |

从外观质量来看，南江3号表现最好，外观表现成熟，颜色金黄均匀，光泽度好，油分较多，结构疏松。其次为HY-9-7，外观成熟，颜色正黄，光泽油分居中，结构疏松，与对照相当。中烟201表现最差，油分少，叶片轻薄，色泽中等（如表5-16所示）。

2. 特色品种肥料试验

对株高、叶数、茎围、节距等生物学性状进行了统计比较，均表现为品种间差异显著，品种内4种肥料处理差异不显著。对经济性状的烟叶重量按照

3次重复的随机区组试验进行了新复极差法比较（LSR），差异不显著，对其他经济性状采取合并各重复，针对同一处理进行数据的整理。

表5-17 不同肥料处理经济性状分析

| 处理 | 示范面积（hm） | 总产量（kg） | 总产值（元） | 产量（hm/kg） | 产值（hm/元） | 均价（元/kg） | 上等烟比例（%） | 中等烟比例（%） |
|---|---|---|---|---|---|---|---|---|
| V2T1 | 0.006 | 12.61 | 189.45 | 2081.23 | 31260.07 | 15.02 | 48.2% | 46.5% |
| V2T2 | 0.006 | 12.25 | 194.06 | 2021.47 | 32020.13 | 15.84 | 47.1% | 48.1% |
| V2T3 | 0.006 | 11.35 | 143.48 | 1872.97 | 23674.38 | 12.64 | 39.3% | 52.1% |
| V2T4 | 0.006 | 13.60 | 169.49 | 2244.45 | 27965.8 | 12.46 | 38.4% | 54.1% |
| V7T1 | 0.006 | 13.87 | 218.36 | 2289.04 | 36029.5 | 15.74 | 62.4% | 36.1% |
| V7T2 | 0.006 | 14.82 | 227.62 | 2445.12 | 37557.07 | 15.36 | 47.3% | 49.2% |
| V7T3 | 0.006 | 13.74 | 211.01 | 2266.74 | 34817.18 | 15.36 | 46.5% | 50.8% |
| V7T4 | 0.006 | 15.14 | 191.61 | 2497.30 | 31615.78 | 12.66 | 38.2% | 54.1% |

在均价上，T4处理低于其他处理，因为肥料过量，烟叶烘烤后效果较差，表现为均价过低、上等烟比例较低。从产值比较V7T2处理最高，V7T1略低，表明云烟97经济性状强于K326，各品种间肥料处理对经济性状影响不明显，可能是每个处理最低值就能满足烟叶生长需求，肥料较高处理产量并没有显著差异，但肥料过多，影响烟叶品质。云烟97推荐使用（如表5-17所示）。

3．烟叶内在质量

表5-18 不同品种（系）的化学成分

| 品种 | 等级 | 还原糖 | 总糖 | 烟碱 | 糖/碱 |
|---|---|---|---|---|---|
| 云烟202 | B2F | 24.15 | 24.2 | 3.12 | 7.7 |
| | C3F | 23.03 | 24.41 | 2.78 | 8.3 |
| | X2F | 26.55 | 27.55 | 2.18 | 12.2 |
| K326（CK） | B2F | 14.42 | 15.11 | 3.45 | 4.2 |
| | C3F | 19.34 | 20.01 | 3.04 | 6.4 |
| | X2F | 25.44 | 25.47 | 2.22 | 11.5 |
| 中烟201 | B2F | 21.89 | 22.38 | 3.08 | 7.1 |
| | C3F | 20.58 | 21.45 | 2.6 | 7.9 |
| | X2F | 20.47 | 22.45 | 1.55 | 13.2 |

（续表）

| 品种 | 等级 | 还原糖 | 总糖 | 烟碱 | 糖/碱 |
| --- | --- | --- | --- | --- | --- |
| 南江3号 | B2F | 17.9 | 20.66 | 1.64 | 10.9 |
| | C3F | 25.92 | 26.05 | 1.85 | 14.0 |
| | X2F | 29.76 | 30.43 | 2.07 | 14.4 |
| HY-9-7 | B2F | 20.38 | 21.08 | 2.83 | 7.2 |
| | C3F | 21.76 | 21.9 | 2.21 | 9.8 |
| | X2F | 22.77 | 23.29 | 1.9 | 12.0 |
| 贵烟4号 | B2F | 24.54 | 25.57 | 3.07 | 8.0 |
| | C3F | 27.4 | 27.42 | 2.95 | 9.3 |
| | X2F | 16.49 | 17.77 | 1.58 | 10.4 |
| 云烟97 | B2F | 24.73 | 25.6 | 2.53 | 9.8 |
| | C3F | 24.44 | 25.3 | 1.95 | 12.5 |
| | X2F | 25.96 | 29.76 | 1.45 | 17.9 |

还原糖含量均处于较高水平，南江3号X2F最高，按照15%的最适宜含量，较好的有中烟201、HY-9-7、云烟97、K326。烟碱含量均低于3.5，三个部位，以南江3号最低，K326最高。糖烟碱比南江3号均高于10，贵烟4号、HY-9-7、中烟201、云烟202均较好（如表5-18所示）。

**表5-19　不同肥料处理化学成分分析**

| 处理 | 等级 | 还原糖 | 总糖 | 烟碱 | 糖/碱 |
| --- | --- | --- | --- | --- | --- |
| V2T1 | B2F | 14.45 | 16.44 | 3.24 | 4.5 |
| | C3F | 23.93 | 24.62 | 2.82 | 8.5 |
| | X2F | 19.15 | 19.2 | 2.29 | 8.4 |
| V2T2 | B2F | 16.9 | 18.54 | 3.47 | 4.9 |
| | C3F | 17.88 | 18.15 | 3.07 | 5.8 |
| | X2F | 10.07 | 10.6 | 1.98 | 5.1 |
| V2T3 | B2F | 12.94 | 14.82 | 2.85 | 4.5 |
| | C3F | 20.69 | 20.7 | 3.11 | 6.7 |
| | X2F | 14.82 | 16.73 | 2.06 | 7.2 |
| V2T4 | B2F | 15.38 | 15.53 | 3.48 | 4.4 |
| | C3F | 14.53 | 16.54 | 2.79 | 5.2 |
| | X2F | 18.95 | 20.96 | 2.18 | 8.7 |

（续表）

| 处理 | 等级 | 还原糖 | 总糖 | 烟碱 | 糖/碱 |
|---|---|---|---|---|---|
| V7T1 | B2F | 20.59 | 20.97 | 2.39 | 8.6 |
| | C3F | 18.25 | 18.52 | 3.11 | 5.9 |
| | X2F | 23.35 | 25.28 | 2.57 | 9.1 |
| V7T2 | B2F | 15.68 | 16.33 | 3.04 | 5.2 |
| | C3F | 26.67 | 28.56 | 1.9 | 14.0 |
| | X2F | 22.1 | 23.19 | 1.55 | 14.3 |
| V7T3 | B2F | 14.62 | 16.4 | 3.31 | 4.4 |
| | C3F | 19.86 | 21.28 | 2.63 | 7.6 |
| | X2F | 19.17 | 20.08 | 1.86 | 10.3 |
| V7T4 | B2F | 16.89 | 16.9 | 3.23 | 5.2 |
| | C3F | 20.84 | 21.01 | 2.77 | 7.5 |
| | X2F | 15.94 | 17.9 | 2.71 | 5.9 |

不同肥料处理中，云烟97烟碱含量总体略低于K326，糖含量高于K326，糖碱比更接近合理范围。在云烟97的不同肥料处理中，以T1、T3处理较好，T4处理最差，说明在栽培中云烟97以112.5～142.5kg/hm较为适宜（如表5-19所示）。

### 三、结论

综上所述，从参试品种（系）植物学性状、农艺性状、抗病性、烟叶产值产量和品质方面比较分析，云烟202、云烟97、中烟201、贵烟4号表现优于对照，可以在宁乡示范推广。不同肥料处理中以T1、T3处理较好，T4处理最差，说明在栽培中以云烟97以112.5～142.5kg/hm较好。

## 第二节　去除脚叶时间对烟叶产量、品质及内在化学成分的影响

烟叶在烟草植株上是自下而上成熟分批采收，由于不同部位烟叶所处的环境条件不尽一致，导致各部位烟叶的内在化学成分、产量及品质存在明显

差异。脚叶处于温度低、湿度大、光照不足的不利环境条件下，因而叶片薄，干物质积累少，水分含量多，烤后油分不足，香气较少，吃味平淡。美国烟叶生产采取不采收底脚叶的办法，烟叶质量优良。在生产中，为获得适宜的烟叶产量和优质烟叶，适时打掉脚叶并确定适宜的留叶数是一项调节烟株营养的重要技术措施。为研究摘除底脚叶时间对烟叶产量、品质的影响，探索提高烟叶质量的途径和方法，进行本试验，旨在为优化烟叶等级结构和提高烟叶质量提供理论依据和实践指导。

## 一、材料与方法

### （一）供试材料

试验设在宁乡县喻家坳镇三明村烤烟种植核心示范区，供试烟草品种为当地主栽品种云烟97。试验田块土壤质地疏松，土层较厚，肥力中等均匀，地势平坦，排灌方便，前茬作物适宜、一致，田块施肥及栽培管理措施均匀一致，确保田间烟株长势整齐一致，烟叶分层落黄，成熟凸显，病虫害比例控制在正常允许范围内，下茬作物不抢时争地，以保证烟叶田间养熟。

### （二）试验设计

试验设四个处理：（1）对照：不打2片脚叶成熟脚叶采烤（CK）；（2）前期（成熟期）打掉2片脚叶；（3）中期（成熟期）打掉2片脚叶；（4）不打脚叶成熟时不采脚叶。在选好的田块里，将试验设计的四个处理及其对应的三个重复，按单因素随机区组法排列成12份，并相应地做好标识。田间施肥及栽培管理措施均按当地优质烟叶生产技术方案均匀一致地执行。

### （三）试验样品

选取四个处理和试验重复样$B_2F$、$C_3F$、$X_2F$等级各1kg烟样。共12份烟样样品，做好标识待测。

### （四）测定内容与方法

1．烤后烟叶经济性状

统计各处理所有烟叶等级状况、产量、均价、产值和上等、中等和下等烟比例。烘烤结束后，对标识的每杆烟叶进行称重，记录每杆烟叶的干重；

按叶位归类，并按国家四十二级分级标准进行分级称重，以每亩1100株烟叶进行亩产量和亩产值测算；不列级的烟叶单独统计。

2. 外观质量评价

对各处理烤后各叶位样品烟叶的成熟度、叶片结构、身份、颜色、油分和色度等外观质量进行评价。

3. 物理性状

物理性状指标包括叶长、叶宽、开片度、单叶重、含梗率、厚度、叶质重、叶密度、平衡含水率（由于烟叶平衡含水率主要受环境条件、烟叶部位、颜色和成熟度等影响。在相同的环境条件下，各部位烟叶中含水率并无显著差异，且变化幅度不大，因而本试验中没测定烟叶平衡含水率）。参照YC/T 31-1996进行烟叶样品前处理。

叶长（cm）、叶宽（cm）、开片度（%）：随机选取10片烟叶，逐片测量叶片长度，不足1cm按1cm计算，叶片长度的平均数为该样品的长度；逐片测量叶片宽度，不足0.5cm按0.5cm计算，叶片宽度的平均数为该样品的宽度。开片度是指叶宽与叶长的百分比。

叶片厚度（μm）：随机抽取10片含水率为16.5% ± 0.5%的烟叶，用电动厚度仪分别测量每片烟叶叶尖、叶中及叶基的厚度，以30个点的厚度平均值作为该样品的厚度。

单叶重（g）、叶质重（$g\cdot cm^{-2}$）、叶密度（$mg\cdot cm^{-3}$）：单叶重是指一片叶的重量。随机抽取20片含水率为15%左右的烟叶，称量每片烟叶重量，平均值为单叶重。每片烟叶任取一个半叶，沿着半叶的叶尖、叶中及叶基部等距离取5个点，用圆形打孔器打5片直径（D）为约15mm的圆形小片，将50片圆形小片放入水分盒中，在100℃条件下烘2h，冷却30min后称重，根据公式：叶质重（$g\cdot cm^{-2}$）=（烘后重量—水分盒重量）/［$50\pi(D/2)^2$］，计算叶质重。根据公式：叶密度（$g\cdot cm^{-3}$）=（烘后重量—水分盒重量）/［$50\pi h(D/2)^2$］，计算叶密度。

含梗率（%）：随机抽取20片烟叶，平衡含水率到16.5% ± 0.5%的烟叶，分离叶肉与主脉，分别称烟片和烟梗的重量，按公式计算含梗率：含梗率=［烟梗重量/（叶肉重量+烟叶重量）］× 100%。

4. 化学成分测定

测定各处理样品烟叶的常规化学指标烟碱、总氮、总糖、还原糖、淀粉、钾、氯。方法参考：YC/T159-2002（总糖、还原糖）、YC/T160-2002（烟碱）、YC/T161-2002（总氮）、YC/T217-2007（钾）、C/T162-2002（氯）、YC/T216-2007（淀粉）。

## 二、结果与分析

### （一）烤后烟叶经济性状

表5-20　不同去除脚叶时间烤后烟叶经济性状的比较

| 项目处理 | 产量（$kg/666m^2$） | 均价（元/kg） | 产值（元/$666m^2$） | 上中等烟比例（%） |
|---|---|---|---|---|
| CK不打脚叶 | 124.69 | 13.37 | 1667.11 | 65.70 |
| 不打不采 | 109.87 | 13.56 | 1489.84 | 65.26 |
| 前期打脚叶 | 112.96 | 14.94 | 1687.62 | 70.78 |
| 中期打脚叶 | 111.92 | 14.67 | 1641.87 | 68.93 |

从表5-20中可以看出，前期打脚叶试验处理烟叶除产量外，其他各项经济性状均优于其他三试验处理。其烟叶均价相比CK不打脚叶试验处理提高了1.57元/千克，产值提高了20.51元/亩，上中等烟比例提高了5.08个百分点。中期打脚叶的烟叶产量和产量相比CK不打脚叶试验处理都要低，但其均价和上中等烟比例都要高，不打不采试验处理的烤后烟叶经济性状最低。可知在不同去除脚叶时间试验处理中，以前期打脚叶试验处理的烤后烟叶经济性状最好，最低为不打不采试验处理。

### （二）不同去除脚叶时间对烤烟外观质量影响分析

湖南农业大学烟草研究院7人专家小组对不同去除脚叶时间处理的烤烟进行了外观质量评分，共得21份评分表（每个处理设置了3个重复）。对21份评分表进行统计分析得表5-21：

表5-21 不同处理烤烟外观质量评分

| 等级 | 不同处理 | 成熟度 | 发育状况 | 组织结构 | 身份 | 油分 | 色泽 | 色均匀度 | 光滑或微青 | 总分 |
|---|---|---|---|---|---|---|---|---|---|---|
| B2F | CK不打脚叶 | 7.5 | 7.5 | 7.2 | 7.7 | 7.4 | 8.0 | 7.9 | 8.3 | 76.1 ± 1.14a |
| | 不打不采 | 7.5 | 7.4 | 7.2 | 7.7 | 7.4 | 7.9 | 7.9 | 8.3 | 75.8 ± 1.62a |
| | 前期打脚叶 | 7.7 | 7.6 | 7.4 | 7.9 | 7.5 | 7.9 | 7.8 | 8.3 | 77.2 ± 0.48a |
| | 中期打脚叶 | 7.7 | 7.5 | 7.3 | 7.7 | 7.5 | 8.0 | 7.9 | 8.4 | 77.0 ± 0.42a |
| C3F | CK不打脚叶 | 8.3 | 8.6 | 8.6 | 8.6 | 8.6 | 9.0 | 8.4 | 8.9 | 85.8 ± 1.31a |
| | 不打不采 | 8.4 | 8.3 | 8.6 | 8.6 | 8.5 | 8.6 | 8.3 | 8.8 | 85.0 ± 1.88a |
| | 前期打脚叶 | 8.6 | 8.7 | 8.8 | 8.7 | 8.7 | 8.8 | 8.8 | 9.2 | 87.6 ± 1.61a |
| | 中期打脚叶 | 8.6 | 8.6 | 8.7 | 8.7 | 8.6 | 8.7 | 8.7 | 9.2 | 86.8 ± 1.72a |
| X2F | CK不打脚叶 | 6.3 | 7.3 | 8.1 | 5.9 | 7.5 | 7.6 | 7.7 | 8.4 | 72.8 ± 0.92a |
| | 不打不采 | 6.5 | 7.2 | 8.0 | 5.7 | 7.4 | 7.6 | 7.7 | 8.5 | 72.5 ± 0.86a |
| | 前期打脚叶 | 6.9 | 7.6 | 8.1 | 6.1 | 7.6 | 7.8 | 7.8 | 8.3 | 74.8 ± 1.45a |
| | 中期打脚叶 | 6.7 | 7.5 | 8.1 | 6.0 | 7.6 | 7.8 | 7.7 | 8.3 | 74.3 ± 1.47a |

由表5-21可知，不同去除脚叶时间处理B2F、C3F、X2F三个等级烤烟外观质量综合得分范围分别在75.8～77.2，85.0～87.6，72.5～74.8之间，等级内变异幅度不大。三等级中不同去除脚叶时间试验处理间的烤烟外观质量综合评分无显著差异，却呈现出一定的规律。在B2F、C3F、X2F三个等级中，不同去除脚叶时间试验处理的烤烟外观质量综合得分均以前期打脚叶试验处理的最高，最低为不打不采脚叶，其大小顺序依次均为：前期打脚叶＞中期打脚叶＞CK不打脚叶＞不打不采脚叶。

不同等级间烤烟外观质量评分均值如表5-22，对其总分方差分析可知，不同等级间烤烟外观质量差异极显著，其依次顺序为C3F＞B2F＞X2F。

表5-22 不同等级间烤烟外观质量比较分析

| 等级 | 成熟度 | 发育状况 | 组织结构 | 身份 | 油分 | 色泽 | 色均匀度 | 光滑或微青 | 总分 |
|---|---|---|---|---|---|---|---|---|---|
| B2F | 7.6 | 7.5 | 7.3 | 7.8 | 7.4 | 8.0 | 7.9 | 8.3 | 76.5 ± 1.07B |
| C3F | 8.5 | 8.6 | 8.7 | 8.6 | 8.6 | 8.8 | 8.5 | 9.0 | 86.3 ± 1.74A |
| X2F | 6.6 | 7.4 | 8.1 | 5.9 | 7.5 | 7.7 | 7.7 | 8.4 | 73.6 ± 1.44C |

## （三）不同去除脚叶时间对烤烟物理性状分析

表5-23　不同去除脚叶时间对烤烟物理性状的方差分析

| 等级 | 不同处理 | 叶长（cm） | 叶宽（cm） | 开片度（%） | 单叶重（g） | 含梗率（%） | 叶片厚度（μm） | 叶密度（$mg/cm^3$） |
|---|---|---|---|---|---|---|---|---|
| B2F | CK不打脚叶 | 56.1 ± 4.5a | 17.5 ± 1.6a | 31.2 ± 0.02a | 10.6 ± 1.28a | 29.83 ± 0.36a | 161.6 ± 24.66a | 859.0 ± 85.87a |
| | 不打不采 | 55.8 ± 2.8a | 17.8 ± 1.3a | 31.9 ± 0.02a | 10.7 ± 1.01a | 29.85 ± 0.31a | 153.9 ± 41.10a | 869.6 ± 40.92a |
| | 前期打脚叶 | 56.1 ± 2.0a | 18.0 ± 1.6a | 32.1 ± 0.02a | 11.4 ± 0.62a | 29.87 ± 0.45a | 134.7 ± 27.92a | 841.1 ± 95.37a |
| | 中期打脚叶 | 56.4 ± 3.3a | 17.5 ± 1.8a | 31.0 ± 0.02a | 11.4 ± 1.05a | 29.91 ± 0.46a | 145.0 ± 28.35a | 928.3 ± 49.48a |
| C3F | CK不打脚叶 | 64.2 ± 5.2a | 24.8 ± 2.6a | 38.7 ± 0.03a | 9.7 ± 0.86a | 32.65 ± 0.25a | 115.3 ± 11.97a | 687.2 ± 32.35a |
| | 不打不采 | 64.7 ± 3.3a | 25.1 ± 3.1a | 38.7 ± 0.03a | 9.1 ± 0.74a | 32.71 ± 0.24a | 113.3 ± 7.97a | 674.9 ± 35.57a |
| | 前期打脚叶 | 66.0 ± 2.4a | 26.2 ± 2.9a | 39.6 ± 0.03a | 10.3 ± 0.93a | 32.56 ± 0.24a | 119.8 ± 8.11a | 710.9 ± 60.24a |
| | 中期打脚叶 | 65.7 ± 3.1a | 26.0 ± 2.9a | 39.5 ± 0.03a | 9.9 ± 0.36a | 32.62 ± 0.22a | 117.5 ± 13.19a | 691.7 ± 16.56a |
| X2F | CK不打脚叶 | 50.6 ± 2.2a | 20.3 ± 2.1a | 40.1 ± 0.03a | 6.6 ± 0.49bcB | 33.45 ± 0.27a | 82.0 ± 3.29bcAB | 548.9 ± 12.61bcAB |
| | 不打不采 | 50.4 ± 2.1a | 20.2 ± 1.9a | 40.0 ± 0.02a | 6.1 ± 0.44cB | 33.59 ± 0.37a | 76.7 ± 6.49cB | 529.1 ± 22.82cB |
| | 前期打脚叶 | 53.4 ± 3.1b | 22.6 ± 2.5b | 42.2 ± 0.03a | 7.8 ± 0.56aA | 33.34 ± 0.28a | 94.8 ± 5.33aA | 603.8 ± 27.38aA |
| | 中期打脚叶 | 52.7 ± 2.9b | 22.3 ± 2.8b | 42.2 ± 0.04a | 7.2 ± 0.15abAB | 33.40 ± 0.17a | 90.9 ± 7.08abAB | 582.6 ± 31.77abAB |

1. 叶长、叶宽

由表5-23可知，不同去除脚叶时间试验处理间X2F等级烤烟的叶长和叶宽大小顺序依次均为：前期打脚叶＞中期打脚叶＞CK不打脚叶＞不打不采，前期打脚叶、中期打脚叶试验处理的叶长和宽均与CK不打脚叶、不打不采呈显著差异；C3F等级烤烟的叶长和叶宽大小顺序依次均为：前期打脚叶＞中期打脚叶＞不打不采＞CK不打脚叶，但处理间均无显著差异；B2F等级烤烟的叶长大小顺序依次为：中期打脚叶＞前期打脚叶、CK不打脚叶＞不打不采，叶宽大小顺序依次为：前期打脚叶＞不打不采＞中期打脚叶、CK不打脚叶，各处理间也均无显著差异。

2. 开片度

从表5-23可以看出，不同去除脚叶时间试验处理间X2F等级烤烟的开片度大小顺序为：前期打脚叶、中期打脚叶＞CK不打脚叶＞不打不采；C3F等级烤烟的开片度大小顺序为：前期打脚叶＞中期打脚叶＞CK不打脚叶、不打不采；B2F等级烤烟的开片度大小顺序为：前期打脚叶＞不打不采＞CK不打脚叶＞中期打脚叶；但不同去除脚叶时间试验处理间三个等级烤烟的开片度均无显著差异。

3. 单叶重

从表5-23可知，X2F等级烤烟中，前期打脚叶试验处理的烤烟单叶重大于中期打脚叶，两者之间差异无显著性，却极显著高于CK不打脚叶和不打不采试验处理；中期打脚叶试验处理的烤烟单叶重大于CK不打脚叶，两者之间无显著性差异，但显著高于不打不采试验处理；CK不打脚叶试验处理的烤烟单叶重大于不打不采，但两者之间差异无显著性。C3F等级烤烟的单叶重大小顺序为：前期打脚叶＞中期打脚叶＞CK不打脚叶＞不打不采，但处理间均无显著差异；B2F等级烤烟的单叶重大小顺序为：不打不采＞CK不打脚叶＞前期打脚叶、中期打脚叶；但各处理间差异均无显著性。

4. 含梗率

从表5-23可以看出，不同去除脚叶时间试验处理间X2F和C3F等级烤烟的含梗率大小顺序均为：前期打脚叶＜中期打脚叶＜CK不打脚叶＜不打不采，但各处理间差异均无显著性；B2F等级烤烟的开片度大小顺序为：CK不打脚叶

＜不打不采＜前期打脚叶＜中期打脚叶；但各处理间均无显著性差异。

5．叶片厚度和叶密度

从表5-23可以看出，不同去除脚叶时间试验处理间X2F和C3F等级烤烟的叶片厚度和叶密度的大小顺序均为：前期打脚叶＞中期打脚叶＞CK不打脚叶＞不打不采。B2F等级烤烟的叶片厚度大小顺序为：CK不打脚叶＞不打不采＞中期打脚叶＞前期打脚叶；叶密度大小顺序为：中期打脚叶＞不打不采＞CK不打脚叶＞前期打脚叶。但不同去除脚叶时间各试验处理间三个等级烤烟的叶片厚度和叶密度均无显著性差异。

**（四）去除脚叶时间对烟叶内在化学成分的影响**

1．总氮、烟碱

由表5-24可知，不同去除脚叶时间试验处理间X2F等级烤烟的总氮和烟碱含量的大小顺序依次均为：前期打脚叶＞中期打脚叶＞CK不打脚叶＞不打不采，各处理间的差异性未达到显著性。C3F等级烤烟的总氮含量大小顺序为：不打不采＞中期打脚叶＞CK不打脚叶＞前期打脚叶；烟碱含量大小顺序为：CK不打脚叶＞不打不采＞前期打脚叶＞中期打脚叶，各处理间烤烟的总氮和烟碱含量变化幅度均不大，均无显著性差异。B2F等级烤烟的总氮和烟碱含量的大小顺序依次均为：不打不采＞CK不打脚叶＞中期打脚叶＞前期打脚叶，各处理间含量变化幅度均不大，无显著性差异。

2．糖分

不同去除脚叶时间试验处理间X2F、C3F和B2F等级烤烟的总糖和还原糖含量的大小顺序依次均为：前期打脚叶＞中期打脚叶＞CK不打脚叶＞不打不采；X2F等级间的烤烟两糖差的大小顺序为：中期打脚叶＞前期打脚叶＞不打不采＞CK不打脚叶；在C3F和B2F等级中烤烟两糖差的大小顺序均为：不打不采＞CK不打脚叶＞中期打脚叶＞前期打脚叶。在X2F和C3F等级中，前期打脚叶与中期打脚叶试验处理间的总糖和还原糖含量无显著性差异，却极显著差异于CK不打脚叶和不打不采处理，而CK不打脚叶与不打不采试验处理间的总糖和还原糖含量也存在着极显著差异；X2F等级中的中期打脚叶、前期打脚叶和不打不采三处理间的两糖差无显著性差异，却显著差异于CK不打脚叶；C3F等级中的前期打脚叶与中期打脚叶的试验处理无显著性差异，却显著性差

表5-24 不同去除脚叶时间处理对烟叶内在化学成分的影响

| 等级 | 不同处理 | 总氮 | 烟碱 | 总糖 | 还原糖 | 两糖差 | 淀粉 | 钾 | 氯 | 钾氯比 |
|---|---|---|---|---|---|---|---|---|---|---|
| B2F | CK不打脚叶 | 2.36 ± 0.18a | 3.37 ± 0.21a | 15.86 ± 0.77a | 12.24 ± 0.93a | 3.62 ± 0.16a | 4.86 ± 0.55a | 2.15 ± 0.29a | 0.36 ± 0.06a | 6.01 ± 1.15a |
| | 不打不采 | 2.52 ± 0.14a | 3.43 ± 0.17a | 15.77 ± 0.32a | 12.08 ± 0.34a | 3.69 ± 0.16a | 4.94 ± 0.50a | 2.12 ± 0.30a | 0.38 ± 0.08a | 5.67 ± 0.44a |
| | 前期打脚叶 | 2.27 ± 0.20a | 3.23 ± 0.18a | 15.94 ± 0.52a | 12.37 ± 0.62a | 3.57 ± 0.26a | 5.16 ± 0.33a | 2.36 ± 0.19a | 0.38 ± 0.06a | 6.27 ± 1.47a |
| | 中期打脚叶 | 2.33 ± 0.27a | 3.28 ± 0.22a | 15.83 ± 0.71a | 12.23 ± 0.80a | 3.60 ± 0.10a | 4.99 ± 0.48a | 2.18 ± 0.23a | 0.36 ± 0.07a | 6.06 ± 0.46a |
| C3F | CK不打脚叶 | 2.08 ± 0.20a | 2.75 ± 0.16a | 21.24 ± 0.38bB | 18.08 ± 0.30bB | 3.16 ± 0.11aA | 4.17 ± 0.29bBC | 2.40 ± 0.08bA | 0.25 ± 0.03bA | 9.66 ± 0.82a |
| | 不打不采 | 2.19 ± 0.16a | 2.72 ± 0.20a | 19.58 ± 0.65cC | 16.24 ± 0.51cC | 3.34 ± 0.14aA | 3.68 ± 0.10cC | 2.66 ± 0.15abA | 0.31 ± 0.03aA | 8.62 ± 0.59a |
| | 前期打脚叶 | 1.93 ± 0.26a | 2.62 ± 0.16a | 23.36 ± 0.64aA | 21.03 ± 0.60aA | 2.34 ± 0.14bB | 4.74 ± 0.14aA | 2.72 ± 0.17aA | 0.32 ± 0.03aA | 8.61 ± 0.33a |
| | 中期打脚叶 | 2.11 ± 0.28a | 2.60 ± 0.19a | 22.67 ± 0.31aA | 20.21 ± 0.34aA | 2.46 ± 0.07bB | 4.63 ± 0.23aAB | 2.51 ± 0.19abA | 0.29 ± 0.02abA | 8.65 ± 0.46a |
| X2F | CK不打脚叶 | 1.69 ± 0.21a | 1.48 ± 0.12a | 18.84 ± 0.41bB | 16.62 ± 0.53bB | 2.23 ± 0.17bA | 2.77 ± 0.28bBC | 2.82 ± 0.11cB | 0.29 ± 0.02bA | 9.85 ± 0.19a |
| | 不打不采 | 1.66 ± 0.13a | 1.37 ± 0.21a | 16.09 ± 0.39cC | 13.78 ± 0.45cC | 2.32 ± 0.11abA | 2.24 ± 0.27cC | 3.47 ± 0.27aA | 0.36 ± 0.05aA | 9.68 ± 0.49a |
| | 前期打脚叶 | 1.88 ± 0.17a | 1.71 ± 0.14a | 22.33 ± 0.39aA | 19.86 ± 0.28aA | 2.46 ± 0.14abA | 3.66 ± 0.34aA | 3.23 ± 0.08abAB | 0.34 ± 0.03abA | 9.65 ± 0.96a |
| | 中期打脚叶 | 1.71 ± 0.22a | 1.70 ± 0.23a | 21.54 ± 0.58aA | 19.03 ± 0.62aA | 2.51 ± 0.10aA | 3.49 ± 0.16aAB | 3.03 ± 0.21bcAB | 0.32 ± 0.04abA | 9.50 ± 0.42a |

异于CK不打脚叶和不打不采处理；B2F等级中的各试验处理的总糖、还原糖含量和两糖差无显著性差异。

3．淀粉

不同去除脚叶时间试验处理间X2F和C3F等级烤烟的淀粉含量的大小顺序依次均为：前期打脚叶＞中期打脚叶＞CK不打脚叶＞不打不采；B2F等级中的顺序为：前期打脚叶＞中期打脚叶＞不打不采＞CK不打脚叶。在X2F和C3F等级中，前期打脚叶处理的淀粉含量与中期打脚叶无显著性差异，却极显著差异于CK不打脚叶和不打不采；中期打脚叶处理的淀粉含量显著差异于CK不打脚叶，极显著差异于不打不采；CK不打脚叶和不打不采处理的淀粉含量也存在着显著性差异。B2F等级中各试验处理的淀粉含量无显著性差异。

4．钾、氯及钾氯比

不同去除脚叶时间试验处理间X2F等级烤烟的钾和氯含量的大小顺序依次均为：不打不采＞前期打脚叶＞中期打脚叶＞CK不打脚叶，钾氯比的大小顺序为：CK不打脚叶＞不打不采＞前期打脚叶＞中期打脚叶；C3F等级烤烟的钾和氯含量的大小顺序依次均为：前期打脚叶＞不打不采＞中期打脚叶＞CK不打脚叶，钾氯比的大小顺序为：CK不打脚叶＞中期打脚叶＞不打不采＞前期打脚叶；B2F等级烤烟的钾含量的大小顺序为：前期打脚叶＞中期打脚叶＞CK不打脚叶＞不打不采，氯含量的顺序为：前期打脚叶、不打不采＞中期打脚叶、CK不打脚叶，钾氯比的大小顺序为：前期打脚叶＞中期打脚叶＞CK不打脚叶＞不打不采。在X2F等级烤烟中不打不采处理的钾含量与前期打脚叶无显著性差异，却显著差异于中期打脚叶，且极显著差异于CK不打脚叶；不打不采、前期打脚叶和中期打脚叶三处理间烤烟氯含量变异不大，无显著性差异，却显著差异于CK不打脚叶。在C3F等级烤烟中前期打脚叶、不打不采和中期打脚叶三处理间烤烟钾、氯含量变异不大，无显著性差异，却显著差异于CK不打脚叶。在B2F等级烤烟中试验各处理间烤烟钾、氯含量无显著性差异。不同去除脚叶时间试验处理间三等级烤烟的钾氯比大小无显著性差异。

## 三、讨论与结论

通过对成熟期烟株脚叶的不打不采、前期打脚叶、中期打脚叶和对照CK

四个处理的烤后烟叶经济性状、外观质量、物理特性和内在化学成分的分析，可以看出，在烟株进入成熟期后，摘除脚叶的时间或不摘不采处理对烤后烟叶经济性状、外观质量、物理特性和烟叶内在化学成分有较大的影响。综合比较可知，在烟株成熟期间，相比对照CK不摘除底脚叶以及不摘也不采收试验处理，摘除底脚叶虽降低了部分烟叶产量，但可较大地提高烟叶均价和上等烟比例，因而经济性状好。而且还使烤后烟叶的外观质量更好，物理性状适宜，烟叶的内在化学成分更加的协调；且在成熟期前期摘除底脚叶比中期摘除底脚叶效果更为突出。烟株是一个有机的生物整体，在其生长发育期间不同时期去除烟株的营养体底脚叶，势必会影响烟株后期的田间生长发育和农艺性状，进而影响烟叶的产量和烤后烟叶的质量和化学品质。在农业生产中，为获得理想的烟叶产量和优质烟叶，适宜的烟株留叶数和适时地摘除底脚叶是一项关键的农艺调控措施。成熟期是决定烟叶品质的重要时期，在烟株进入成熟期，相比中期摘除底脚叶，前期摘除烟叶的底脚叶，能更早地改善田间的通风透光条件，促进中上部烟叶片在较好环境条件下更好地生长发育，使得烟株在成熟关键时期更早地和更加充分地利用光能，使光合效率更高，更大地提高了整颗烟株的光合作用，更多地增加光合产物和内含物，尤其是下部烟叶的光合产物和内含物；可最大限度地减少烟株病虫害的危害。再加上脚叶处于烟株最下部，生长环境条件差，养分过度地消耗，导致烟叶本身内部干物质积累少，叶薄色淡质量差，且生理上只能达到假熟而无法达到成熟。因此产出来的烟叶本身就是低次烟，无烘烤价值。因而成熟前期打掉脚叶一定程度地改善了烟叶内在化学成分的协调性，使得烟叶品质更佳；还大大地改善了烟叶等级结构，更明显地提高了烟叶的质量。

## 第三节　去除顶叶时间和数量对烟叶产量、质量及内在化学成分的影响

烤烟打顶作为一项基本的农艺措施，可抑制烟株生殖生长，促进营养生

长。研究表明：烤烟打顶可控制和去除烟株顶端优势，阻断同化物质向生殖器官的转移，使光合产物集中向烟叶内分配，促使烟叶干物质的积累，增加叶片有效叶面积，有利于提高烟叶产量和质量，获得理想的烟叶产量和优质烟叶。为揭示不同两次打顶时间和烟叶数量对烟叶产量、质量及内在化学成分的影响，开展了本试验，对试验材料的产量、质量和常规化学成分进行了系统研究，以便为现蕾打顶后科学地适时地适量地打掉顶部叶片，为提高我国上部烟叶可用性、改善上部烟叶质量、品质和经济效益提供理论依据和实践指导。

## 一、材料与方法

### （一）供试材料

试验设在宁乡县喻家坳镇三明村烤烟种植核心示范区，供试烟草品种为当地主栽品种云烟97。试验田块要求土壤质地疏松，土层较厚，肥力中等均匀，地势平坦，排灌方便，前茬作物适宜、一致，田块施肥及栽培管理措施均匀一致，确保田间烟株长势整齐一致，烟叶分层落黄，成熟凸显，病虫害比例控制在正常允许范围内，下茬作物不抢时争地，以保证烟叶田间养熟。

### （二）试验设计

试验设九个处理，对照：现蕾打顶后不作顶叶处理（CK），A：现蕾打顶时打掉顶叶1片，B：现蕾打顶时打掉顶叶2片，C：现蕾打顶10天后打掉顶叶1片，D：现蕾打顶10天后打掉顶叶2片，E：现蕾打顶20天后打掉顶叶1片，F：现蕾打顶20天后打掉顶叶2片，G：现蕾打顶30天后打掉顶叶1片，H：现蕾打顶30天后打掉顶叶2片。在选好的田块里，将试验设计的9个处理及其对应的三个重复，并相应地做好标识。田间施肥及栽培管理措施均按当地优质烟叶生产技术方案均匀一致地执行。

### （三）试验样品

选取九个处理和试验重复烟样B2F、C3F、X2F三个等级各2kg烟样。共27份烟样样品，做好标识待测。

### （四）测定内容与方法

测定内容与方法同第二章。

## 二、结果与分析

### （一）去除顶叶时间和数量对烤烟外观质量影响分析

湖南农业大学烟草研究院7人专家小组对去除顶叶时间和数量试验处理的烤烟进行了外观质量评分，共得21份评分表（每个处理设置了3个重复）。对21份评分表进行统计分析得如下表：

表5-25 去除顶叶时间和数量试验处理的烤烟外观质量评分

| 等级 | 不同处理 | 成熟度 | 发育状况 | 组织结构 | 身份 | 油分 | 色泽 | 色均匀度 | 光滑或微青 | 总分 |
|---|---|---|---|---|---|---|---|---|---|---|
| B2F | CK | 7.8 | 8.1 | 7.3 | 7.3 | 7.7 | 8.1 | 7.3 | 8.2 | 77.7 ± 1.68a |
| | A | 8.0 | 8.2 | 7.3 | 7.3 | 7.8 | 8.0 | 7.4 | 8.4 | 78.2 ± 2.48a |
| | B | 8.0 | 8.2 | 7.2 | 7.1 | 8.0 | 8.2 | 7.5 | 8.5 | 78.5 ± 2.09a |
| | C | 7.7 | 8.1 | 7.1 | 7.2 | 7.9 | 7.9 | 7.2 | 8.2 | 77.0 ± 1.71a |
| | D | 7.6 | 8.1 | 7.4 | 7.4 | 7.5 | 7.8 | 7.2 | 8.2 | 76.5 ± 1.78a |
| | E | 8.0 | 8.2 | 7.2 | 7.3 | 8.0 | 8.1 | 7.5 | 8.4 | 78.6 ± 2.36a |
| | F | 8.2 | 8.3 | 7.6 | 7.4 | 7.8 | 8.2 | 7.6 | 8.4 | 79.8 ± 1.92a |
| | G | 7.8 | 8.1 | 7.4 | 7.4 | 7.5 | 7.9 | 7.4 | 8.3 | 77.4 ± 1.78a |
| | H | 7.7 | 8.0 | 7.4 | 7.5 | 7.4 | 7.8 | 7.4 | 8.4 | 76.8 ± 1.92a |
| C3F | CK | 8.7 | 8.3 | 8.4 | 8.5 | 8.5 | 8.5 | 8.6 | 9.3 | 85.9 ± 1.77a |
| | A | 8.8 | 8.4 | 8.5 | 8.7 | 8.5 | 8.5 | 8.6 | 9.1 | 86.3 ± 2.15a |
| | B | 8.8 | 8.4 | 8.6 | 8.5 | 8.5 | 8.6 | 8.5 | 9.2 | 86.5 ± 1.99a |
| | C | 8.7 | 8.3 | 8.4 | 8.5 | 8.4 | 8.5 | 8.5 | 9.1 | 85.4 ± 1.58a |
| | D | 8.7 | 8.2 | 8.3 | 8.4 | 8.5 | 8.5 | 8.5 | 9.2 | 85.0 ± 1.73a |
| | E | 8.7 | 8.3 | 8.6 | 8.7 | 8.5 | 8.7 | 8.5 | 9.1 | 86.4 ± 2.10a |
| | F | 8.9 | 8.5 | 8.7 | 8.5 | 8.7 | 8.7 | 8.6 | 9.2 | 87.1 ± 1.98a |
| | G | 8.7 | 8.2 | 8.5 | 8.5 | 8.4 | 8.6 | 8.5 | 9.2 | 85.5 ± 1.79a |
| | H | 8.6 | 8.2 | 8.5 | 8.4 | 8.4 | 8.5 | 8.5 | 9.2 | 85.2 ± 1.65a |
| X2F | CK | 6.9 | 7.5 | 8.0 | 6.0 | 7.6 | 8.2 | 8.2 | 8.6 | 75.4 ± 0.44a |
| | A | 6.9 | 7.5 | 8.0 | 5.8 | 7.6 | 8.1 | 8.4 | 8.4 | 75.3 ± 0.45a |
| | B | 6.7 | 7.7 | 8.0 | 6.1 | 7.6 | 8.2 | 8.5 | 8.6 | 75.8 ± 0.79a |
| | C | 6.9 | 7.5 | 8.0 | 6.0 | 7.8 | 8.1 | 8.1 | 8.5 | 75.4 ± 0.75a |
| | D | 6.8 | 7.5 | 8.0 | 6.0 | 7.5 | 8.2 | 8.2 | 8.5 | 75.2 ± 0.61a |
| | E | 6.7 | 7.7 | 8.0 | 5.9 | 7.7 | 8.0 | 8.5 | 8.5 | 75.5 ± 0.91a |
| | F | 6.9 | 7.8 | 8.0 | 6.0 | 7.7 | 8.1 | 8.5 | 8.5 | 76.1 ± 0.91a |
| | G | 6.9 | 7.6 | 8.0 | 5.9 | 7.5 | 8.0 | 8.4 | 8.5 | 75.2 ± 0.76a |
| | H | 6.8 | 7.7 | 8.0 | 6.1 | 7.7 | 7.9 | 8.2 | 8.5 | 75.4 ± 0.86a |

由表5-25可知，不同去除顶叶时间和数量的试验处理B2F、C3F、X2F三个等级烤烟外观质量综合得分范围分别在76.5～79.8，85.0～87.1，75.2～76.1之间，等级内变异幅度不大。三个等级中各试验处理间的烤烟外观质量综合评分无显著差异，但三个等级中不同去除顶叶时间和数量试验处理的烤烟外观质量综合评分却呈现出一定的规律。在B2F、C3F、X2F三个等级中，去除顶叶2片的大部分各试验处理的烤烟外观质量综合得分都高于去除顶叶1片的试验处理；不管是去除顶叶1片，或者顶叶2片，随着二次去除顶叶时间的推迟，烤烟的外观质量综合得分均呈现先升后下降的趋势，在去除顶叶1片中以10d去除1片的烤烟外观质量综合得分最高，以30d去除1片最低，在去除顶叶2片中以10d去除2片试验处理的烤烟外观质量综合得分最高，以30d去除2片最低。CK现蕾打顶后不作顶叶处理的烤烟外观质量综合得分居于中间。

## （二）去除顶叶时间和数量对烤烟物理性状分析

表5-26　去除顶叶时间和数量对烤烟叶长、叶宽和开片度的方差分析

| 等级 | 不同处理 | 叶长（cm） | 叶宽（cm） | 开片度（%） |
| --- | --- | --- | --- | --- |
| B2F | CK | 53.4 ± 3.3bA | 18.3 ± 1.6bA | 34.36 ± 0.03a |
| | A | 55.7 ± 2.3abA | 19.7 ± 1.6abA | 35.34 ± 0.02a |
| | B | 54.9 ± 3.3abA | 19.2 ± 2.3abA | 34.88 ± 0.02a |
| | C | 54.2 ± 1.6abA | 18.9 ± 1.3abA | 34.85 ± 0.02a |
| | D | 53.6 ± 3.0bA | 18.4 ± 1.3bA | 34.41 ± 0.03a |
| | E | 56.5 ± 2.1aA | 20.2 ± 1.7aA | 35.77 ± 0.03a |
| | F | 55.4 ± 2.6abA | 19.5 ± 1.3abA | 35.23 ± 0.02a |
| | G | 54.6 ± 3.1abA | 19.0 ± 1.4abA | 34.87 ± 0.03a |
| | H | 53.8 ± 2.6bA | 18.6 ± 1.9bA | 34.53 ± 0.03a |
| C3F | CK | 60.7 ± 3.0a | 22.8 ± 1.7a | 37.62 ± 0.03a |
| | A | 62.4 ± 2.8a | 23.9 ± 2.6a | 38.08 ± 0.03a |
| | B | 61.5 ± 2.4a | 23.2 ± 2.6a | 37.65 ± 0.03a |
| | C | 61.0 ± 3.7a | 22.8 ± 2.3a | 37.31 ± 0.02a |
| | D | 60.8 ± 3.5a | 22.6 ± 2.1a | 37.14 ± 0.02a |
| | E | 62.7 ± 3.3a | 23.9 ± 2.4a | 38.53 ± 0.03a |
| | F | 61.9 ± 3.3a | 23.5 ± 2.6a | 37.86 ± 0.02a |
| | G | 61.1 ± 3.0a | 22.9 ± 2.1a | 37.45 ± 0.02a |
| | H | 60.9 ± 3.1a | 22.7 ± 2.5a | 37.19 ± 0.03a |

（续表）

| 等级 | 不同处理 | 叶长（cm） | 叶宽（cm） | 开片度（%） |
|---|---|---|---|---|
| X2F | CK | 50.4 ± 2.2a | 20.8 ± 1.9a | 41.20 ± 0.02a |
| | A | 51.4 ± 2.6a | 21.4 ± 2.5a | 41.56 ± 0.04a |
| | B | 50.9 ± 1.9a | 21.0 ± 1.7a | 41.22 ± 0.02a |
| | C | 50.0 ± 2.2a | 20.6 ± 2.1a | 41.13 ± 0.03a |
| | D | 52.0 ± 2.0a | 21.8 ± 1.6a | 41.96 ± 0.03a |
| | E | 51.0 ± 2.2a | 21.1 ± 1.4a | 41.36 ± 0.02a |
| | F | 50.4 ± 2.1a | 20.8 ± 2.6a | 41.18 ± 0.04a |

1. 叶长、叶宽

由表5-26可知，不同去除顶叶时间和数量试验处理间的X2F等级烤烟的叶长和叶宽的大小顺序均为：打顶时去除2片＞打顶时去除1片＞10d去除2片＞10d去除1片＞20d去除2片、CK＞20d去除1片，各处理间均无显著性差异；C3F等级烤烟的叶长大小顺序为：打顶时去除2片＞打顶时去除1片＞10d去除2片＞10d去除1片＞20d去除2片＞20d去除1片＞30d去除2片＞30d去除1片＞CK，叶宽的大小顺序为：打顶时去除2片、打顶时去除1片＞10d去除2片＞10d去除1片＞20d去除2片＞20d去除1片、CK＞30d去除2片＞30d去除1片；各处理间的叶长和叶宽均无显著性差异；B2F等级烤烟的叶长和叶宽的大小顺序依次均为：打顶时去除2片＞打顶时去除1片＞10d去除2片＞10d去除1片＞20d去除2片＞20d去除1片＞30d去除2片＞30d去除1片＞CK，30d去除2片、30d去除1片和CK试验处理的叶长和叶宽显著差异于打顶时去除2片、打顶时去除1片、10d去除2片、10d去除1片、20d去除2片和20d去除1片的处理。

2. 开片度

从表5-26可以看出，不同去除顶叶时间和数量试验处理间的X2F等级烤烟的开片度大小顺序为：打顶时去除2片＞打顶时去除1片＞10d去除2片＞10d去除1片＞CK＞20d去除2片＞20d去除1片；C3F等级烤烟的开片度大小顺序为：打顶时去除2片＞打顶时去除1片＞10d去除2片＞10d去除1片＞CK＞20d去除2片＞20d去除1片＞30d去除2片＞30d去除1片；B2F等级烤烟的开片度大小顺序为：打顶时去除2片＞打顶时去除1片＞10d去除2片＞10d去除1片＞20d去除2片＞20d去除1片＞30d去除2片＞30d去除1片＞CK。在三个等级中不同去除顶叶时间和数量的各试验处理间烤烟的开片度均无显著性差异。

**表5-27 去除顶叶时间和数量对烤烟单叶重、含梗率、叶片厚度和叶密度的方差分析**

| 等级 | 不同处理 | 单叶重（g） | 含梗率（%） | 叶片厚度（μm） | 叶密度（$mg/cm^3$） |
|---|---|---|---|---|---|
| B2F | CK | 11.1 ± 0.56bA | 29.97 ± 0.48a | 141.0 ± 16.52bA | 791.4 ± 9.25bA |
| | A | 11.8 ± 0.29abA | 29.54 ± 0.50a | 172.3 ± 16.00aA | 855.6 ± 46.79aA |
| | B | 11.6 ± 0.35abA | 29.71 ± 0.45a | 159.0 ± 13.18abA | 833.3 ± 51.55abA |
| | C | 11.3 ± 0.35abA | 29.88 ± 0.35a | 150.8 ± 18.60abA | 819.9 ± 25.71abA |
| | D | 11.2 ± 0.40bA | 29.92 ± 0.42a | 142.8 ± 16.05bA | 792.1 ± 7.98bA |
| | E | 11.9 ± 0.41aA | 29.44 ± 0.43a | 176.4 ± 18.88aA | 861.2 ± 50.80aA |
| | F | 11.7 ± 0.59abA | 29.60 ± 0.39a | 165.5 ± 7.03abA | 841.8 ± 51.81abA |
| | G | 11.4 ± 0.35abA | 29.81 ± 0.43a | 153.5 ± 16.87abA | 826.7 ± 35.05abA |
| | H | 11.2 ± 0.40bA | 29.90 ± 0.42a | 144.7 ± 13.26bA | 792.3 ± 9.14bA |
| C3F | CK | 10.5 ± 1.35a | 32.18 ± 0.67a | 116.6 ± 8.07a | 641.8 ± 37.09a |
| | A | 11.5 ± 0.93a | 31.57 ± 0.35a | 125.3 ± 7.12a | 674.8 ± 54.63a |
| | B | 11.1 ± 0.66a | 31.73 ± 0.35a | 119.4 ± 6.80a | 665.1 ± 32.98a |
| | C | 10.8 ± 1.29a | 31.84 ± 0.45a | 118.1 ± 7.92a | 647.2 ± 37.91a |
| | D | 10.6 ± 1.11a | 31.91 ± 0.17a | 117.5 ± 6.41a | 642.0 ± 32.87a |
| | E | 11.6 ± 0.75a | 31.49 ± 0.30a | 127.4 ± 7.79a | 680.3 ± 48.30a |
| | F | 11.3 ± 1.19a | 31.62 ± 0.41a | 122.2 ± 5.83a | 669.7 ± 45.31a |
| | G | 11.0 ± 1.12a | 31.78 ± 0.50a | 119.3 ± 7.84a | 654.1 ± 32.08a |
| | H | 10.7 ± 1.11a | 31.89 ± 0.33a | 117.9 ± 7.82a | 643.4 ± 44.83a |
| X2F | CK | 7.5 ± 0.32a | 32.41 ± 0.44a | 93.3 ± 8.41a | 602.3 ± 38.76a |
| | A | 7.9 ± 0.70a | 32.24 ± 0.68a | 87.6 ± 6.63a | 551.7 ± 39.95a |
| | B | 7.7 ± 0.50a | 32.32 ± 0.62a | 90.9 ± 4.16a | 575.4 ± 40.26a |
| | C | 7.5 ± 0.59a | 32.30 ± 0.65a | 91.6 ± 11.82a | 586.7 ± 30.16a |
| | D | 7.7 ± 0.67a | 32.32 ± 0.75a | 88.9 ± 4.02a | 563.4 ± 34.85a |
| | E | 7.6 ± 0.40a | 32.41 ± 0.63a | 89.1 ± 7.32a | 573.7 ± 33.51a |
| | F | 7.9 ± 0.55a | 32.33 ± 0.40a | 86.3 ± 6.25a | 550.1 ± 44.35a |

3．单叶重

从表5-27可知，不同去除顶叶时间和数量试验处理间的X2F等级烤烟的单叶重大小顺序为：20d去除2片、打顶时去除1片＞打顶时去除2片、10d去除1片＞10d去除2片＞20d去除1片、CK，各处理间差异无显著性；C3F等级烤烟的单叶重大小顺序为：打顶时去除2片＞打顶时去除1片＞10d去除2片＞10d去除1片＞20d去除2片＞20d去除1片＞30d去除2片＞30d去除1片＞CK，各处理间差异无显著性；B2F等级烤烟的单叶重大小顺序为：打顶时去除2片＞打顶时去除1片＞10d去除2片＞10d去除1片＞20d去除2片＞20d去除1片＞30d去除2片、30d去除1片＞CK，打顶时去除2片、打顶时去除1片、10d去除2片、10d去除1片、20d去除2片和20d去除1片显著差异于30d去除2片、30d去除1片和CK。

4. 含梗率

不同去除顶叶时间和数量试验处理间的X2F等级烤烟的含梗率大小顺序为：打顶时去除1片＜20d去除1片＜10d去除1片、打顶时去除2片＜20d去除2片＜10d去除2片、CK；在C3F和B2F等级中相同二次打顶时间下，去除一片顶叶的烤烟含梗率均高于去除二片顶叶的，且随二次打顶时间的推迟各处理间烤烟的含梗率呈现出逐渐升高的趋势，其大小顺序为：打顶时去除2片＜打顶时去除1片＜10d去除2片＜10d去除1片＜20d去除2片＜20d去除1片＜30d去除2片＜30d去除1片＜CK。三等级中各处理间的烤烟含梗率大小均无显著性差异。

5. 叶片厚度和叶密度

不同去除顶叶时间和数量试验处理间的X2F等级烤烟的叶片厚度和叶密度大小顺序为：CK＞20d去除1片＞10d去除1片＞10d去除2片＞打顶时去除2片＞打顶时去除1片＞20d去除2片，在C3F和B2F等级中相同二次打顶时间下，去除顶叶二片的烤烟叶片厚度和叶密度均高于去除顶叶一片的，且随二次打顶时间的推迟各处理间烤烟的叶片厚度和叶密度呈现出逐渐下降的趋势，其大小顺序为：打顶时去除2片＞打顶时去除1片＞10d去除2片＞10d去除1片＞20d去除2片＞20d去除1片＞30d去除2片＞30d去除1片＞CK。在X2F和C3F等级中各处理间的烤烟叶片厚度和叶密度大小均无显著性差异；B2F等级中30d去除2片、30d去除1片和CK三处理间的烤烟叶片厚度和叶密度大小无显著性差异，却显著差异于其他各处理，而其他各处理内部间无显著性差异。

## （三）去除顶叶时间和数量对烟叶内在化学成分的影响

1. 总氮

由图5–1、5–2、5–3可知，B2F和C3F等级中，烤烟的总氮含量在二次去除顶叶片数相同的情况下随着二次去除顶叶时间的推迟，呈现先升后下降的趋势，以第10d后去除顶叶处理的烤烟的总氮含量最高，第30d后去除顶叶处理的最低；在同一时间去除顶叶的情况下，去除顶叶1片处理的烤烟总氮含量均高于去除顶叶2片的，以第10d后去除顶叶一片处理的烤烟的总氮含量最高，第30d后去除顶叶2片的最低。在B2F等级中烤烟的总氮含量顺序为：10d去除1片＞10d去除2片＞20d去除1片＞打顶时去除1片＞20d去除2片＞CK＞打顶时去除2片＞30d去除1片＞30d去除2片；10d后去除1片试验处理的烤烟总氮含量显著差异于其他各试验处理，有的差异甚至达到了极显著差异。在C3F等级中烤烟的总氮含量顺序为：10d去除1片＞打顶时去除1片＞10d去除2片＞打顶时去除2片＞20d去除1片＞CK＞20d去除2片＞30d去除1片＞30d去除2片；10d后去除1片试验处理的烤烟总氮含量与打顶时去除1片、10d去除2片、打顶时去除2片和20d去除1片处理无显著差异，显著差异于CK、20d去除2片、30d去除1片和30d去除2片处理，有的达到了极显著差异性。在X2F等级中，试验各处理的烤烟的总氮含量规律性不明显，且各处理间无显著性差异。

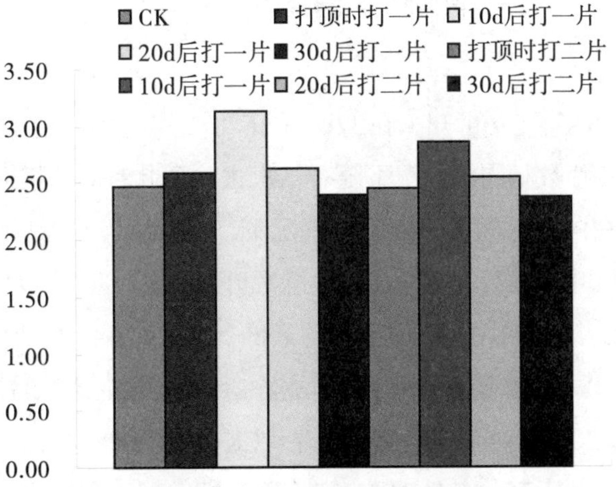


**图5–1　上部叶总氮含量（%）**

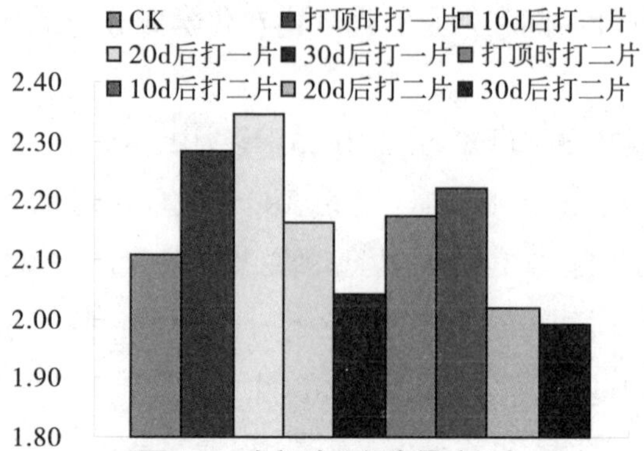


图5-2 中部叶总氮含量（%）

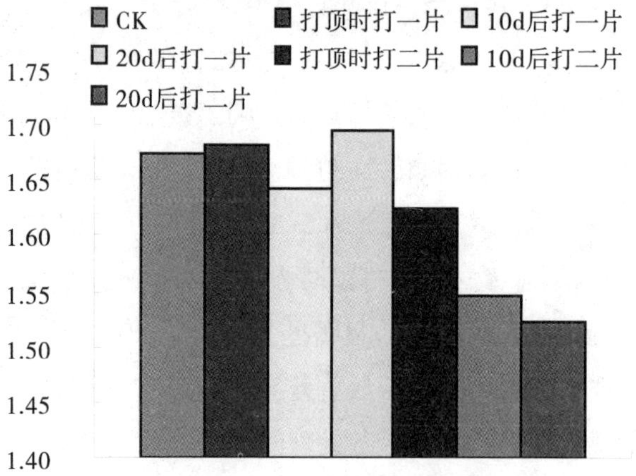


图5-3 下部叶总氮含量（%）

2. 烟碱

由图5-4、5-5、5-6可知，在B2F、C3F和X2F三等级中，烤烟的烟碱含量在二次去除顶叶片数相同的情况下随着二次去除顶叶时间的推迟，呈现先升后下降的趋势；在同一时间去除顶叶的情况下，去除顶叶1片处理的烤烟总氮含量均低于去除顶叶2片的，以第10d后去除顶叶2片处理的烤烟的烟碱含量最高，CK最低，其次为第30d后去除顶叶1片的最低。在B2F等级烤烟中烟碱含量顺序为：10d去除2片＞10d去除1片＞打顶时去除2片＞打顶时去除1片、20d去除2片＞30d去除2片＞20d去除1片＞30d去除1片＞CK；CK 和30d去除1片试验处理的烤烟烟碱含量显著低于其他各处理；C3F等级烤烟中烟碱含量顺序为：10d去除2片＞10d去除1片＞打顶时去除2片＞20d去除2片＞20d去除1片＞打顶时去除1片

>30d去除2片>30d去除1片>CK；10d去除2片、10d去除1片、打顶时去除2片、20d去除2片和20d去除1片处理间的烤烟烟碱含量差异不大，未达到显著性，却显著差异于打顶时去除1片、30d去除2片、30d去除1片和CK处理的，有的甚至达到极显著性差异。X2F等级烤烟中烟碱含量顺序为：10d去除2片>10d去除1片>打顶时去除2片>打顶时去除1片>20d去除2片>20d去除1片>CK；10d去除2片和10d去除1片处理显著差异与其他各处理，有的甚至达到了极显著性差异。

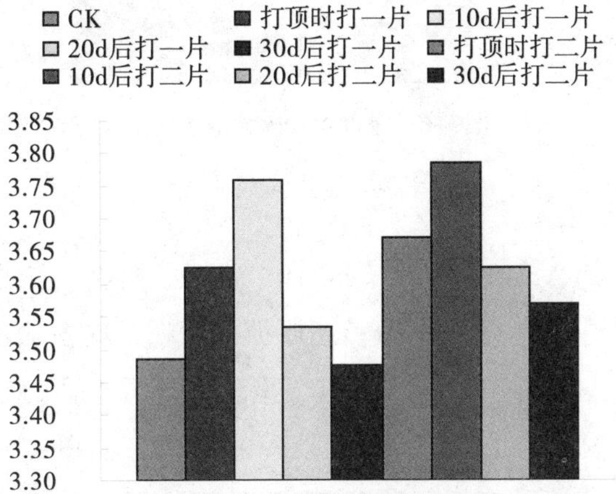

图5-4　上部叶烟碱含量（%）

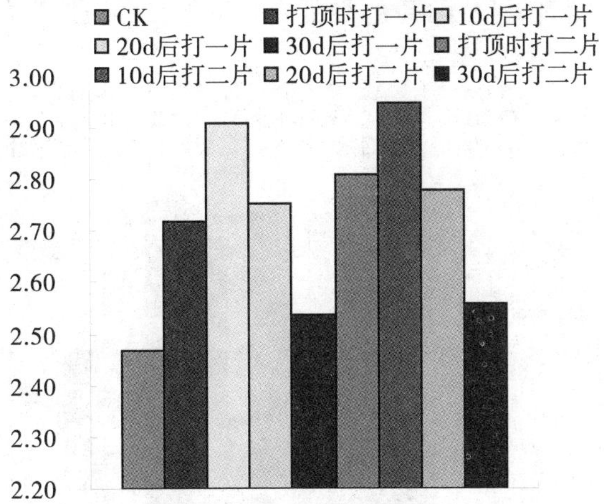

图5-5　中部叶烟碱含量（%）

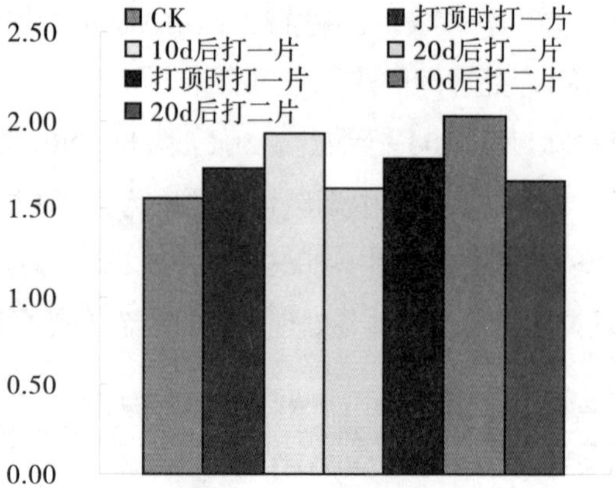


图5-6　下部叶烟碱含量（%）

3. 糖分

由图5-7、5-8、5-9、5-10、5-11、5-12、5-13、5-14、5-15可知，在B2F和C3F等级中，烤烟的总糖和还原糖含量在二次去除顶叶片数相同的情况下随着二次去除顶叶时间的推迟，呈现先升后下降的趋势，在同一时间去除顶叶的情况下，去除顶叶1片处理的烤烟总糖和还原糖含量均低于去除顶叶2片的，以第10d后去除顶叶2片处理的烤烟总糖和还原糖含量最高，CK或第30d后去除顶叶1片的最低；X2F等级中，烤烟的总糖和还原糖

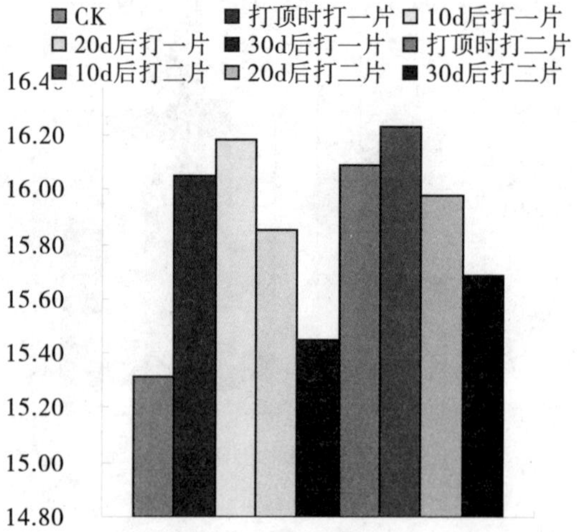


图5-7　上部叶总糖含量（%）

含量规律性不明显；烤烟三部位中，各处理的两糖差值的规律性不明显。除上部烟叶中，对照CK和30d后去除1片处理的烤烟总糖含量显著低于其他各处理外，其他各部位各处理间的总糖、还原糖含量和两糖差值无显著性差异。

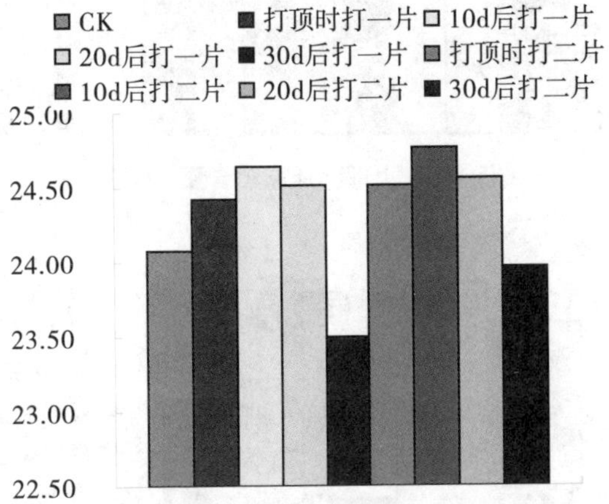


图5-8　中部叶总糖含量（%）

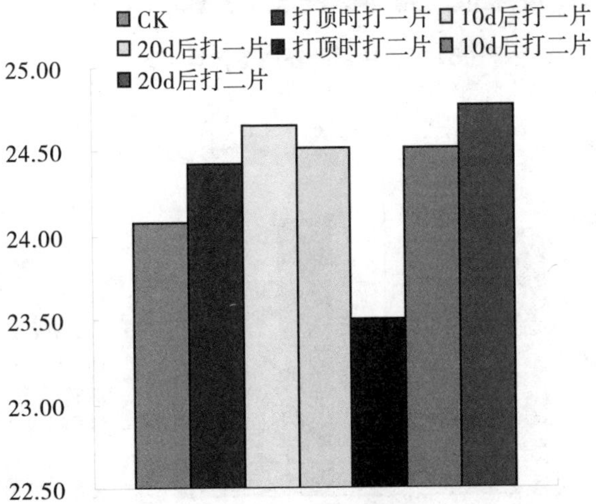


图5-9　下部叶总糖含量（%）

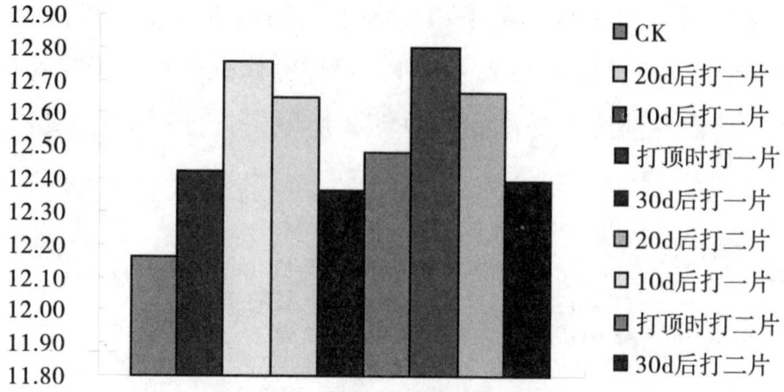


图5-10　上部叶还原糖含量（%）

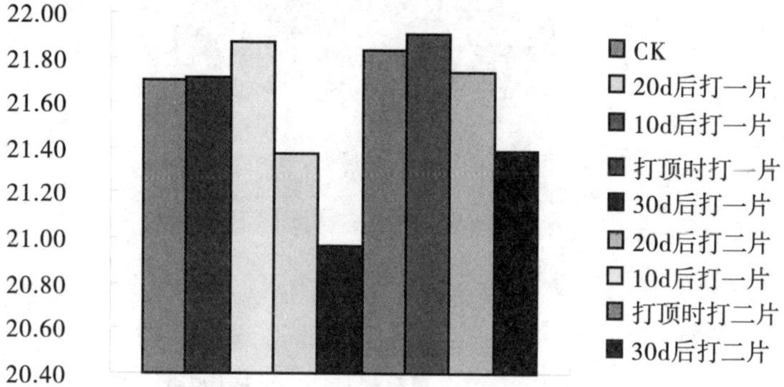


图5-11　中部叶还原糖含量（%）

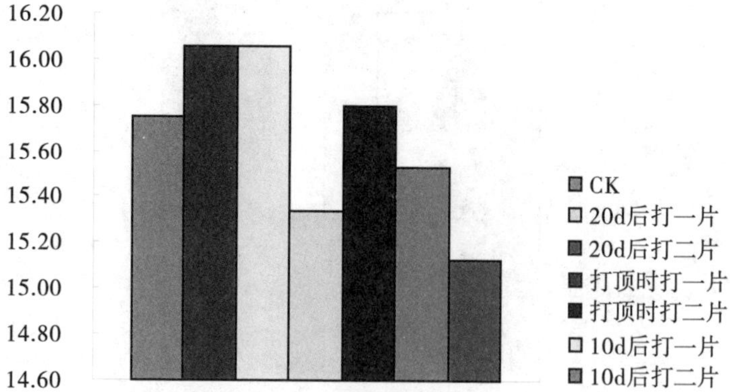


图5-12　下部叶还原糖含量（%）

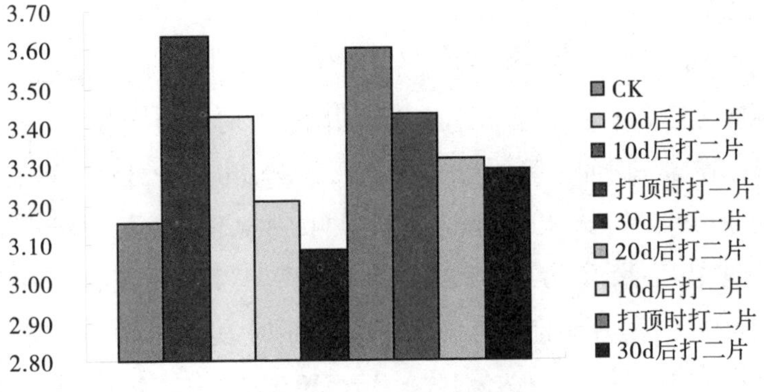


图5-13　上部叶两糖差

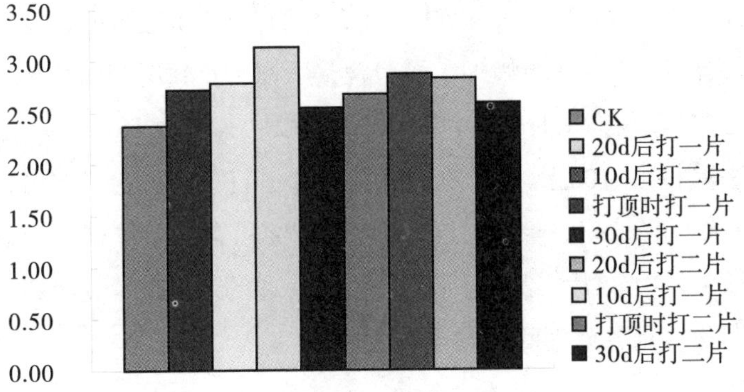


图5-14　中部叶两糖差

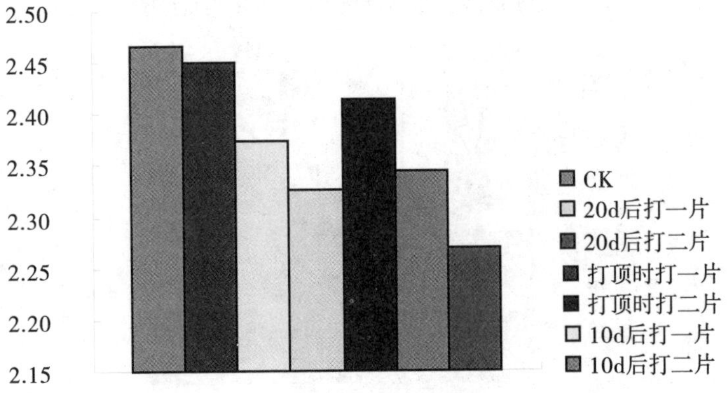


图5-15　下部叶两糖差

4. 淀粉

由图5-16、5-17、5-18可知，在上部和中部烟叶，烤烟的淀粉含量在二次去除顶叶片数相同的情况下随着二次去除顶叶时间的推迟，呈现先升后下降的趋势；在同一时间去除顶叶的情况下，去除顶叶1片处理的烤烟总氮含量均低于去除顶叶2片的，以第10d后去除顶叶2片处理的烤烟的烟碱含量最高，CK或者第30d后去除顶叶1片的最低。在B2F等级烤烟中淀粉含量顺序为：10d去除2片>10d去除1片>打顶时去除2片>打顶时去除1片>20d去除2片>20d去除1片>30d去除2片>30d去除1片>CK；10d去除2片、10d去除1片、打顶时去除2片、打顶时去除1片、20d去除2片和20d去除1片处理间淀粉含量差异无显著性，却显著差异于30d去除2片、30d去除1片和CK处理的，有的甚至达到了极显著性差异。C3F等级烤烟中淀粉含量顺序为：10d去除2片>10d去除1片>打顶时去除2片>打顶时去除1片>20d去除2片>20d去除1片>CK>30d去除2片>30d去除1片；10d去除2片、10d去除1片、打顶时去除1片、打顶时去除2片、20d去除2片和20d去除1片处理间的烤烟淀粉含量差异未达到显著性，却显著差异于30d去除2片、30d去除1片和CK处理的。X2F等级烤烟中淀粉含量规律性不明显，且各处理间的差异不显著。

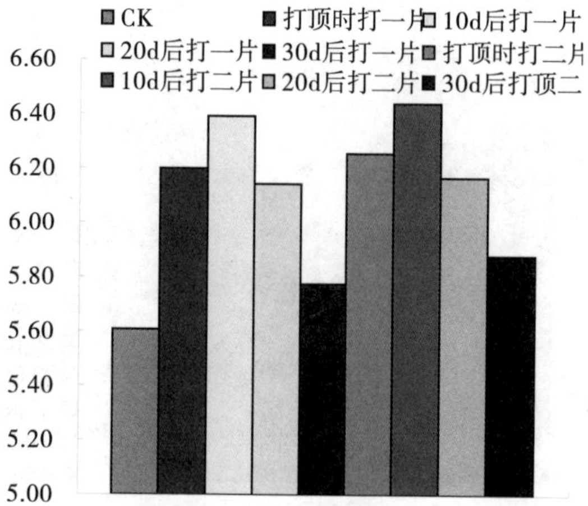


图5-16 上部叶淀粉含量（%）

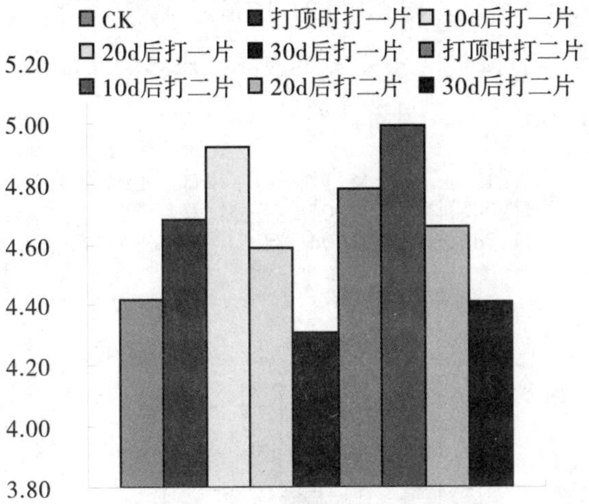


图5-17　中部叶淀粉含量（%）

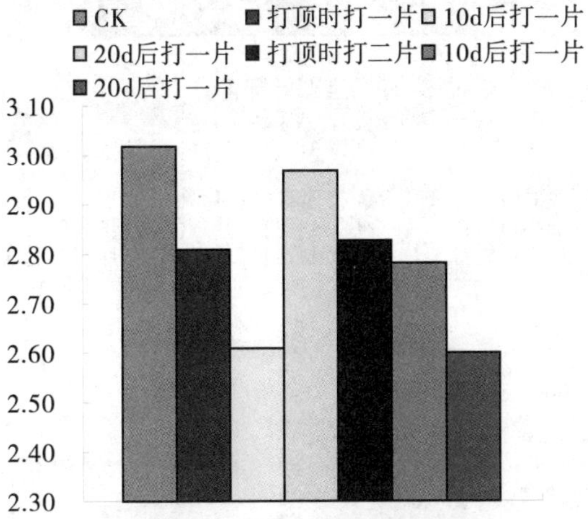


图5-18　下部叶淀粉含量（%）

5. 钾、氯及钾氯

由图5-19、5-20、5-21、5-22、5-23、5-24、5-25、5-26、5-27可知，在B2F、C3F和X2F等级中，烤烟的钾和氯含量在二次去除顶叶片数相同的情况下随着二次去除顶叶时间的推迟，呈现出逐渐下降的趋势；在同一时间去除顶叶的情况下，去除顶叶1片处理的烤烟钾和氯含量均高于去除顶叶2片的，以对照CK的钾和氯含量最高，其次为打顶时二次去除顶叶1片处理的烤烟钾和氯含量最高，第30d后二次去除顶叶2片的最低。X2F等级中，烤烟的钾和氯含量规律性不明显，各处理间差异无显著性。在烤烟三部位中，各处理间的钾氯比值规律性不明显，且无显著性差异。

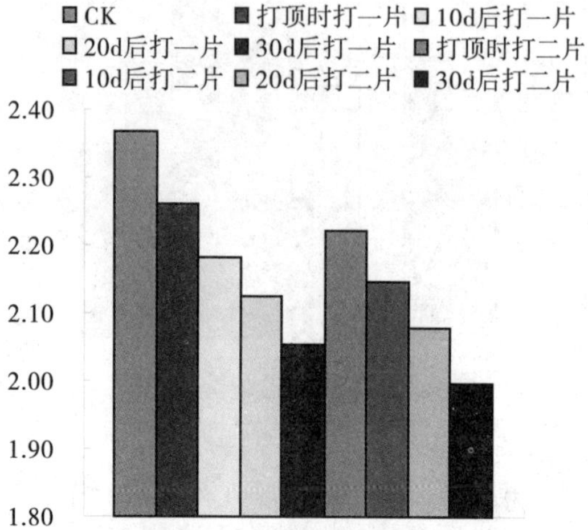


图5-19　上部叶钾含量（%）

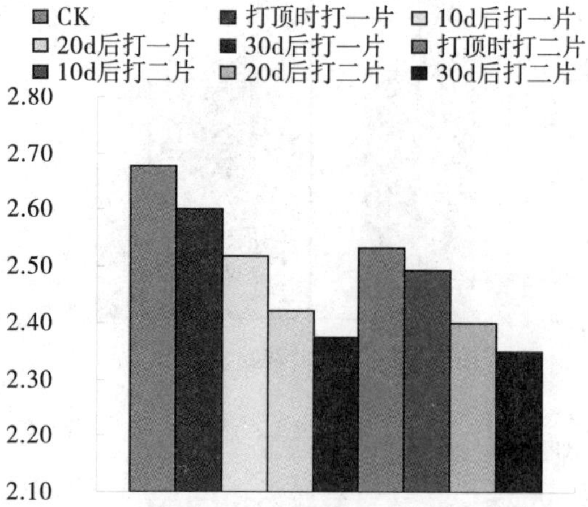


图5-20　中部叶钾含量（%）

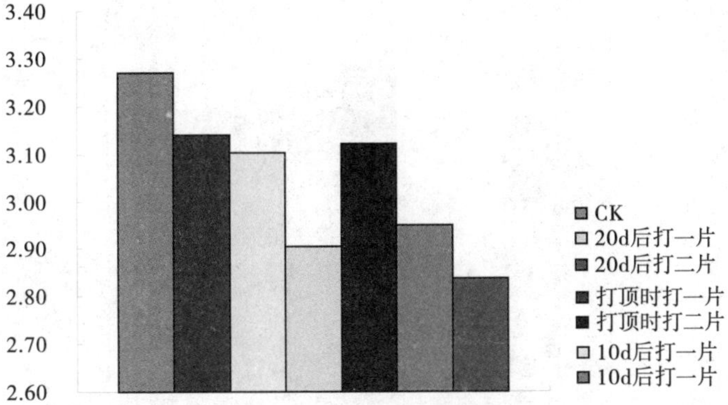


图5-21　下部叶钾含量（%）

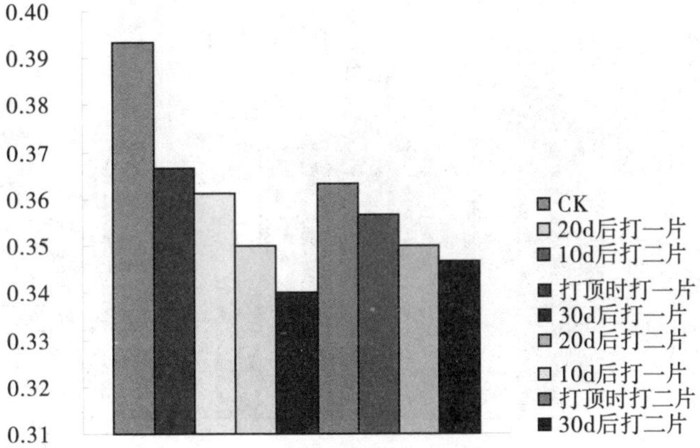


图5-22　上部叶氯含量（%）

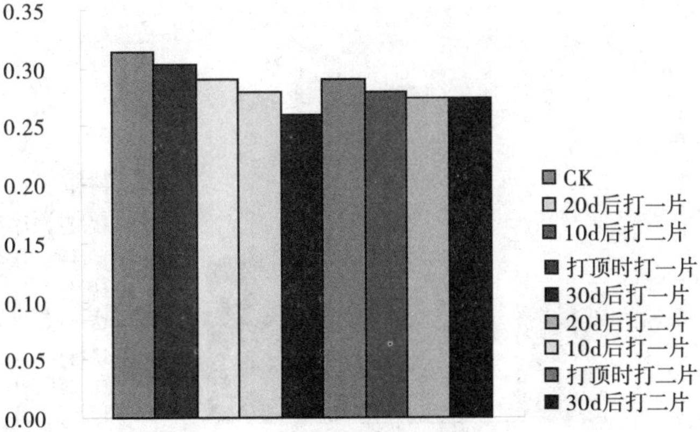


图5-23　中部叶氯含量（%）

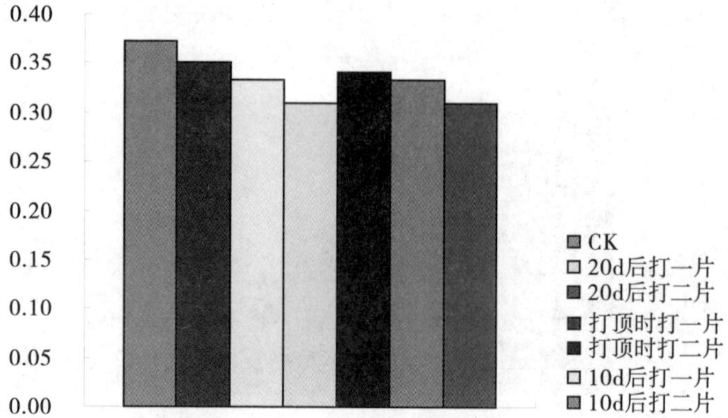


图5-24　下部叶氯含量（%）

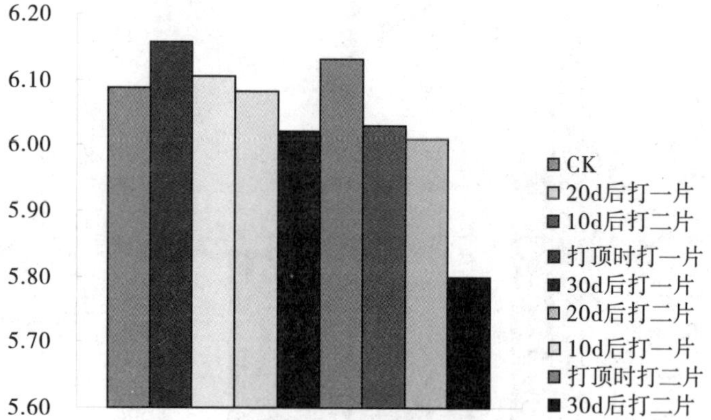


图5-25　上部叶钾氯比值

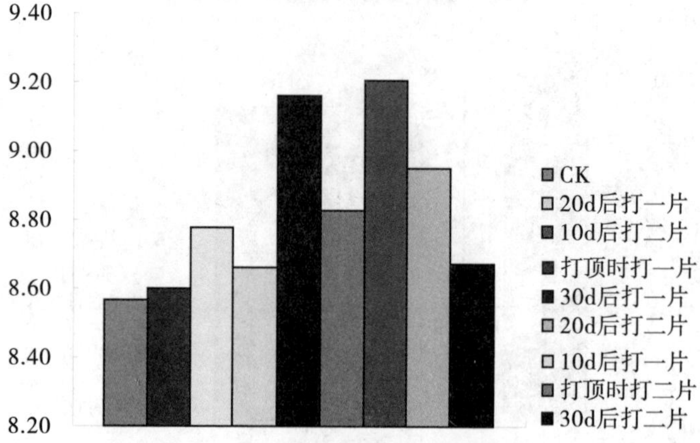


图5-26　中部叶钾氯比值

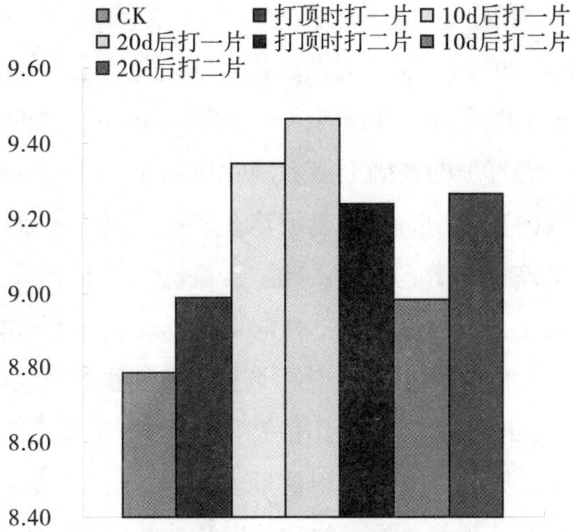


图5-27　下部叶钾氯比值

## 三、讨论与结论

顶端优势是高等植物广泛存在的一种自然现象，打顶可以减少非有效经济器官对有机物的消耗。烟草打顶是指人为地摘除烟草顶端的花序以及顶部的几片幼叶，来控制和去除烟草顶端的生长优势。其目的是去除进行生殖生长的花序和避免顶部不能形成有效产量的幼叶进一步对烟株体内营养养分的消耗，及时地将烟株的生长中心调整到刺激保留下来的烟叶生长发育，以期获得理想的烟叶产量和香味适宜优质的烟叶。烟草打顶已成为烟草田间栽培中保证烟叶产质量提高的一项重要技术措施。二次打顶是经过第一次打顶之后，采取摘除烟株顶部一片或二片烟叶，以达到调节烟叶性状及改善烟叶内在化学成分和品质的农艺措施。综合比较分析二次去除顶叶时间和数量对烤烟外观质量、物理特性和内在化学成分的影响，可以看出，二次去除顶叶的时间及数量在调整烟株体内养分分配，改变烟叶的大小、单叶重、身份的同时，还会对烟叶中的烟碱、糖等主要化学成分的代谢、合成、积累及含量产生一定的影响。比较分析试验各处理可知，以处理D第10d后去除顶叶二片的烤烟外观质量综合得分最高，烤后烟叶的叶长、叶宽等物理特性最好，烟碱、糖等主要化学成分最适宜；其次为处理C第10d后去除顶叶一片；最不理想的是处理G第30d后去除顶叶一片和处理H第30d后去除顶叶二片；其次为对照CK。烤烟打顶是一项时间性、针对性、技术性很强的重要技术措施，通过打顶可调控植株内同化物质的运输方向，光合产物的分配，烟叶干物质的积累。二次打顶是在第一次打顶的基础上摘除烟叶顶部叶片，对调节烟株的长势和烟叶性状，改善其内在化学品质有着极其重要的作用。因而适宜的二次打顶时间和打顶叶数是该技术措施中的关键。打顶是除去上部部分叶在内的茎顶端和花，二次打顶是去除打顶后留下来的顶部叶片。二者都能影响烟株内激素的产生和分布（主要是生长素），从而调控烟叶细胞的增生和增大，进而增加留叶的单叶面积；增加净光合作用速率和叶片寿命（即延缓衰老），从而增加留叶的碳水化合物积累、单位面积重量以及干物质含量；刺激根系的生长发育，从而促进其水分和养分的吸收、根尖活性和生物碱的合成；增加烟叶中与香味有关的挥发性物质的含量，等等。这些作用结果是生产的烟叶大、叶重、身份厚，填充性差，糖分和烟碱的含量高（烟碱的增加比糖多），香味和色度加浓。在打顶或二次打顶中，低龄烟叶对打顶或二次打顶的反应比成熟叶要强，越迟打顶，这种反应就越弱。因而二次打顶时间越迟，对烟株叶片生长发育的影响越晚，烟株叶片数影响越少，进而受影响的程度也就越小。同样，二次打顶叶数越多，也就是说打顶留叶数越少，对留叶的影响越大。这也是二次打顶二片比二次打顶一片烟叶的效果要好些的重要原因。

## 第四节　田间不同采收成熟度对上部烟叶产量、质量的影响

烟叶成熟度包括田间成熟度和分级成熟度，其田间成熟度是指烟叶在田间生长发育过程中表示出来的成熟程度。成熟度是烟叶质量的核心因素，对烟叶质量的形成有着重要的影响。上部烟叶占整株烟叶的三分之一，其产量占总产量的30% ～40%。目前我国上部烟叶由于叶片结构紧密，淀粉、糖等内含量偏高，内在化学成分不协调，杂气重，烟气品质差，多数不能用于一、

二类卷烟配方中。究其根本原因是上部烟叶成熟度不够。随着卷烟大品牌和重点骨干品牌的不断发展和壮大，优质烟叶数量已远远不能满足卷烟企业的需求，已成为当前烟叶生产上面临的突出问题。本试验以上部烟叶田间不同采收成熟度为对象，研究上部烟叶成熟度提高后，其烟叶内在化学成分和质量的变化趋势以及使用价值趋向，为提高上部烟叶的工业可用性和上部烟叶在减害降焦中的作用提供理论依据。

## 一、材料与方法

### （一）供试材料

试验设在宁乡县上部烟叶核心示范区内，供试烟草品种为当地主栽品种云烟97。试验田块要求土壤质地疏松，土层较厚，肥力中等均匀，地势平坦，排灌方便，前茬作物适宜、一致。保证每个试验处理的面积为当地所用烤房容量对应面积。栽培管理措施按宁乡优质烟叶生产技术方案执行。

### （二）试验设计

1．试验处理

试验设置4个处理，具体见表5–28。

表5–28　上部烟叶不同田间成熟度特征试验设计表（以顶1片叶为主）

| 试验处理 | 移栽后时间（天） | 叶片特征（顶1～顶3） |
| --- | --- | --- |
| M1 | 105 ± 2 | 叶片微显黄色；茎叶角度小于直角，叶片稍弯曲。 |
| M2 | 115 ± 2 | 叶片淡黄或黄绿各半，主脉变白1/2以上；茎叶角度小于直角，叶片稍弯曲微呈弓形。 |
| M3 | 123 ± 2 | 叶片以黄为主，黄多绿少，主脉变白2/3 以上，子脉变白1/2左右；茎叶角度近直角，叶片弯曲呈弓形，叶面皱缩，有较多黄色成熟斑。 |
| M4 | 130 ± 2 | 叶片全黄；叶脉全白；茎叶角度大于直角，叶片弯曲明显呈弓形，叶面皱缩明显，部分叶尖叶缘有明显的枯焦现象。 |

2．试验要求

每个处理选择留叶数18片、生长水平一致的烟株240株。对顶部6片叶分叶位进行标识；叶片田间成熟度特征以顶部第1片烟叶成熟特征为主。当顶部第1烟叶达到试验处理成熟特征后一次采收上部6片烟叶进行烘烤；编烟时，按照叶位进行编杆，每杆编烟120片，同时对烟杆进行标识；烘烤要求参照一次采收试验示范的烘烤技术要求。

**（三）试验样品**

对试验烟样分级后，剔除不列级的烟叶，对每个叶位的烟样进行叶位标识、等级标识和捆绑，从已分级烟样B2F、C3F、X2F三个等级中随机各选取2kg烟样作为试验样品。进行分析检测。

**（四）测定内容与方法**

1. 烤后烟叶经济性状

统计各处理所有烟叶等级状况、产量、均价、产值和上等、中等和下等烟比例。烘烤结束后，对标识的每杆烟叶进行称重，记录每杆烟叶的干重；按叶位归类，并按国家四十二级分级标准进行分级称重，以每亩1100株烟叶进行亩产量和亩产值测算；不列级的烟叶单独统计。

2. 外观质量评价

对各处理烤后各叶位样品烟叶的成熟度、叶片结构、身份、颜色、油分和色度等外观质量进行评价。方法参考邓小华《湖南烤烟物理性状比较及聚类评价》中国烟草科学，2009。

3. 物理性状

物理性状指标包括叶长、叶宽、开片度、单叶重、含梗率、厚度、叶质重、叶密度、平衡含水率（由于烟叶平衡含水率主要受环境条件、烟叶部位、颜色和成熟度等影响。在相同的环境条件下，各部位烟叶中含水率并无显著差异，且变化幅度不大，因而本试验中没测定烟叶平衡含水率）。参照YC/T 31–1996进行烟叶样品前处理。

叶长（cm）、叶宽（cm）、开片度（%）：随机选取10片烟叶，逐片测量叶片长度，不足1cm按1cm计算，叶片长度的平均数为该样品的长度；逐片测量叶片宽度，不足0.5cm按0.5cm计算，叶片宽度的平均数为该样品的宽度。开片度是指叶宽与叶长的百分比。

叶片厚度（μm）：随机抽取10片含水率为16.5% ± 0.5%的烟叶，用电动厚度仪分别测量每片烟叶叶尖、叶中及叶基的厚度，以30个点的厚度平均值作为该样品的厚度。

单叶重（g）、叶质重（$g\cdot cm^{-2}$）、叶密度（$mg\cdot cm^{-3}$）：单叶重是指一片叶的重量。随机抽取20片含水率为15%左右的烟叶，称量每片烟叶重量，平均值为单叶重。每片烟叶任取一个半叶，沿着半叶的叶尖、叶中及叶基部等距离取5个点，用圆形打孔器打5片直径（D）为约15mm的圆形小片，将50片圆形小片放入水分盒中，在100℃条件下烘2h，冷却30min后称重，根据公式：叶质重（$g\cdot cm^{-2}$）=（烘后重量—水分盒重量）/［50π（D/2）$^2$］，计算叶质重。根据公式：叶密度（$g\cdot cm^{-3}$）=（烘后重量—水分盒重量）/［50πh（D/2）$^2$］，计算叶密度。

含梗率（%）：随机抽取20片烟叶，平衡含水率到16.5%±0.5%的烟叶，分离叶肉与主脉，分别称烟片和烟梗的重量，按公式计算含梗率：含梗率=［烟梗重量/（叶肉重量+烟叶重量）］×100%。

4．化学成分测定

测定各处理样品烟叶的常规化学指标烟碱、总氮、总糖、还原糖、淀粉、钾、氯。方法参考：YC/T159-2002（总糖、还原糖）、YC/T160-2002[166]（烟碱）、YC/T161-2002（总氮）、YC/T217—2007[169]（钾）、C/T162-2002[169]（氯）、YC/T216-2007（淀粉）。

## 二、结果与分析

### （一）烤后烟叶经济性状

表5-29　不同成熟度烤后烟叶经济性状比较分析

| 采收成熟度 | 产量（kg/公顷） | 均价（元/kg） | 产值（元/公顷） | 上等烟比例（%） |
|---|---|---|---|---|
| M1 | 1145.6 | 13.17 | 15087.5 | 40.67 |
| M2 | 1091.7 | 14.14 | 15436.6 | 42.82 |
| M3 | 1053.8 | 13.81 | 14553.0 | 42.29 |
| M4 | 958.0 | 13.78 | 13201.2 | 42.18 |

由表5-29可知，随着采收成熟度的提高，上部烟叶的产量逐渐降低，而均价、产值和上等烟比例则呈现出先升高后下降的变化规律。在四个上部烟

叶不同成熟度试验处理中，上等烟比例大小顺序为M2>M3>M4>M1，上部烟叶产值大小顺序为M2>M1>M3>M4。

## （二）不同成熟度上部烟叶烤后外观质量分析

参照表5-21的评价标准，湖南农业大学中南农业试验站的专家们对不同变黄期时间烤后上部烟叶质量进行了密码鉴评。得分如下：

表5-30 烤后烟叶的外观质量分析（中南农业实验站）

| 叶位 | 采收成熟度 | 成熟度 | 发育状况 | 叶片结构 | 身份 | 油分 | 色度 | 色均匀度 | 光滑或微青 | 综合评分 |
|---|---|---|---|---|---|---|---|---|---|---|
| 顶1～3 | M1 | 6.3 | 7.0 | 6.5 | 7.1 | 6.4 | 7.5 | 7.4 | 7.9 | 68.9 |
| | M2 | 8.1 | 8.3 | 7.8 | 7.9 | 7.9 | 8.3 | 8.5 | 8.7 | 81.5 |
| | M3 | 7.9 | 8.0 | 7.9 | 7.8 | 7.7 | 8.1 | 8.3 | 8.5 | 79.9 |
| | M4 | 7.6 | 7.7 | 8.2 | 7.9 | 7.4 | 7.9 | 8.0 | 8.5 | 78.6 |
| 顶4～6 | M1 | 7.8 | 8.2 | 7.9 | 7.6 | 8.0 | 8.4 | 8.7 | 8.7 | 81.0 |
| | M2 | 8.7 | 8.9 | 8.8 | 8.8 | 8.8 | 8.7 | 8.9 | 9.1 | 88.2 |
| | M3 | 8.5 | 8.7 | 8.6 | 8.5 | 8.5 | 8.5 | 8.8 | 8.9 | 86.1 |
| | M4 | 7.0 | 8.2 | 8.3 | 8.3 | 8.2 | 8.3 | 8.5 | 8.8 | 80.8 |

由表5-30可知，试验上部叶烤后外观质量评分居于68～89分之间，且在不同叶位和不同采收成熟度之间均存在明显差异。总体上讲，顶部第4～6片叶的外观质量均要好于顶部第1～3片叶。随着田间采收成熟度的提高，上部叶烤后外观质量逐渐改善，以M2成熟度的表现最好。在顶1～3片中不同成熟度外观质量得分高低顺序依次为：M2>M3>M4>M1；而在顶4～6片中不同成熟度外观质量得分高低顺序依次为：M2>M3>M1>M4。

## （三）不同成熟度上部烟叶烤后物理特性分析

1. 烤后叶叶长、宽及开片度

发育好的烟叶，长宽比大多在1：0.4～0.5之间。美国的分级标准中，将宽度作为一项分级因素。但是在我国烤烟分级中，宽度未作要求，是我国现行分级标准的一项缺陷。部位或等级相同，而发育程度不同的烟叶，往往会出现烟叶长度相近，而宽度差异较大的现象。因此，采用叶宽与叶长的百分比（开片度）作为评价烟叶外观质量的指标，能更为准确地衡量烟叶的发育状况和工业可用性。

由表5-31可知，参试烟叶样品平均值的叶长在51.8cm ～65.9cm、叶宽在18.4cm ～23.4cm、开片度在34.7% ～36.7%，不同田间采收成熟度之间上部6片叶的生长状况良好。整体上看，顶4～6叶的叶长均要大于顶1～3叶，且两者之间差异性非常明显。随着采收成熟度的提高，顶1～3和顶4～6叶的叶长、叶宽和开片度均呈现先升后降的趋势。其在顶1～3和顶4～6叶中以M2的采收成熟度的叶长和叶宽最大，而开片度以M3最大，不同采收成熟度的叶长和叶宽顺序依次为M2＞M3＞M1＞M4。说明设当提高成熟度可提高上部烟叶的叶长、叶宽和开片度，但当成熟度达到一定程度时再提高成熟度反而降低上部烟叶的叶长、叶宽和开片度。

2. 叶重

由表5-31可知，试验样品顶4～6叶单叶重的平均值均大于顶1～3叶，且差异比较大。在顶1～3叶和顶4～6叶中，随着采收成熟度的提高，上部叶内含物不断消耗，上部烟叶的单叶重逐渐减低，但不同采收成熟度间差别不大。

3. 含梗率

含梗率是指主脉重量占单叶重的比率，一般为25% ～35%。从卷烟工业上讲，烟叶含梗率一旦偏高，将会影响出丝率及烟叶的有效利用率。上部叶在成熟过程中，由于主脉重量变化不大，因此其含梗率的变化主要与单叶重的变化有关。由表5-31可知，随着采收成熟度的提高，上部叶内含物不断消耗，单叶重下降，含梗率呈现先降后升，但试验样品含梗率的平均值始终保持在33%以下。不同叶位间，顶1～3叶的含梗率稍高于顶4～6叶，但差异不大。

4. 平衡含水率

平衡含水率是指在一定温度和湿度条件下，烟叶经长时间吸湿和解湿后，其水分吸附量达到平衡状态时的含水率。平衡含水率与烟叶的机械性能、燃烧速率和吃味密切相关，是反映烟叶物理特性的一个重要指标。一般平衡含水率适当的烟叶，孔隙容积大，烟叶组织结构疏松，填充力和燃烧性好。由

表5-31可见，试验上部叶样品平衡含水率位于14.3% ～16.9%之间，处于适当水平。随着采收成熟度的提高，平衡含水率呈先升后降的趋势，但不同田间采收成熟度间平衡含水率差异不大，而顶1～3叶与顶4～6叶间平衡含水率差异比较的大。

5. 叶片厚度、叶质重和密度

厚度是指叶片的厚薄程度，叶质重是指平衡水分后单位面积烟叶的重量，密度是指平衡水分后单位体积烟叶的重量，是反映烟叶厚度和组织疏松度的重要综合指标。它们与烟叶的部位、成熟度和填充值密切相关。一般烟叶部位越高，厚度和密度值越大，其燃烧性和填充力也越差。烟叶成熟度好，组织结构越疏松，厚度和密度值越小，燃烧性和填充力也越好。

由表5-31可知，试验样品的叶片厚度、叶质重及叶密度均随采收成熟度的提高而减小，随叶位的升高而增大。不同叶位间的上部叶叶片厚度、叶质重及叶密度差异明显。采收成熟度对顶4～6叶的叶厚度、叶质重及叶密度的影响较顶1～3叶更为明显。

**表5-31　田间不同采收成熟度上部烟叶物理特性比较**

| 采收成熟度 | 叶位 | 叶长（cm） | 叶宽（cm） | 开片度（%） | 单叶重（g） | 含梗率（%） | 平衡水分（%） | 叶片厚度（μm） | 叶质重（$mg/cm^2$） | 叶密度（$mg/cm^3$） |
|---|---|---|---|---|---|---|---|---|---|---|
| M1 | 顶1～3 | 52.8 | 17.8 | 33.7 | 11.9 | 32.6 | 14.7 | 156.4 | 12.7 | 761.7 |
| | 顶4～6 | 60.9 | 21.5 | 35.3 | 15.0 | 31.7 | 16.4 | 140.7 | 11.6 | 678.4 |
| M2 | 顶1～3 | 55.9 | 19.4 | 34.7 | 11.4 | 28.8 | 15.1 | 152.3 | 12.2 | 685.9 |
| | 顶4～6 | 65.9 | 23.4 | 35.5 | 14.5 | 28.3 | 16.9 | 140.4 | 11.2 | 661.5 |
| M3 | 顶1～3 | 53.0 | 18.9 | 35.7 | 10.6 | 31.9 | 14.9 | 150.8 | 11.8 | 662.9 |
| | 顶4～6 | 62.5 | 22.7 | 36.3 | 13.6 | 30.5 | 16.5 | 136.9 | 10.6 | 659.2 |
| M4 | 顶1～3 | 52.5 | 18.4 | 35.0 | 9.8 | 32.4 | 14.3 | 147.6 | 11.1 | 634.4 |
| | 顶4～6 | 60.1 | 22.4 | 37.2 | 12.9 | 31.6 | 16.2 | 131.8 | 9.4 | 612.9 |

## （四）不同成熟度上部烟叶烤后常规化学成分分析

1．总氮和烟碱

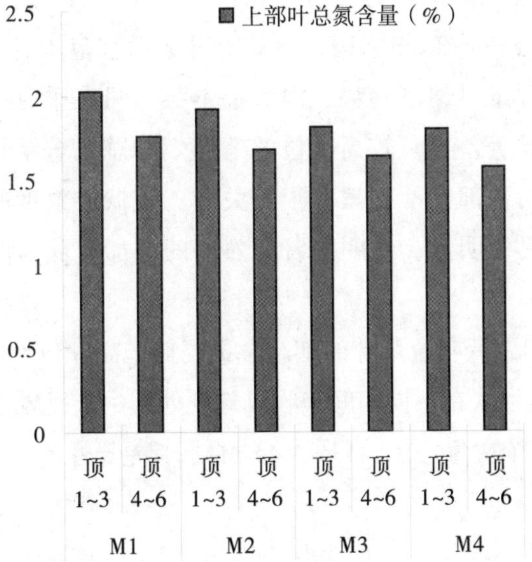


图5-28　不同采收成熟度烤后烟叶总氮含量

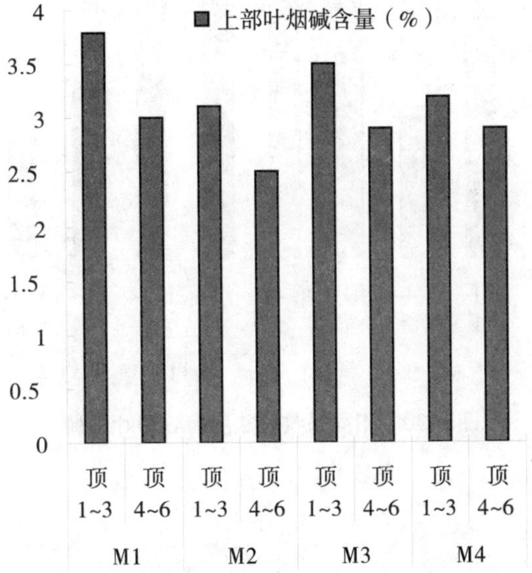


图5-29　不同采收成熟度烤后烟叶烟碱含量

总氮和烟碱是影响烟草品质最重要的化学成分，其烟碱含量与烤烟的香气呈正相关关系。烤烟总氮和烟碱含量一般要求在1.5%～3.5%之间。由图5-28、5-29可知，上部叶总氮含量在1.57%～2.02%之间，处于适宜范围；而烟碱含量2.5%～3.8%之间，总体上处于适宜范围。随着成熟度的提高，上部叶总氮含量呈递减趋势，但降幅不大，只在采收成熟度变化较大的烟叶之间存在显著差异。较高叶位的上部烟叶总氮含量相对较高，这与烟株打顶后氮素向顶部叶片积累有很大关系。较低成熟度的烟叶在叶位间的总氮含量差异更为明显，说明随着成熟度的增加，氮素向上运输的速度已有所放缓。

在不同叶位间，低叶位烟叶的烟碱含量要低于高叶位的烟叶，且不同叶位间差异达到显著性。在不同田间采收成熟度处理中，以M2处理的烟碱含量适中，其高低顺序依次为：M1>M3>M4>M1，其差异性不显著。

2. 糖分

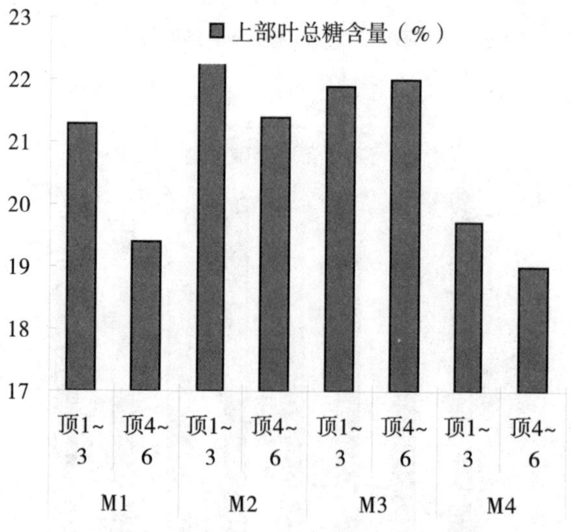


图5-30 不同采收成熟度烤后烟叶总糖

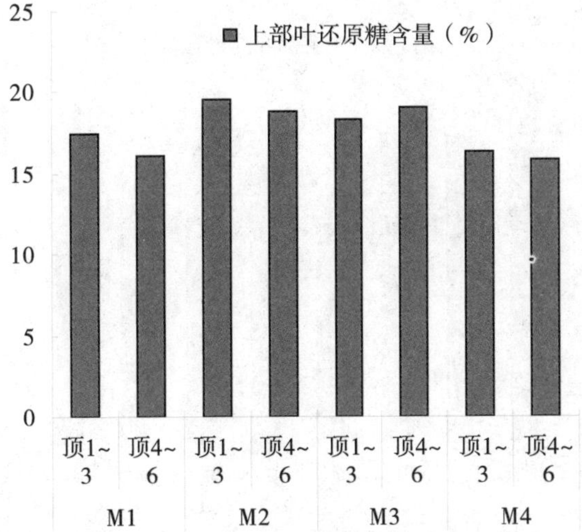


图5-31　不同采收成熟度烤后烟叶还原糖

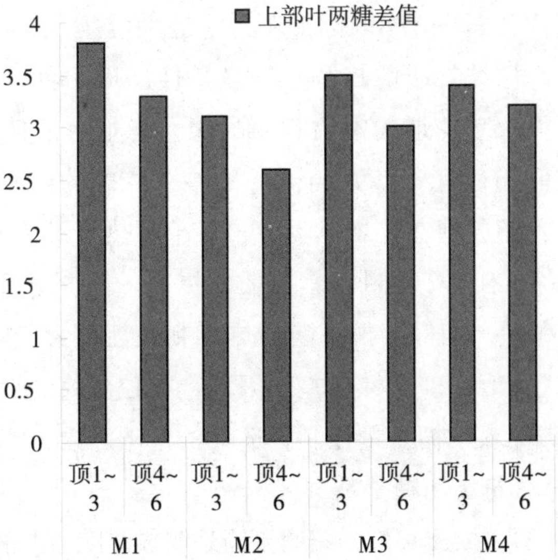


图5-32　不同采收成熟度烤后烟叶两糖差

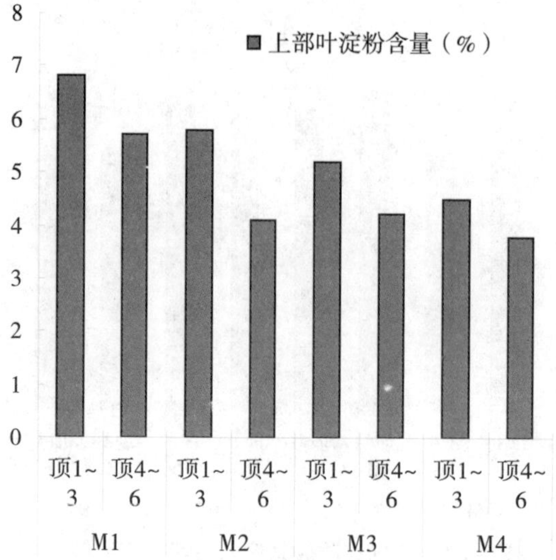


图5-33 不同采收成熟度烤后烟叶淀粉

烟叶含有的水溶性总糖和还原糖含量是决定烟气醇和度的主要因素。燃吸卷烟时，糖类物质的热解产物呈酸性反应，可以与烟气中的碱性物质起中和作用，减少烟气中的刺、呛味。烤烟水溶性总糖含量一般在15%～35%之间，适宜含量为20%～26%。烤烟的还原糖含量一般在15%～26%之间。还原糖在卷烟燃吸时，可单独热解形成多种香气物质。还原糖含量的提高还有利于烟叶吸食品质的提高。但含糖量过高，特别是非还原糖比例较高时，烟气变得平淡灼热、刺激性增大，烟气酸性过强，产生焦油的可能性增大，安全性变差。因此，在控制烤烟型卷烟焦油含量时，应注意将烤烟原料中糖含量控制在适宜的范围之内，特别是要注意降低其中的非还原糖含量（两糖差）。

由图5-30、5-31、5-32可知，田间不同采收成熟度的上部烟叶总糖含量在19.0%～22.5%之间，还原糖含量在15.8%～19.5%之间，均处于适宜范围。随着采收成熟度的提高，上部叶总糖、还原糖含量均呈现出先上升后下降的规律，以M2成熟度的糖含量最高，且不同成熟度差异达到显著性。不同叶位间，上部叶总糖、还原糖含量的差异也达到显著性。

试验样品总糖与还原糖之差在2.9～3.8之间，也处于适宜范围。从整体上看，不同叶位间的两糖差顶4～6叶均比顶1～3叶要低；在田间不同采收成熟度间以M2 采收成熟度的上部烟叶两糖差最低，其次为M3。各叶位间和各成熟间差异无显著性。

3．淀粉

烤烟的淀粉含量是衡量烟叶成熟度和烘烤质量的重要指标之一。烘烤调制过程中，大多数淀粉分解为葡萄糖和糊精等，经过烘烤后的干烟叶淀粉含量降低到3%～5%。

从图5-33分析，试验样品淀粉含量在3.8～6.8之间，处于比较适宜范围内。从叶位上看，低叶位烟叶的淀粉含量均低于高叶位的烟叶，且叶位间差异达到显著性。随着采收成熟度的提高，上部叶淀粉含量呈逐渐下降的变化规律，其大小顺序为：M4＜M3＜M2＜M1，各处理间差异达到了显著性。然而试验上部烟叶样品中有个别烟样的淀粉含量超标的现象。

4．钾和氯

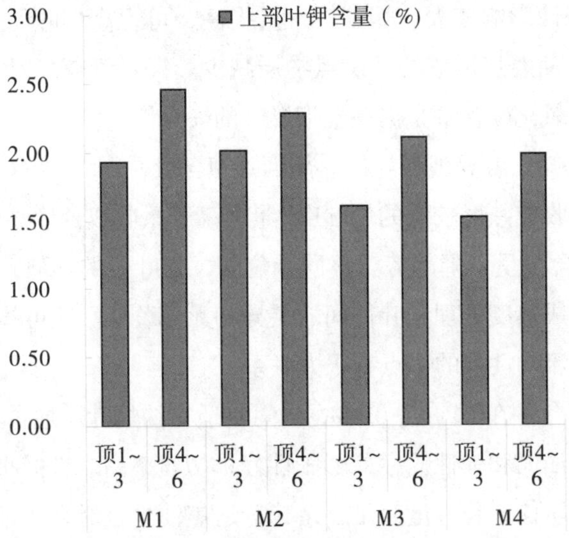


图5-34 不同采收成熟度烤后烟叶钾

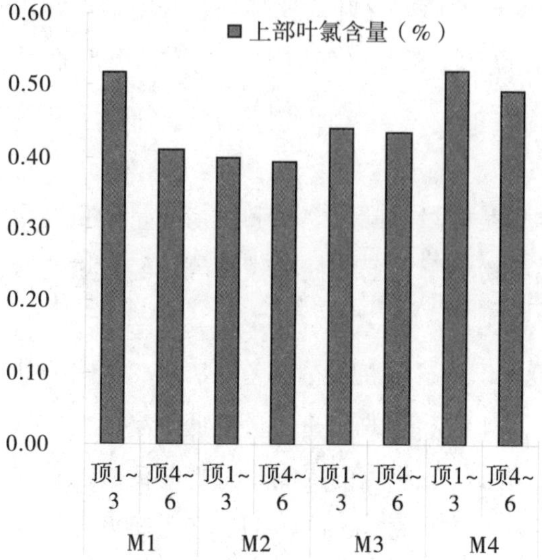


**图5-35　不同采收成熟度烤后烟叶氯**

钾是烟草吸收量最大的生长必需营养元素，烟叶含钾量可在1.0% ～7%。钾素对烟叶燃烧性影响较大，烟草钾含量提高，可提高烟叶的持火力，增强烟叶阴燃时间，使燃烧形成的低燃点物质减少。钾含量较高时，还可降低烟气中的焦油和一氧化碳含量，提高卷烟燃吸的安全性。

由图5-34可知，各处理各叶位上部烟叶钾含量在1.32～2.60之间，处于适宜水平，其中采收成熟度较低的烟叶K含量要高于采收成熟度高的烟叶，随成熟度的增加，K含量呈下降趋势。不同叶位间，随叶位的降低，烟叶K含量的逐渐升高，不同成熟度处理和叶位间的差异均无显著性。这可能与烟株中K元素的流动方向及流动性强的特点有很大联系。

烟叶中的氯含量在0.4% ～0.8%，含氯量适宜的烟叶质地柔软，吸湿性较好，具有良好的油润和弹性贮存，膨胀性好；切丝率高，破损小，填充力强；燃烧性好，香气质佳，香气量充足，余味舒适焦油少，对人体健康危害较小。从图5-35可知：各处理间上部烟叶氯含量稍微偏低，这可能与当地土壤含氯偏低有关。相同叶位不同处理上部烟叶氯含量大都随着成熟度的提高呈先下降再升高的趋势。叶位间氯含量的规律不明显，但不同成熟度处理和叶位间的差异均无显著性。

## 三、讨论与结论

通过对上部6片叶不同成熟度一次性集中采收的烤后烟叶的外观质量、物理性状、化学成分和经济性状进行综合分析评价，结果表明上部叶成熟期间适当延长采收时间对上部烟叶产质量有着不同程度的影响，主要表现为：上部烟叶成熟期延长采收时间，烤后烟叶外观质量均呈先升高再下降的趋势，烟叶成熟度提高，发育充分，组织结构更加疏松，关键物理指标、化学成分、经济性状均呈现一定的变化特点。延长采收时间，烟叶的外观质量、物理特性、化学成分更加协调，但是过度的延长反而破坏烟叶品质的协调性，其中以延长7天的M2处理烟叶各项指标协调性较好。

延长采收时间，上部烟叶产量和产值均稍有下降，而且推迟了湘南烟区烟稻轮作中水稻的插播时间，虽然上部烟叶的品质和上等烟叶的比例有所提升，但是这种操作模式直接影响到烟农的经济利益，如何协调延长上部烟叶采收时间导致的矛盾，在不影响烟农的利益下又能获得大量上等烟叶原料，还需烟叶商业公司和卷烟企业对现有上部烟叶的收购制度作适当调整。

# 第五节 变黄期温湿差对上部烟叶质量的影响

温湿度是烘烤环境的最重要因子，烟叶中的一切生理生化活动都是以水为媒介进行的，烤房内的温湿度对烟叶水分和温度的影响直接决定着叶组织细胞内生化变化的速度和方向，最终影响烟叶的烘烤质量。烟叶烘烤过程分为变黄、定色和干筋三个连续阶段，在其烘烤的变黄阶段中烟叶体内进行着激烈的生理生化反应，从外观上和内部化学组成上都发生着巨大的变化。此阶段是增进和改善烟叶品质的重要时期。而上部烟叶在烘烤过程时存在青筋烟或杂色烟多，单叶重偏高，含氮化合物和淀粉含量高、还原糖含量低，杂气重、刺激性大，上等烟比例少等问题，导致上部烟叶的工业可用性差，进而影响到烟农收益及卷烟产品质量。因此，进行了烘烤变黄期不同温湿度差对上部烟叶质量的影响研究，旨在为提高上部烟叶的烘烤质量和工业可用性提供理论依据。

## 一、材料与方法

### （一）供试材料

取宁乡县上部烟叶可用性技术核心示范区的成熟上部鲜烟叶作为供试材料。供试烟草品种为当地主栽品种云烟97。保证每个试验处理的面积为当地所用密集烤房容量对应面积。栽培管理措施按宁乡优质烟叶生产技术方案执行。

### （二）试验设计

1. 试验处理

试验设定烤房干球温度为38℃时，湿球温度为37.5℃，将上部烟叶装进烤房后，晾置12h后，以此干湿球温度为基础，根据变黄期温湿差大小，其中湿球温度不变。试验设四个处理：（1）1.0℃；（2）1.5℃；（3）2.0℃；（4）2.5℃。其他烘烤技术按照宁乡县烘烤技术措施执行。

2. 试验要求

每个处理选择留叶数18片、生长水平一致的烟株240株。对顶部6片叶分2组（顶1～3叶位、顶4～6叶位）进行标识；烟叶采收成熟度按实施要求执行；编烟时，各处理按照叶位分别进行编杆，每杆编烟120片，同时对烟杆进行标识。将标识好的烟杆分成2份，将其中一份顶1～3叶位的烟杆装进一个烤房，顶4～6叶位的烟杆装进另一个烤房，剩下的一份顶1～3叶位和顶4～6叶位的烟杆烟叶全部装进统一烤房。其他烘烤技术按照宁乡县烘烤技术措施执行。

### （三）试验样品

对试验烟样分级后，剔除不列级的烟叶，对顶1～3叶位、顶4～6叶位烟样进行叶位标识、等级标识和捆绑，从已分级烟样B2F、C3F、X2F三个等级中随机各选取2kg烟样作为试验样品。进行分析检测。

### （四）测定内容与方法

1. 烤后烟叶经济性状

统计各处理所有烟叶等级状况、产量、均价、产值和上等、中等和下等烟比例。烘烤结束后，对标识的每杆烟叶进行称重，记录每杆烟叶的干重；按叶位归类，并按国家四十二级分级标准进行分级称重，以每亩1100株烟叶进行亩产量和亩产值测算；不列级的烟叶单独统计。

2．外观质量评价

对各处理烤后各叶位样品烟叶的成熟度、叶片结构、身份、颜色、油分和色度等外观质量进行评价。方法参考邓小华《湖南烤烟物理性状比较及聚类评价》中国烟草科学，2009。

3．物理性状

物理性状指标包括叶长、叶宽、开片度、单叶重、含梗率、厚度、叶质重、叶密度、平衡含水率（由于烟叶平衡含水率主要受环境条件、烟叶部位、颜色和成熟度等影响。在相同的环境条件下，各部位烟叶中含水率并无显著差异，且变化幅度不大，因而本试验中没测定烟叶平衡含水率）。参照YC/T 31–1996进行烟叶样品前处理。

叶长（cm）、叶宽（cm）、开片度（%）：随机选取10片烟叶，逐片测量叶片长度，不足1cm按1cm计算，叶片长度的平均数为该样品的长度；逐片测量叶片宽度，不足0.5cm按0.5cm计算，叶片宽度的平均数为该样品的宽度。开片度是指叶宽与叶长的百分比。

叶片厚度（μm）：随机抽取10片含水率为16.5% ± 0.5%的烟叶，用电动厚度仪分别测量每片烟叶叶尖、叶中及叶基的厚度，以30个点的厚度平均值作为该样品的厚度。

单叶重（g）、叶质重（$g\cdot cm^{-2}$）、叶密度（$mg\cdot cm^{-3}$）：单叶重是指一片叶的重量。随机抽取20片含水率为15%左右的烟叶，称量每片烟叶重量，平均值为单叶重。每片烟叶任取一个半叶，沿着半叶的叶尖、叶中及叶基部等距离取5个点，用圆形打孔器打5片直径（D）为约15mm的圆形小片，将50片圆形小片放入水分盒中，在100℃条件下烘2h，冷却30min后称重，根据公式：叶质重（$g\cdot cm^{-2}$）=（烘后重量—水分盒重量）/［50π（D/2）$^2$］，计算叶质重。根据公式：叶密度（$g\cdot cm^{-3}$）=（烘后重量—水分盒重量）/［50πh（D/2）$^2$］，计算叶密度。

含梗率（%）：随机抽取20片烟叶，平衡含水率到16.5% ± 0.5%的烟叶，分离叶肉与主脉，分别称烟片和烟梗的重量，按公式计算含梗率：含梗率=［烟梗重量/（叶肉重量+烟叶重量）］×100%。

4. 化学成分测定

测定各处理样品烟叶的常规化学指标烟碱、总氮、总糖、还原糖、淀粉、钾、氯。方法参考：YC/T159-2002（总糖、还原糖）、YC/T160-2002[166]（烟碱）、YC/T161-2002（总氮）、YC/T217—2007[169]（钾）、C/T162-2002[169]（氯）、YC/T216-2007（ 淀粉）。

## 二、结果与分析

### （一）烤后烟叶经济性状

表5-32 试验处理上部叶经济性状

| 变黄期温湿差 | 产量（kg/公顷） | 均价（元/kg） | 产值（元/公顷） | 上等烟比例（%） |
|---|---|---|---|---|
| 1.0℃ | 1020.3 | 13.74 | 14018.92 | 41.27 |
| 1.5℃ | 1055.3 | 14.22 | 15006.37 | 42.91 |
| 2.0℃ | 1067.8 | 14.01 | 14959.88 | 42.26 |
| 2.5℃ | 1033.4 | 13.91 | 14374.59 | 41.88 |

由表5-32可知，在变黄期温湿差各处理中，随着温湿差的增大，上部烟叶的产量、均价、产值和上等烟比例均呈现先升后下降的趋势。在四个变黄期温湿差处理中，上部烟叶产量的大小顺序依次为：2.0℃>1.5℃>2.5℃>1.0℃；而其均价、产值和上等烟比例的大小顺序均为1.5℃>2.0℃>2.5℃>1.0℃。

### （二）不同变黄期温湿差烤后上部烟叶外观质量分析

参照表5-33的评价标准，湖南农业大学中南农业试验站的专家们对不同变黄期时间烤后上部烟叶质量进行了密码鉴评。得分如下：

表5-33 烤后烟叶的外观质量分析（中南农业实验站）

| 变黄期温湿差 | 叶位 | 成熟度 | 发育状况 | 叶片结构 | 身份 | 油分 | 色度 | 色均匀度 | 光滑或微青 | 分值 |
|---|---|---|---|---|---|---|---|---|---|---|
| 1.0℃ | 顶1～3 | 8.0 | 8.1 | 7.2 | 7.2 | 7.3 | 7.7 | 7.5 | 8.5 | 77.1 |
| | 顶4～6 | 8.4 | 8.5 | 8.4 | 8.4 | 7.9 | 8.2 | 8.3 | 9.0 | 83.9 |

（续表）

| 变黄期温湿差 | 叶位 | 成熟度 | 发育状况 | 叶片结构 | 身份 | 油分 | 色度 | 色均匀度 | 光滑或微青 | 分值 |
|---|---|---|---|---|---|---|---|---|---|---|
| 1.5℃ | 顶1～3 | 8.3 | 8.4 | 7.6 | 7.8 | 7.8 | 7.9 | 7.9 | 8.8 | 80.8 |
| | 顶4～6 | 8.8 | 8.7 | 8.7 | 8.8 | 8.2 | 8.5 | 8.7 | 9.0 | 86.8 |
| 2.0℃ | 顶1～3 | 8.3 | 8.3 | 7.5 | 7.9 | 7.7 | 7.8 | 8.0 | 8.8 | 80.4 |
| | 顶4～6 | 8.6 | 8.6 | 8.6 | 8.7 | 8.0 | 8.4 | 8.5 | 9.0 | 85.5 |
| 2.5℃ | 顶1～3 | 8.0 | 8.0 | 7.1 | 7.5 | 7.4 | 7.7 | 7.7 | 8.6 | 77.5 |
| | 顶4～6 | 8.4 | 8.4 | 8.3 | 8.5 | 7.9 | 8.3 | 8.4 | 8.9 | 83.8 |

注：总分=成熟度×2+发育状况×1.5+叶片结构×1.5+身份+油分×1.25+色度+色均匀度×0.75+光滑或微青。

由表5-33可知，试验上部叶烤后外观质量评分居于77～87分之间。不同叶位、不同变黄期温湿差之间均存在明显差异。总体上讲，顶部第4～6片叶的外观质量均要好于顶部第1～3片叶，处理间以变黄期温湿度1.5℃处理的外观质量总评分最高，在成熟度、发育状况、身份、油分、色均匀度等方面较其他处理好。说明变黄期温湿差设为1.5℃时，有利于上部烟叶烤后外观质量的提高。

## （三）不同变黄期温湿差烤后上部烟叶物理特性分析

1. 烤后叶叶长、宽及开片度

由表5-34可知，参试烟叶样品平均值的叶长在58.7cm ～67.8cm、叶宽在21.1cm ～27.3cm、开片度在35.9% ～40.3%，不同处理之间上部6片叶的生长状况良好。由于4个处理的采收成熟度均为大田示范成熟度，鲜烟叶素质大体一致，而烟叶的长、宽及开片度在烘烤前就已基本确定，因此烘烤过程中变黄期干湿球温度差对叶长、宽及开片度的影响不甚明显，各处理间差异不大。然而由表5-34可知，试验样品顶4～6叶的叶长、叶宽和开片度均要大于顶1～3叶，且两者之间差异性非常明显。

2. 单叶重

由表5-34可知，试验样品顶4～6叶单叶重的平均值均大于顶1～3叶，且叶位间差异较大。在顶1～3叶和顶4～6叶中，不同温湿差处理间单叶重呈现一定的规律，随着温湿差的逐渐增大，上部6片烟叶呈逐渐减少的趋势。说明变黄期湿度提高后，烟叶内含物消耗量呈逐渐增大。

3. 含梗率

由表5-34可知，试验样品含梗率的平均值始终保持在33%以下。不同叶位间的含梗率均是顶1～3叶大于顶4～6叶，在不同温湿差处理间，含梗率大小顺序依次为：1.5℃<2.0℃<2.5℃<1.0℃。说明不同温湿差处理中以1.5℃的烟叶含梗率最低。

4. 平衡含水率

由表5-34可见，试验上部叶样品平衡含水率位于16.8% ～19.0%之间，处于适当水平。不同叶位间，以低叶位的烟叶平衡含水率较高。不同处理间，随温湿差的逐渐增大，上部6片烤后烟叶的平衡含水率也呈逐渐增大的趋势。

5. 叶片厚度和密度

由表5-34可知，不同叶位间，上部叶叶片厚度及叶密度差异性非常明显且较大，且顶4～6叶的叶厚及叶密度均要小于顶1～3叶。不同变黄期温湿差之间，当温湿差为1.5℃时，顶1～3叶的叶厚及叶密度均较小，说明适当提高变黄期湿度有利于顶叶结构的改善。

**表5-34 变黄期不同温湿差对上部烟叶物理特性影响分析**

| 变黄期温湿差 | 叶位 | 长cm | 宽cm | 开片度% | 单叶重g | 含梗率% | 平衡水分% | 叶厚μm | 叶密度mg/cm$^3$ |
|---|---|---|---|---|---|---|---|---|---|
| 1.0℃ | 顶1～3 | 58.7 | 21.1 | 35.9 | 10.4 | 31.9 | 16.8 | 159.4 | 777.40 |
| | 顶4～6 | 64.7 | 25.1 | 38.8 | 13.8 | 30.7 | 17.5 | 155.2 | 875.59 |
| 1.5℃ | 顶1～3 | 60.4 | 22.9 | 37.9 | 9.8 | 30.2 | 17.1 | 117.8 | 629.78 |
| | 顶4～6 | 66.3 | 25.9 | 39.1 | 12.6 | 28.4 | 18.3 | 108.0 | 585.29 |
| 2.0℃ | 顶1～3 | 61.8 | 23.6 | 38.2 | 9.3 | 31.2 | 17.4 | 137.3 | 649.52 |
| | 顶4～6 | 67.5 | 26.9 | 39.9 | 11.9 | 29.5 | 18.7 | 113.3 | 549.17 |
| 2.5℃ | 顶1～3 | 62.4 | 23.9 | 38.3 | 9.2 | 31.4 | 17.7 | 158.3 | 692.24 |
| | 顶4～6 | 67.8 | 27.3 | 40.3 | 11.5 | 30.1 | 19.0 | 127.7 | 589.62 |

## （四）烤后烟叶常规化学成分分析

1．总氮和烟碱

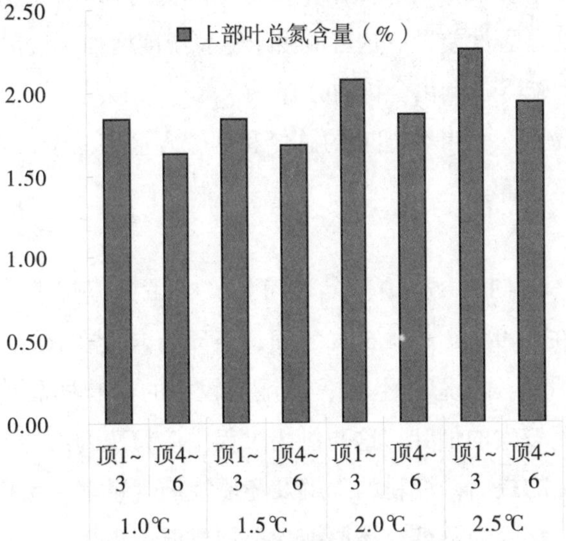


图5-36　不同温湿差烤后烟叶总氮含量

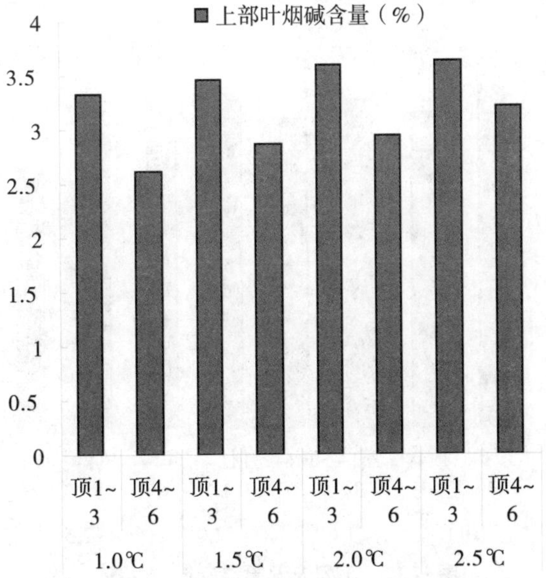


图5-37　不同温湿差烤后烟叶烟碱含量

由图5-36、5-37可知，试验样品的总氮含量在1.63% ～2.25%之间，而烟碱含量在2.61% ～3.64%之间，均处于适宜范围。随着变黄期干湿球温湿差的增大，上部叶总氮和烟碱含量均呈现逐渐降低的趋势，但不同温湿差处理间的差异未达到显著性差异。这可能由于随着湿度增加，去甲基酶活性升高，促进了总氮和烟碱等含氮化合物的分解。

在不同叶位间，低叶位烟叶的总氮和烟碱含量要低于高叶位的烟叶，且不同叶位间差异显著。

2. 糖分

由图5-38、5-39、5-40、5-41可知，变黄期温湿差试验样品的上部烟叶总糖含量在18.94% ～24.60%之间，还原糖含量在16.05% ～20.67%之间，均处于适宜范围。总体上看，温湿差较小的烟叶样品总糖、还原糖含量要高于温湿差较大的烟叶，这与烘烤过程中淀粉酶的活性及呼吸作用强度有关。随着湿度的提高，淀粉的降解及还原性糖含量都有增加的趋势。不同叶位之间，顶4～6叶的总糖、还原糖含量均要低于顶1～3叶，且差异性达到显著。

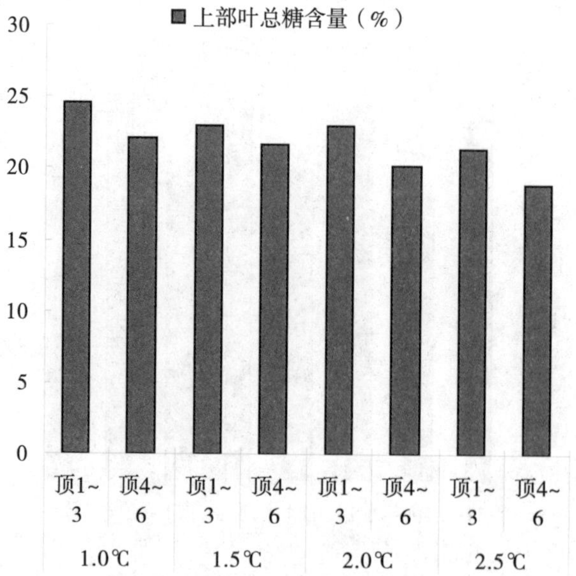


图5-38 不同温湿差烤后烟叶总糖

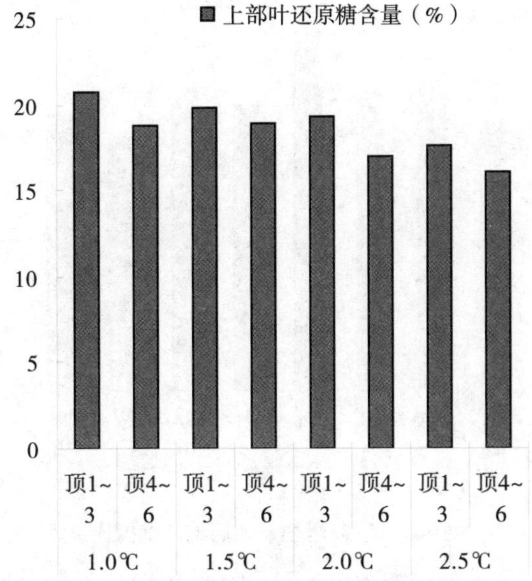


图5-39　不同温湿差烤后烟叶还原糖

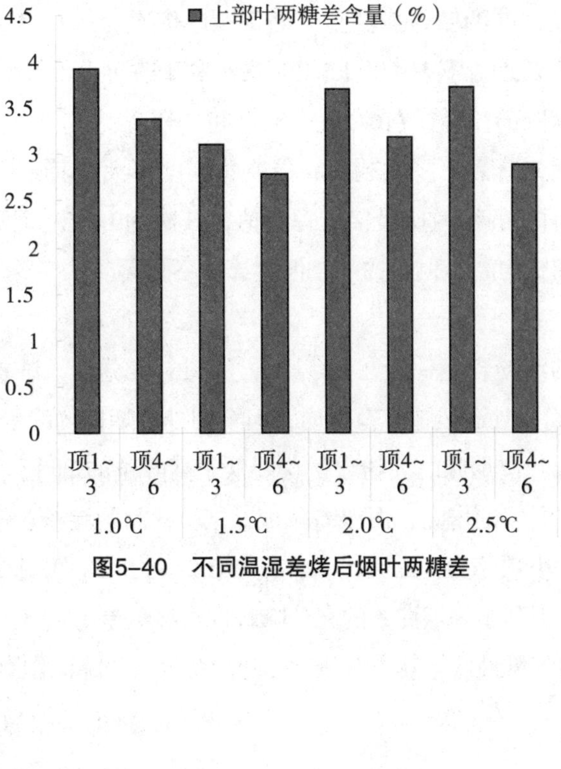


图5-40　不同温湿差烤后烟叶两糖差

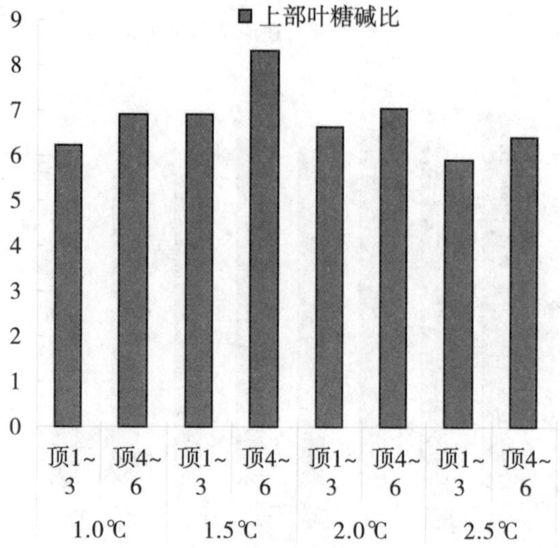


**图5-41 不同温湿差烤后烟叶糖碱比**

试验样品还原糖与总糖之差在2.78～3.93之间，也处于较适宜范围。不同叶位间，顶4～6叶中的两糖差均要低于顶1～3叶，说明上部烟叶中低叶位烟叶的品质要好于高叶位的烟叶。在不同温湿差处理中，以温湿差为1.5℃的处理上部烟烟样的两糖差最低。其高低顺序依次为：1.5℃＜2.0℃＜2.5℃＜1.0℃。说明变黄期温湿差为设1.5℃时最有利于改善上部烟叶的质量。

试验上部烟叶的糖碱比在6.24～8.31之间，较适中。随着变黄期温湿差的提高，糖碱比呈先升后下降的趋势，但变化幅度不大。其中以变黄期温湿差为1.5℃的上部烟叶的糖碱比最接近理想值，其次为2.0℃。而不同叶位之间，顶4～6叶的糖碱比均高于顶1～3叶，但差异性不显著。

3．淀粉

优质烟叶的淀粉含量一般在5%以下，从图5-42分析，试验样品淀粉含量在4.28～6.21之间，处于较适宜范围内，但个别处理烟样的淀粉含量有些偏高。从叶位上看，低叶位烟叶的淀粉含量均要低于高叶位的烟叶，且差异性显著。随着变黄期干球温度的增大，温湿差减少，试验样品的淀粉含量呈现先降后升高的趋势。其大小顺序为：2.5℃＞1.0℃＞2.0℃＞1.5℃。可见变黄期间高温湿差和低温湿差都不利于烤烟淀粉的充分降解，当温湿差为1.5℃时，试验烟样的上部烟叶淀粉的含量最低，其中对顶1～3叶淀粉含量的降低作用最为明显。

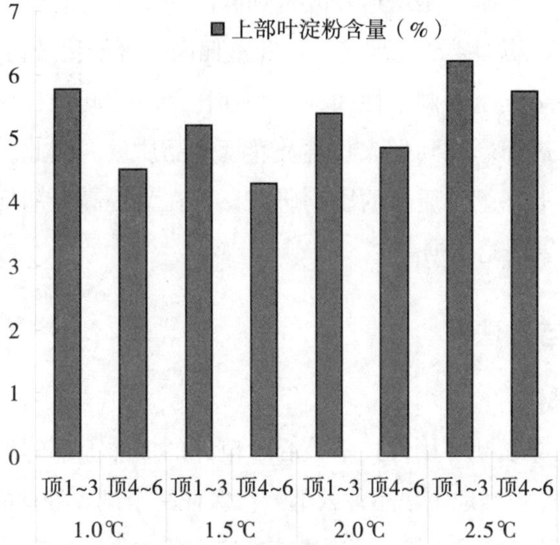


图5-42　不同温湿差烤后烟叶淀粉

### 三、讨论与结论

通过对上部叶变黄期温湿差3个处理的外观质量、物理性状、化学成分等进行综合分析评价，结果表明适当降低变黄期温湿差对烟叶质量有着一定的影响。这些影响主要表现为：变黄期温湿差设为1.5℃的上部烟叶样品在外观质量、关键物理特性指标、化学成分协调性上都要优于其他试验组烟叶样品；变黄期温湿差1.5℃烟叶样品的叶面疏松程度、含梗率、平衡含水率均比其他两组温湿差处理的烟叶样品要好，总糖含量、还原糖含量更高，淀粉含量及烟碱含量更低，糖碱比也更接近理想值，整体质量向好的方向发展。

## 第六节　变黄期时间对上部烟叶质量的影响

烟叶烘烤过程分为变黄、定色和干筋三个连续阶段，在其烘烤的变黄阶段中烟叶体内进行着激烈的生理生化反应，从外观上和内部化学组成上都发生着巨大的变化。此阶段是增进和改善烟叶品质的重要时期。而上部烟叶在烘烤过程时存在青筋烟或杂色烟多，单叶重偏高，含氮化合物和淀粉含量高、还原糖含量低，杂气重、刺激性大，上等烟比例少等问题，导致上部烟叶的工业可用性差，进而影响到烟农收益及卷烟产品质量。因此，进行了烘烤不同变黄期时间对上部烟叶质量的影响研究，旨在为提高上部烟叶的烘烤质量和工业可用性提供理论依据。

## 一、材料与方法

### （一）供试材料

取宁乡县上部烟叶可用性技术核心示范区的成熟上部鲜烟叶作为供试材料。供试烟草品种为当地主栽品种云烟97。保证每个试验处理的面积为当地所用密集烤房容量对应面积。栽培管理措施按宁乡优质烟叶生产技术方案执行。

### （二）试验设计

1. 试验处理

三段式烘烤中其变黄期分两步升温，以1℃/h升至38℃和以1℃/2h至42℃。本试验设四个处理：（1）不延长变黄时间（CK）；（2）在温度达到两个关键温度点时，再分别延长3h，共延长6h；（3）分别延长6h，共延长12h；（4）分别延长9h，共延长18h。

2. 试验要求

每个处理选择留叶数18片、生长水平一致的烟株240株。对顶部6片叶分2组（顶1～3叶位、顶4～6叶位）进行标识；烟叶采收成熟度按实施要求执行；编烟时，各处理按照叶位分别进行编杆，每杆编烟120片，同时对烟杆进行标识。将标识好的烟杆分成2份，将其中一份顶1～3叶位的烟杆装进一个烤房，顶4～6叶位的烟杆装进另一个烤房，剩下的一份顶1～3叶位和顶4～6叶位的烟杆烟叶全部装进一个烤房。其他烘烤技术按照宁乡县烘烤技术措施执行。

### （三）试验样品

对试验烟样分级后，剔除不列级的烟叶，对顶1～3叶位、顶4～6叶位烟样进行叶位标识、等级标识和捆绑，从已分级烟样B2F、C3F、X2F三个等级中随机各选取2kg烟样作为试验样品。进行分析检测。

### （四）测定内容与方法

1．烤后烟叶经济性状

统计各处理所有烟叶等级状况、产量、均价、产值和上等、中等和下等烟比例。烘烤结束后，对标识的每杆烟叶进行称重，记录每杆烟叶的干重；按叶位归类，并按国家四十二级分级标准进行分级称重，以每亩1100株烟叶进行亩产量和亩产值测算；不列级的烟叶单独统计。

2．外观质量评价

对各处理烤后各叶位样品烟叶的成熟度、叶片结构、身份、颜色、油分和色度等外观质量进行评价。方法参考邓小华《湖南烤烟物理性状比较及聚类评价》中国烟草科学，2009。

3．物理性状

物理性状指标包括叶长、叶宽、开片度、单叶重、含梗率、厚度、叶质重、叶密度、平衡含水率（由于烟叶平衡含水率主要受环境条件、烟叶部位、颜色和成熟度等影响。在相同的环境条件下，各部位烟叶中含水率并无显著差异，且变化幅度不大，因而本试验中没测定烟叶平衡含水率）。参照YC/T 31–1996进行烟叶样品前处理。

叶长（cm）、叶宽（cm）、开片度（%）：随机选取10片烟叶，逐片测量叶片长度，不足1cm按1cm计算，叶片长度的平均数为该样品的长度；逐片测量叶片宽度，不足0.5cm按0.5cm计算，叶片宽度的平均数为该样品的宽度。开片度是指叶宽与叶长的百分比。

叶片厚度（μm）：随机抽取10片含水率为16.5% ± 0.5%的烟叶，用电动厚度仪分别测量每片烟叶叶尖、叶中及叶基的厚度，以30个点的厚度平均值作为该样品的厚度。

单叶重（g）、叶质重（$g\cdot cm^{-2}$）、叶密度（$mg\cdot cm^{-3}$）：单叶重是指一片叶的重量。随机抽取20片含水率为15%左右的烟叶，称量每片烟叶重量，平均值为单叶重。每片烟叶任取一个半叶，沿着半叶的叶尖、叶中及叶基部等距离取5个点，用圆形打孔器打5片直径（D）为约15mm的圆形小片，将50片圆形小片放入水分盒中，在100℃条件下烘2h，冷却30min后称重，根据公式：叶质重（$g\cdot cm^{-2}$）=（烘后重量—水分盒重量）/［$50\pi(D/2)^2$］，计算叶质重。

根据公式：叶密度（$g\cdot cm^{-3}$）=（烘后重量—水分盒重量）/［$50\pi h(D/2)^2$］，计算叶密度。

含梗率（%）：随机抽取20片烟叶，平衡含水率到16.5%±0.5%的烟叶，分离叶肉与主脉，分别称烟片和烟梗的重量，按公式计算含梗率：含梗率=[烟梗重量/（叶肉重量+烟叶重量）]×100%。

4．化学成分测定

测定各处理样品烟叶的常规化学指标烟碱、总氮、总糖、还原糖、淀粉、钾、氯。方法参考：YC/T159-2002（总糖、还原糖）、YC/T160-2002[166]（烟碱）、YC/T161-2002（总氮）、YC/T217—2007[169]（钾）、C/T162-2002[169]（氯）、YC/T216-2007（淀粉）。

## 二、结果与分析

### （一）烤后烟叶经济性状

表5-35　试验处理上部叶经济性状

| 变黄期延长时间 | 产量（kg/公顷） | 均价（元/kg） | 产值（元/公顷） | 上等烟比例（%） |
|---|---|---|---|---|
| 不延长时间 | 1024.7 | 13.85 | 14192.10 | 41.87 |
| 延长6小时 | 1016.7 | 13.93 | 14162.63 | 42.58 |
| 延长12小时 | 1011.6 | 13.89 | 14051.12 | 42.38 |
| 延长18小时 | 1002.7 | 13.56 | 13596.61 | 41.49 |

从表5-35分析，随着变黄期时间的延长，上部叶的产量和产值逐渐降低，而上部烟叶的均价和上等烟比例呈现先升后降，其中以变黄期时间延长6小时处理烟叶的均价和上等烟比例最高，其次为延长12小时的处理，而以变黄期时间延长18小时处理的烟叶均价和上等烟比例最低。可知，上部烟叶变黄期时间延长6小时有利于提高上部烟叶的均价和上等烟比例；其后再延长变黄期时间，上部烟叶的均价和上等烟比例均逐渐降低，甚至当延长18小时上部烟叶的均价和上等烟比例低于不延长变黄期时间（CK）。然而由于延长变黄期时间，上部烟叶均价和上等烟比例的增幅小于产量的降幅，使得单位面积产值有所减少，此种情况主要由当前的烟叶收购价格机制所致，只有通过调整

上部烟叶的等级差价，才能使烟叶质量和产值同时得到提升。

### （二）不同变黄期时间烤后上部烟叶外观质量分析

参照表5-21的评价标准，湖南农业大学中南农业试验站的专家们对不同变黄期时间烤后上部烟叶质量进行了密码鉴评。得分如下：

表5-36　烤后烟叶的外观质量分析（中南农业实验站）

| 变黄期延长时间 | 叶位 | 成熟度 | 发育状况 | 叶片结构 | 身份 | 油分 | 色度 | 色均匀度 | 光滑或微青 | 分值 |
|---|---|---|---|---|---|---|---|---|---|---|
| 不延长时间 | 顶1～3 | 8.0 | 8.0 | 7.4 | 7.2 | 7.5 | 7.5 | 7.3 | 8.4 | 77.1 |
| | 顶4～6 | 8.6 | 8.4 | 8.3 | 8.6 | 8.3 | 8.0 | 8.2 | 8.8 | 84.2 |
| 延长6小时 | 顶1～3 | 8.4 | 8.3 | 7.9 | 7.7 | 7.9 | 7.8 | 7.8 | 8.7 | 81.0 |
| | 顶4～6 | 8.9 | 8.8 | 8.9 | 8.8 | 8.9 | 8.6 | 8.5 | 9.0 | 88.3 |
| 延长12小时 | 顶1～3 | 8.1 | 8.1 | 7.7 | 7.6 | 7.8 | 7.7 | 7.6 | 8.5 | 79.2 |
| | 顶4～6 | 8.7 | 8.5 | 8.5 | 8.6 | 8.7 | 8.4 | 8.3 | 8.9 | 85.9 |
| 延长18小时 | 顶1～3 | 7.8 | 7.7 | 7.1 | 7.2 | 7.3 | 7.3 | 7.1 | 8.2 | 75.0 |
| | 顶4～6 | 8.5 | 8.4 | 8.2 | 8.4 | 8.0 | 8.0 | 8.1 | 8.8 | 83.2 |

由表5-36可知，试验上部叶烤后外观质量评分居于77.1～88.3分之间。同叶位上部烤后烟叶外观质量综合得分随变黄期时间的延长呈先升高后下降的趋势。从外观质量的不同指标得分来看，以变黄期延长6h处理烟叶的叶片结构、身份、油分、色度、色均匀度和光滑或微青等外观质量明显好于其他三个处理，说明适当延长变黄期时间对于整体改善上部叶外观质量有着重要作用，但是过度延长变黄期时间反而降低上部烟叶外观质量。不同叶位间，顶4～6叶位上部烟叶外观质量综合得分均要高于顶1～3叶位烟叶。说明叶位间外观质量规律明显。

### （三）不同变黄期时间烤后烟叶物理特性分析

1．烤后叶叶长、宽及开片度

由表5-37可知，参试烟叶样品平均值的叶长在56.6cm ～64.6cm、叶宽在20.9cm ～25.2cm、开片度在36.9% ～39.0%，不同处理之间上部6片叶的生长状况良好。由于用于本烘烤试验的上部叶在田间采收时，成熟度基本一致，且烘烤过程不可能对烟叶的长势长相构成影响，因此变黄期不同时间处理对叶长、叶宽及开片度的影响较小，处理间差异性不大。但不同叶位间叶长、叶宽和开片度均是顶1～3叶小于顶4～6叶，且差异较大。

2. 单叶重

由表5-37知，整体上顶4～6叶单叶重的平均值均大于顶1～3叶。而随着烘烤期间变黄期时间的延长，上部叶片干物质消耗增加，各处理间单叶重逐渐减少，且各叶位的单叶重也都有所下降。

3. 含梗率

由表5-37可知，试验样品含梗率的平均值始终保持在31%以下。不同叶位间，顶1～3叶的含梗率高于顶4～6叶，相对于各处理间的含梗率的差异，叶位间差异较大；变黄期不同时间处理之间，随着变黄时间的延长，各叶位的含梗率呈逐渐减少的趋势，但减少程度不大。

4. 平衡含水率

由表5-37可见，试验上部烟叶样品平衡含水率位于14.3% ～17.6%之间，处于适当水平。不同叶位间，顶1～3叶的平衡含水率均低于顶4～6叶，且差异较明显；不同处理相比，变黄期延长6小时处理的上部叶平衡含水率要高于其他两个处理。

5. 叶片厚度和密度

由表5-37可知，不同叶位间，上部叶叶片厚度及叶密度差异性较大，顶1～3叶厚和叶密度均要大于顶4～6叶，说明低叶位烟叶的叶片结构比高叶位烟叶更为疏松。随着变黄期时间的延长，叶片干物质消耗增加，重量减轻的同时，叶片随之变薄，因此叶厚及叶密度也相应减小。

**表5-37 延长变黄期时间对上部叶物理特性影响比较**

| 变黄期延长时间 | 叶位 | 长（cm） | 宽（cm） | 开片度（%） | 单叶重（g） | 含梗率（%） | 平衡水分（%） | 叶厚（μm） | 叶密度（$mg/cm^3$） |
|---|---|---|---|---|---|---|---|---|---|
| 不延长时间 | 顶1～3 | 57.6 | 21.4 | 37.2 | 12.4 | 30.7 | 15.1 | 262.3 | 725.5 |
| | 顶4～6 | 62.5 | 23.8 | 38.1 | 13.8 | 29.4 | 17.6 | 225.1 | 664.3 |
| 延长6小时 | 顶1～3 | 59.3 | 22.7 | 38.3 | 10.8 | 30.5 | 15.0 | 223.6 | 695.0 |
| | 顶4～6 | 64.6 | 25.2 | 39.0 | 11.7 | 29.2 | 17.4 | 208.4 | 629.5 |

（续表）

| 变黄期延长时间 | 叶位 | 长（cm） | 宽（cm） | 开片度（%） | 单叶重（g） | 含梗率（%） | 平衡水分（%） | 叶厚（μm） | 叶密度（mg/cm³） |
|---|---|---|---|---|---|---|---|---|---|
| 延长12小时 | 顶1～3 | 58.1 | 21.8 | 37.5 | 10.3 | 30.2 | 14.5 | 219.8 | 683.0 |
| | 顶4～6 | 62.8 | 24.1 | 38.4 | 11.3 | 29.1 | 16.8 | 205.9 | 619.5 |
| 延长18小时 | 顶1～3 | 56.6 | 20.9 | 36.9 | 9.4 | 30.1 | 14.3 | 210.7 | 678.5 |
| | 顶4～6 | 59.5 | 22.5 | 37.8 | 10.9 | 28.9 | 16.1 | 198.7 | 614.3 |

### （四）烤后烟叶常规化学成分分析

1．总氮和烟碱

由图5-43、5-44可知，试验样品上部叶的总氮含量在1.76%～2.75%之间，烟碱含量在2.57%～3.89%之间，总体上处于适宜范围。在不同变黄期时间处理同叶位间，总氮和烟碱含量均呈现出先降后缓慢升高的趋势。其大小顺序为：对照CK＞延长18h＞延长12h＞延长6h。延长6h处理的高叶位和低叶位烟叶的总氮含量均显著差异于相对应叶位的对照CK处理，但与延长12h和延长18h处理间无显著差异。从叶位上看，低叶位烟叶的总氮和烟碱含量均低于高叶位的烟叶，但差异性不显著。

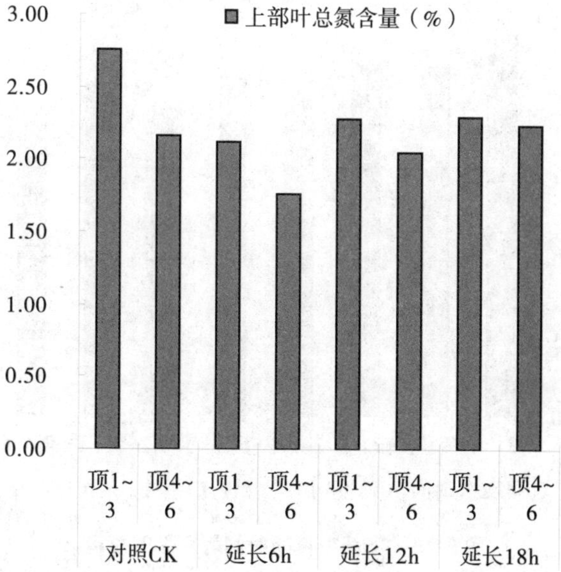


图5-43　不同变黄期时间烤后烟叶总氮含量

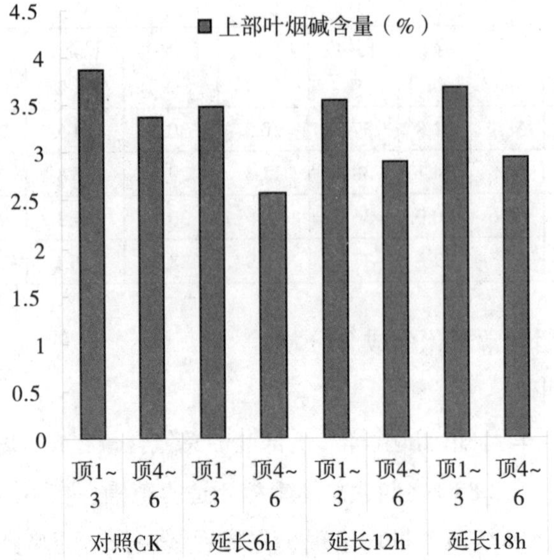


图5-44　不同变黄时间烤后烟叶烟碱含量

2. 糖分

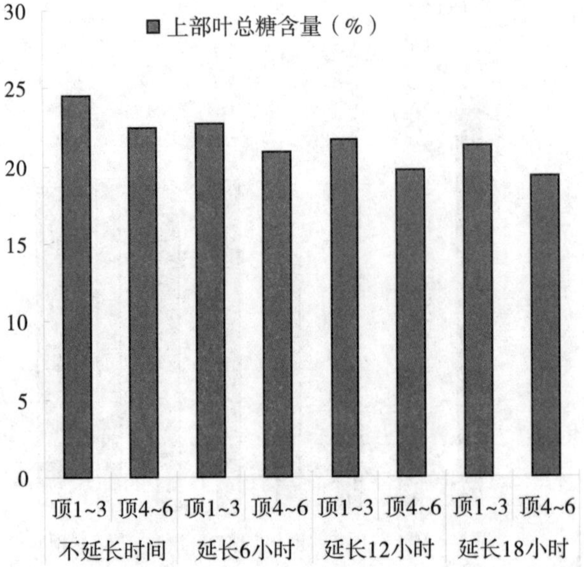


图5-45　不同变黄期时间烤后烟叶总糖

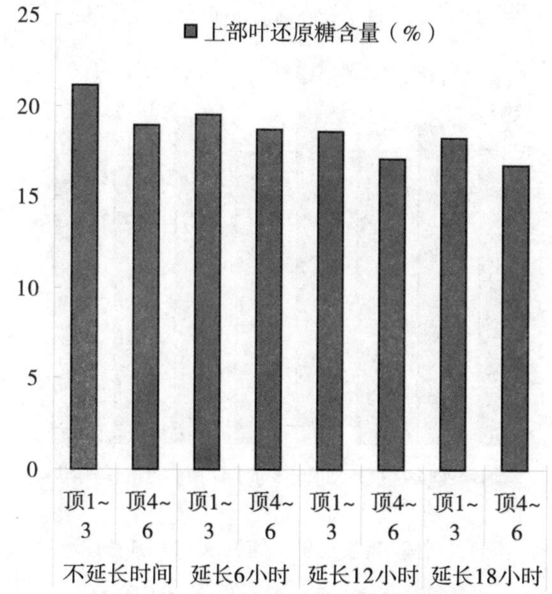


图5-46 不同变黄期时间烤后烟叶还原糖

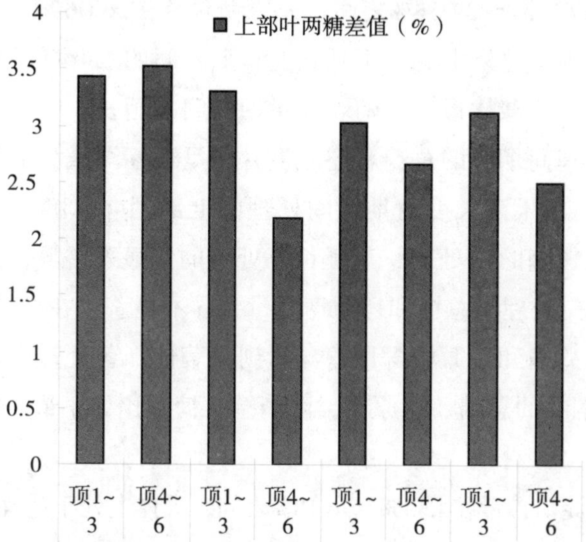


图5-47 不同变黄期时间烤后烟叶两糖差

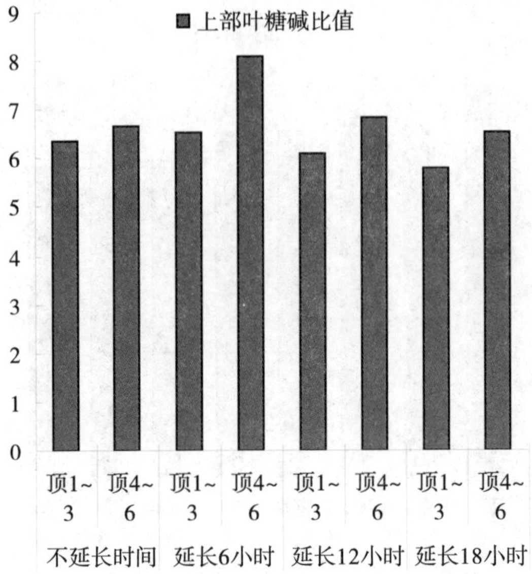


**图5-48 不同变黄期时间烤后烟叶糖碱比**

由图5-45、5-46、5-47、5-48可知，变黄期不同时间处理的上部烟叶总糖含量在18.47%～24.54%之间，还原糖含量在16.06%～21.10%之间，均处于适宜范围。总体上看，不延长变黄期时间的烟叶样品总糖、还原糖及两糖差最高，糖碱比最低；随着变黄期时间的延长，呼吸作用消耗干物质增多，个处理间烟叶的总糖和还原糖含量呈现逐渐减少的趋势。在相同叶位间，对照CK不延长变黄期时间处理的上部烟叶总糖、还原糖含量显著差异于延长12h和18h处理，与延长6h处理的无显著差异；而变黄期延长6h、12h、18h三处理的总糖和还原糖含量差异不显著。在相同处理条件下，叶位间的烟叶总糖和还原糖含量差异达到显著性。各处理中，其以变黄期时间6小时的烟叶的总糖、还原糖、两糖差及糖碱比处于最合适范围。

3. 淀粉

试验样品淀粉含量在4.35%～6.18%之间，大体上处于适宜范围内。从叶位上看，低叶位烟叶的淀粉含量均低于高叶位的烟叶，且叶位间的淀粉含量差异达到显著性。在同叶位间，随着变黄期时间的延长，烟叶淀粉含量呈逐渐下降的趋势，且不同变黄期时间处理间存在显著差异，说明延长变黄期时间有利于淀粉的充分降解。

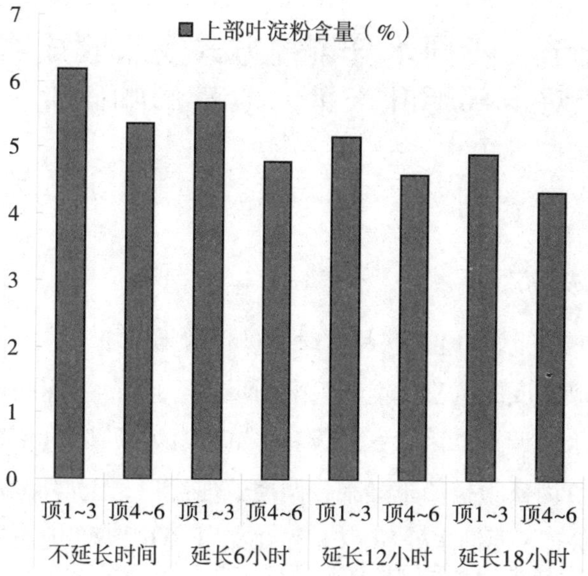


**图5-49　不同变黄期时间烤后烟叶淀粉**

## 三、讨论与结论

通过对上部叶变黄期时间3个处理的外观质量、物理性状、化学成分等进行综合分析评价，结果表明适度延长变黄期时间对烟叶质量有着明显影响。这些影响主要表现为：变黄期延长6小时烟叶样品的叶片结构、身份、油分、色度、色均匀度均比其他两组变黄期时间处理的烟叶样品要好，含梗率、平衡含水率、叶片厚度更适中，总糖含量、还原糖含量更高，两糖比、糖碱比也更接近理想值，总体质量明显优于其他两组变黄期时间处理的烟叶样品。

# 第七节　不同水分调控方式及采收成熟度对上部烟叶产量、质量影响研究

## 一、试验设计

当烟株采收到上部叶仅剩6片叶时，进行植烟土壤水分不同调控方式及田间适宜采收成熟度的试验。本试验采用顶部第1片烟叶田间成熟度成熟特征和植烟土壤水分调控二因素区组设计，M因素为顶部第1片烟叶田间成熟度（见下表）；T因素为植烟土壤水分调控处理：T1，上部6片烟叶适熟期内垄沟保持自然状态（不灌水处理，CK）；T2，上部6片烟叶适熟期内垄沟保持湿润（烟田适当进行灌溉，保证垄沟有1～2cm的润沟水）。当顶部第1片烟叶达到试验处理成熟特征时一次采收上部6片烟叶，顶部6片烟叶均按项目的调制技术要求进行烘烤，即在三段式烘烤工艺基础上，将变黄期干湿差控制在1.5℃～2.5℃，同时延长变黄期6h ～12h，保证上部烟叶变黄程度达到十成黄后，再进入定色阶段。

表5-38　上部叶适宜田间成熟度特征试验设计表（以顶1片叶为主）

| 试验处理 | 叶片特征（顶1～顶3） |
|---|---|
| M1 | 叶片微显黄色；茎叶角度小于直角，叶片稍弯曲。 |
| M2 | 叶片淡黄或黄绿各半，主脉变白1/2以上；茎叶角度小于直角，叶片稍弯曲微呈弓形。 |
| M3 | 叶片以黄为主，黄多绿少，主脉变白2/3 以上，子脉变白1/2左右；茎叶角度接近直角，叶片弯曲呈弓形，叶面皱缩，有较多黄色成熟斑。 |
| M4 | 叶片全黄；叶脉全白；茎叶角度大于直角，叶片弯曲明显呈弓形，叶面皱缩明显，部分叶尖叶缘有明显的枯焦现象。 |

## 二、试验方法

试验田于3月23日移栽，留叶数16～18片。试验品种为当地主栽品种云烟97；烤烟育苗、田间管理措施及中下部烟叶采收烘烤按当地优质烟叶生产技术方案执行。

待试验田中部烟叶采收结束后，将试验田划分为灌溉区和自然排灌区。上部叶成熟期间，对灌溉区的烟田每天进行水分管理，烟田缺水时适度灌溉，以保证灌溉区的垄沟有1～2cm的润沟水；对自然排灌区则不需安排专人管水。在对试验田进行水分调控的同时，还要对试验田上部烟叶的总体成熟特征进行跟踪观察。当顶部第1片烟叶达到试验处理成熟特征时一次采收上部6片烟叶，从各处理中选取烟株各480株，并按从顶1～顶6的叶序分别进行编秆并标识，每杆编烟120片。随机抽取各处理各叶位烟叶10片用于鲜烟叶样品相关指标的检测，其余样品按处理和叶位分别编杆后，根据各自处理分别放入不同烤房进行三段式烘烤。烘烤过程中，要注意将变黄期温湿差控制在1.5～2.5℃范围内，同时延长变黄期6～12h，保证上部烟叶充分变黄后，再进入定色阶段。烘烤结束后，选取各处理初烤上部烟叶各叶位样品，分别进行外观质量、物理指标、化学成分、评吸质量的检测。

## 三、试验结果与分析

### （一）鲜烟叶素质调查

不同处理不同叶位烟叶采收后各选10片代表烟叶立刻进行拍照和分析。用直尺测定叶长、叶宽，叶鲜重采用天平测定，叶绿素含量测定采用95%乙醇研磨后双波长分光光度法，烟叶含水率采用称重法。

1. 叶长

由图5-50、图5-51可知，顶部6片叶自下而上的长度呈较明显的递减趋势，符合云烟97品种烟株的腰鼓型特征。随着成熟度的提高，上部叶各叶位叶长有小幅减少，这可能与叶片部分增生细胞的衰老萎缩有关。采用灌溉处理后，叶长减少的幅度相对较小，说明在上部叶成熟期对烟田进行适度灌溉，有助于叶片细胞吸收水分，从而延缓衰老进程。

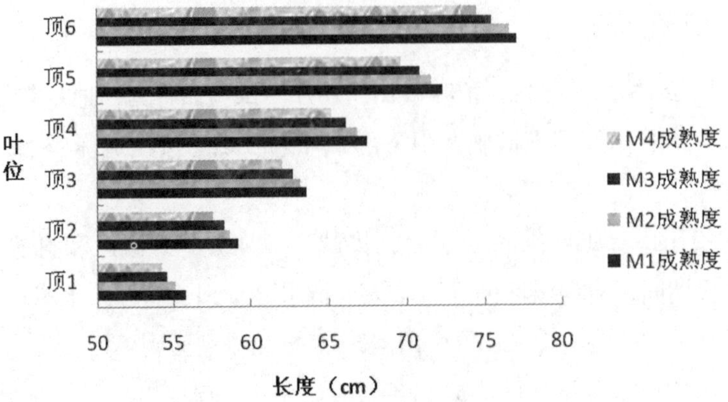


图5-50　自然排灌处理不同成熟度上部鲜烟叶叶长（cm）

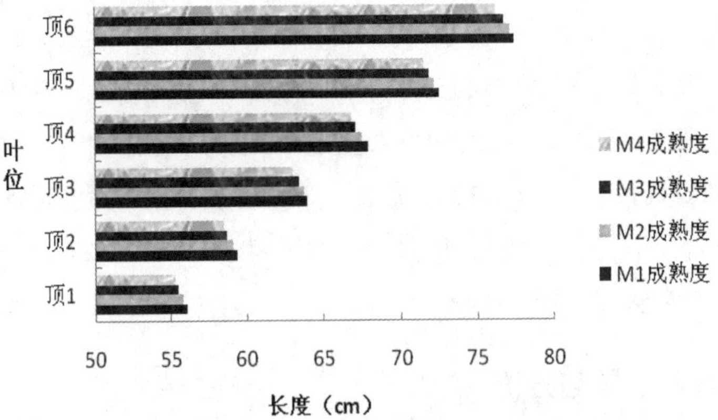


图5-51　灌溉处理不同成熟度上部鲜烟叶叶长（cm）

2. 叶宽

由图5-52、图5-53可知，上部叶叶宽在顶部6片叶间的变化规律同叶长类似，均随叶位的上升呈递减趋势。然而，叶宽与叶龄间的关系不同于叶长。随着成熟度的提高，顶部6片叶的宽度呈增加趋势，说明上部叶在成熟过程中，开片度逐渐提高，发育状况有所改善。经方差分析表明，各叶位灌溉处理的叶宽与自然排灌处理的叶宽之间无显著差异，反映出水分调控并不是影响上部叶叶宽的一个主要因素。

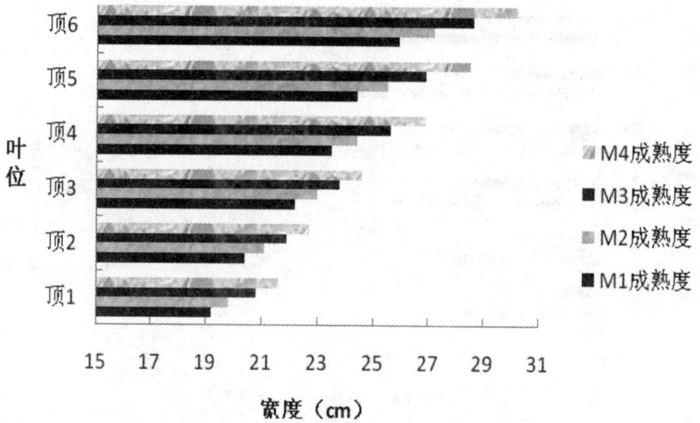


图5-52　自然排灌处理不同成熟度上部鲜烟叶叶宽（cm）

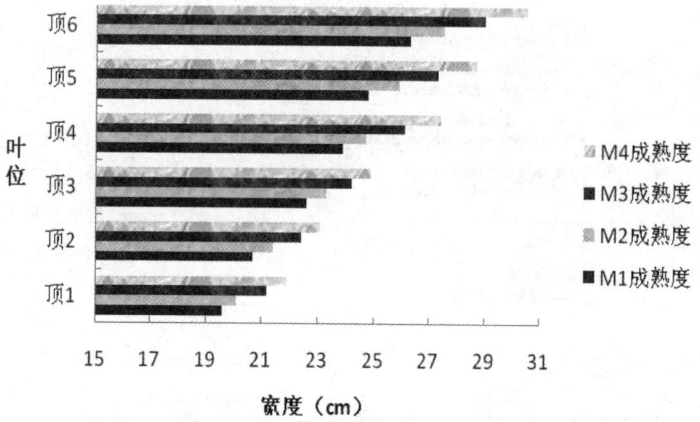


图5-53　灌溉处理不同成熟度上部鲜烟叶叶宽（cm）

3．鲜叶重

上部叶成熟过程中，正值烟株生长发育后期，此时烟株的同化作用已小于异化作用。由图5-54、图5-55可知，随着成熟度的提高，无论植烟土壤灌水与否，上部叶各叶位的鲜叶重均逐渐减少，每提高一个成熟度，鲜叶重减少2～3.5g。这与叶片增生细胞的衰老萎缩及淀粉、蛋白质等有机化合物的消耗有很大联系。从图中还可得知，相比于自然排灌处理的上部叶，灌溉处理上部叶鲜叶重的降幅稍小一些，可能是由于灌水后，叶片含水率的增加抵消了一部分消耗的物质所致。

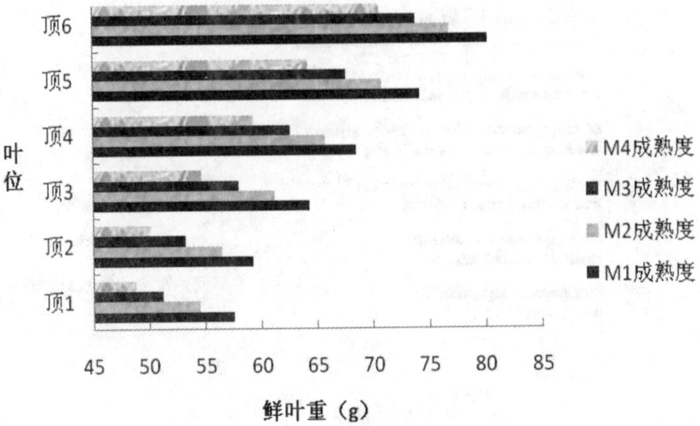


**图5-54　自然排灌处理不同成熟度上部鲜烟叶重平均值（g）**

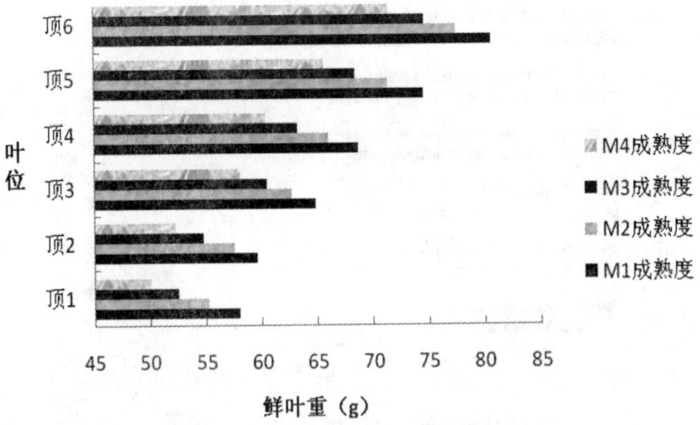


**图5-55　灌溉处理不同成熟度上部鲜烟叶重平均值（g）**

4. 干叶重

由图5-56、图5-57可知，随着成熟度的增加，上部叶各叶位的干叶重均呈递减趋势，这与鲜叶重的变化规律类似。但是，对烟田进行适度灌溉后，灌溉区上部烟叶的含水率均比对应叶位非灌溉区的上部叶高出1%～1.5%，而两者的鲜叶重并无太大差别，因此导致灌溉区上部叶的干叶重明显低于自然排灌区。此外，上部叶成熟期内，有机物的分解代谢速度已超过合成代谢速度，自由水作为烟株体内化学反应的介质，可能起一个催化剂的作用，加剧了上部叶中内含物的分解与转化。

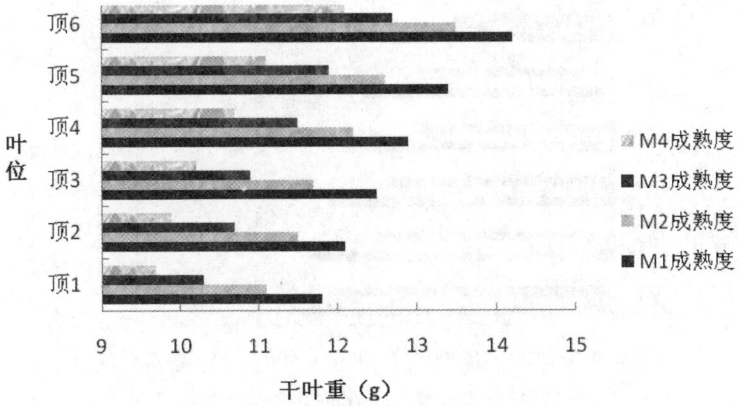


图5–56　自然排灌处理不同成熟度上部干烟叶重平均值（g）

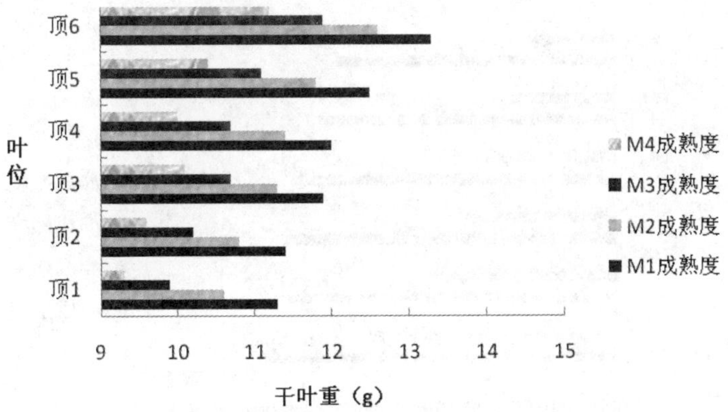


图5–57　灌溉处理不同成熟度上部干烟叶重平均值（g）

5. 叶绿素含量

叶绿素的含量变化可以直接反映出烟叶的营养状况及所处的生长时期。在正常烟株里，叶绿素随着烟叶的逐渐成熟不断分解，使得烟叶中胡萝卜素的颜色突显出来，烟叶颜色也由绿色逐渐变成黄色。由图5–58、图5–59可知，上部各叶位烟叶在从M1成熟度上升到M4成熟度的过程中，叶绿素含量均呈减小趋势。但总体而言，灌溉区上部叶叶绿素含量的降幅要明显大于自然排灌区对应叶位的上部叶，特别从M2成熟度提高到M3成熟度这一阶段表现得尤为突出。

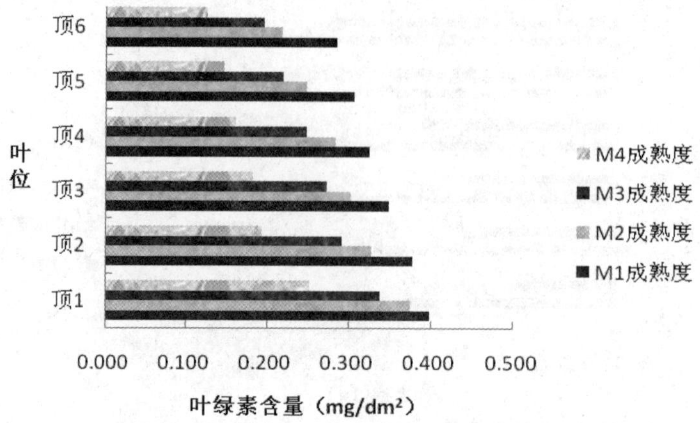


图5-58　自然排灌处理不同成熟度上部叶叶绿素含量平均值（$mg/dm^2$）

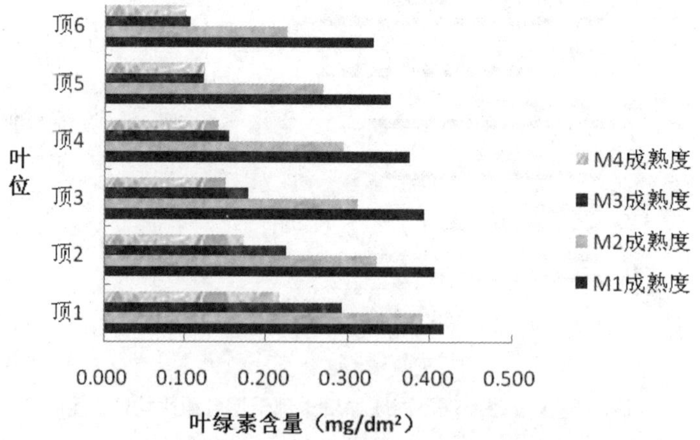


图5-59　灌溉处理不同成熟度上部叶叶绿素含量平均值（$mg/dm^2$）

经方差分析表明，当达到M3成熟度时采收上部烟叶，灌溉处理各叶位叶绿素与自然排灌处理间存在显著性差异，说明进入上部叶成熟中后期后，叶绿素会在自由水分的催化作用下加剧分解，促进叶片成熟变黄。

6．淀粉含量

淀粉是烟叶组织中碳水化合物和能量的一种储备物质，随着烟叶的生长和成熟，叶内的淀粉含量逐渐增加。成熟的鲜烟叶一般淀粉含量为20% ～40%。由图5-60、图5-61可知，上部鲜烟叶的淀粉含量均随叶位的上升而升高。随着采收成熟度的提高，烟叶中碳水化合物逐渐积累，当烟叶成熟到一定程度后细胞开始衰老，碳水化合物加速分解，因而各叶位淀粉含量均表现出先上升后下降的变化规律，以M3成熟度的烟叶淀粉含量最高。总体上看，灌溉区上部叶的淀粉含量略低于自然排灌区的烟叶，可能与烟株体内水分对碳水化合物的分解促进作用有关。

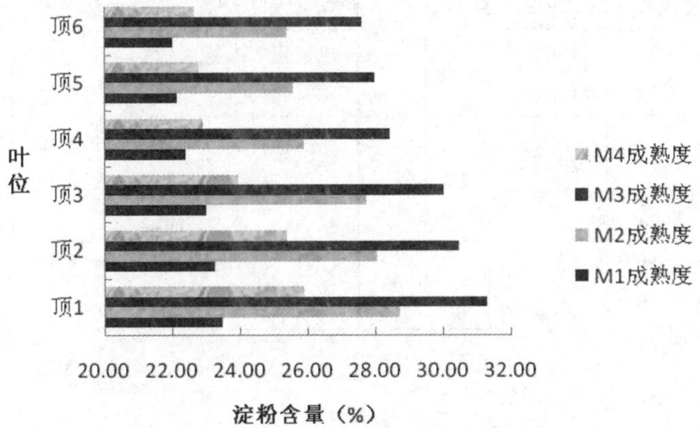


图5-60　自然排灌处理不同成熟度上部叶淀粉含量平均值（%）

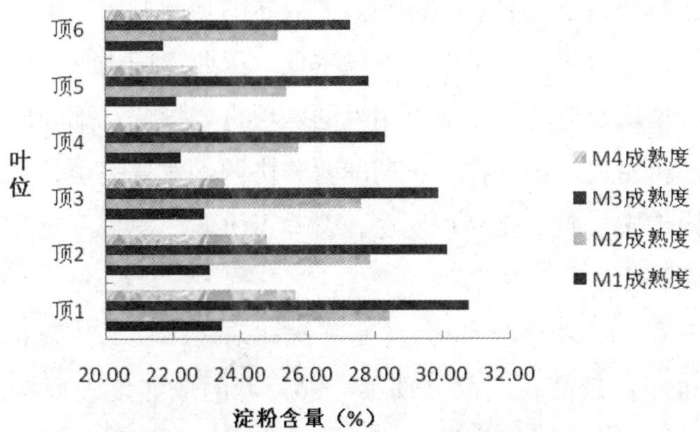


图5-61　灌溉处理不同成熟度上部叶淀粉含量平均值（%）

### （二）烤后烟叶外观质量分析

湖南农业大学中南农业试验站的专家们按照表5-39的评价标准，对本试验烟叶样品进行了密码鉴评。

表5-39 烤烟的外观质量评价标准

| 成熟度 | 发育状况 | 叶片结构 | 身份 | 油分 | 色度 | 色均匀度 | 光滑或微青 | 分值 |
|---|---|---|---|---|---|---|---|---|
| 好 | 营养协调，发育充分 | 疏松、弹性好 | 适中 | 足 | 色正、饱满、光泽强 | 均匀、色差小、无褪色 | 全无 | 10 |
| 较好 | 营养协调，发育较好 | 较疏松、弹性较好 | 稍厚 | 较足 | 色较正、尚饱满、光泽较强 | 均匀、色差较小、无褪色 | 无 | 9 |
| 一般 | 营养一般，发育一般 | 尚疏松、有弹性 | 稍薄 | 有 | 色欠正、略饱满，有光泽 | 较均匀、色差明显、无褪色 | 稍有 | 8 |
| 过熟 | 营养欠协调，发育不良 | 较僵硬、弹性较差 | 过厚 | 较差 | 色不正、欠饱满，尚有光泽 | 欠均匀、色差较大、略有褪色 | 有 | 7 |
| 欠熟 | 营养失调，发育较差 | 僵硬、弹性差 | 薄 | 差 | 色不正、饱满度差，色泽暗 | 均匀度差、色差大、褪色 | 较多 | 5 |

1. 成熟度、发育状况

成熟度是反映烟叶外观质量和内在质量协调性的重要指标。成熟度好的烟叶颜色均匀一致，叶片的正反面颜色差异小，油分足，色度浓，香气质好，香量足，吃味醇和，杂气和刺激性小。未成熟的烟叶调制后带青或有潜在浮青，缺乏光泽，组织粗糙或平滑，出丝率低。因此，国内外烟叶生产上均把成熟度作为衡量烟叶质量和工业可用性的一项重要指标。烟叶成熟度与自身的发育状况密切相关。烟叶在生长期间营养协调，发育完全，可达到充分成熟，组织结构疏松，质量就高；反之，营养不协调，发育不充分，不可能充分成熟，质量不高。

由表5-39可知，由于顶部6片叶是一次性采摘，较低叶位的烟叶叶龄较大，成熟度也相对较高，因此顶部第4～6片叶的成熟度表现均优于顶部第1～3片叶。对植烟土壤适度灌溉后，上部叶在水分的引导作用下，成熟速度加快，烘烤后的成熟度表现稍好于自然排灌烟田的烟叶。从表中还可看出，在上部叶成熟期间，无论对植烟土壤采取自然排灌方式，还是灌溉方式，随着田间采收成熟度的提高，顶部第4～6片叶和顶部第1～3片叶的烤后成熟度均呈上升趋势，其中以M3采收成熟度的烤后叶成熟度表现最好。但如果采收成熟度过高（即达到M4成熟度时再采收烟叶），烟叶在变黄期不耐烤，烘烤后的成熟度表现则会下降。

表5-31可知，试验上部叶发育状况在不同叶位、不同采收成熟度间存在着较大差异，但也是以灌溉田M3成熟度采收的顶部第4～6片叶发育状况最好，其变化趋势与成熟度表现相一致，说明烟叶的发育状况确实对成熟度有着重要影响。

2. 叶片结构

叶片结构是反映烟叶组织结构状态的外观质量指标，它与烟叶细胞大小、组织和细胞排列疏密程度密切相关。叶片结构可划分为四档：疏松、尚疏松、稍密、紧密。由表1-3可知，不同叶位的上部叶叶片结构差异较大，两种水分调控方式顶部第4～6片叶的疏松度均好于顶部第1～3片叶。两种调控方式均以M3成熟度采收的烟叶叶片结构评分最好，其中灌溉处理在改善顶部第1～3片叶的叶片结构方面作用较显著。

3. 身份

身份是描述烟叶厚度的指标。烟叶身份可分为薄、稍薄、中等、稍厚和厚5个档次。烟叶身份适中通常油分多、弹性强、质量好。身份过厚的烟叶则劲头大，杂气重，刺激性强；身份过薄的烟叶虽然填充性好，但油分少、弹性差、吸味淡。由表1-3可知，上部叶的身份在不同采收成熟度间存在着一定差异，以M3、M4成熟度的厚薄较为适中，但上部叶身份在不同叶位及不同水分调控方式间并未表现出明显差异。

4. 油分

油分是指叶片内含有的一种柔润的半流体物质（芳香油和树脂），是人们对烟叶油润和丰满的感觉。油分足的烟叶在同样身分下分量较重。烟叶的油分与弹性也呈正相关。油分足的烟叶弹性强，反之，弹性差。在烟叶外观上反映为油润、丰满、枯燥的程度。油分可分为四档：多、有、稍有、少。由表5-31可知，上部叶不同叶位间油分差异较大，以顶部第4～6片叶的油分得分最高。不同水分调控方式之间、不同采收成熟度之间差异较小，灌溉处理后的上部叶油分表现稍好于自然排灌处理，其中M3、M4采收成熟度的油分相对较足。

5. 色度

色度浓淡与油分多少呈正相关。因此，色度与烟叶质量的关系与油分相同，具体表现为：色度浓的烟叶糖、总氮、烟碱等化学成分含量适宜，比例协调；其内在质量表现为香气质好，香气量足，杂气少，刺激性小，劲头适中，吸味纯净，余味舒适，烟叶吸湿性较强，填充能力较低。随着色度的减弱，烟叶质量依次降低。由表5-31可知，叶位间色度差异较大，与油分相似，也是以顶部第4～6片叶的色度得分最高。不同水分调控方式之间，上部叶色度未表现出明显差异，但总体上看，烟田经适度灌溉后，上部叶的色度要略好于自然排灌烟田的烟叶。不同采收成熟度之间，上部叶色度存在一定差异，其中M3、M4采收成熟度的色度较浓。

6. 色均匀度

色均匀度包括烟叶表面颜色的均匀程度、烟叶正反面颜色色差大小、有无褪色现象等。由表5-31可知，不同采收成熟度及不同叶位之间，色均匀度存在一定差异，以M3采收成熟度顶部第4～6片叶的色均匀度得分最高。灌溉处理对顶部第4～6片叶色均匀度的改善较顶部第1～3片叶更为明显。

7. 光滑或微青

光滑或微青烟叶是一种不受卷烟工业欢迎的安全性差的烟叶。光滑叶细胞未能正常发育，导致细胞小、组织结构紧密、无孔度、燃烧性不好。在内在质量方面表现为：高糖低烟碱，总氮也低，糖碱比、施木克值明显偏高，香气质差，香气量少，平淡无味，杂气大，刺激性大。微青烟叶是由于烟叶成熟不够或调制不当而造成的，随含青度增加，香气质变差，香气量减少，青杂气、刺激性增大，品质下降。由表5-31可知，试验上部叶光滑或微青得分均在7.8～9.0分之间，不同水分调控方式及不同叶位间均无明显差异，不同采收成熟度的上部叶以高成熟度的烟叶光滑或微青得分较高。

8. 外观质量综合评价

外观质量综合评价是根据上述指标得到的综合得分，各指标在综合评价中的权重参考了邓小华等2007年在《中国农业科学》上发表的《湖南烤烟外观质量量化评价体系的构建与实证分析》一文。

由表5-40可知，试验上部叶烤后外观质量评分居于69～85分之间，且在不同叶位、不同采收成熟度及不同水分调控方式之间均存在明显差异。总体上讲，顶部第4～6片叶的外观质量均要好于顶部第1～3片叶。随着田间采收成熟度的提高，上部叶烤后外观质量逐渐改善，以M3成熟度的表现最好。此外，烟田经灌溉处理后，上部叶外观质量得分均比自然排灌处理的更高。

表5-40　烤后烟叶的外观质量分析（中南农业实验站）

| 植烟土壤水分不同调控方式 | 叶位 | 采收成熟度 | 成熟度 | 发育状况 | 叶片结构 | 身份 | 油分 | 色度 | 色均匀度 | 光滑或微青 | 综合评分 |
|---|---|---|---|---|---|---|---|---|---|---|---|
| 自然排灌 | 顶1～3 | M1 | 5.9 | 7.1 | 6.6 | 7.0 | 6.8 | 6.9 | 7.3 | 7.8 | 69.0 |
| | | M2 | 6.8 | 7.5 | 7.1 | 7.4 | 6.8 | 7.6 | 7.7 | 8.3 | 73.9 |
| | | M3 | 7.9 | 8.2 | 7.5 | 7.9 | 7.4 | 7.9 | 7.8 | 8.8 | 79.2 |
| | | M4 | 7.7 | 7.8 | 7.4 | 7.7 | 7.3 | 7.2 | 7.6 | 8.6 | 76.6 |
| | 顶4～6 | M1 | 6.4 | 7.7 | 7.1 | 7.1 | 7.2 | 7.3 | 7.5 | 8.1 | 72.8 |
| | | M2 | 7.3 | 8.1 | 7.8 | 7.4 | 7.2 | 7.8 | 8.0 | 8.4 | 77.5 |
| | | M3 | 8.5 | 8.5 | 8.1 | 8.1 | 7.8 | 8.2 | 8.3 | 8.9 | 83.0 |
| | | M4 | 8.0 | 8.2 | 8.0 | 8.0 | 7.4 | 7.6 | 7.7 | 8.8 | 79.6 |
| 灌溉 | 顶1～3 | M1 | 6.2 | 7.3 | 6.7 | 7.3 | 6.8 | 7.3 | 7.3 | 7.8 | 70.7 |
| | | M2 | 7.3 | 7.8 | 7.7 | 7.6 | 7.1 | 7.5 | 7.8 | 8.5 | 76.6 |
| | | M3 | 8.2 | 8.4 | 7.9 | 7.9 | 7.6 | 7.8 | 8.2 | 8.9 | 81.1 |
| | | M4 | 7.9 | 8.2 | 7.8 | 7.8 | 7.6 | 7.9 | 8.0 | 8.7 | 79.9 |
| | 顶4～6 | M1 | 6.8 | 7.8 | 7.1 | 7.2 | 7.2 | 7.6 | 7.7 | 8.1 | 74.3 |
| | | M2 | 7.7 | 8.1 | 7.8 | 7.8 | 7.5 | 7.8 | 8.2 | 8.5 | 79.2 |
| | | M3 | 8.5 | 8.7 | 8.5 | 8.1 | 7.8 | 8.4 | 8.6 | 8.9 | 84.4 |
| | | M4 | 8.2 | 8.4 | 8.1 | 8.2 | 7.8 | 8.4 | 8.3 | 8.9 | 82.9 |

### （三）烤后烟叶物理特性分析

1. 烤后叶叶长、宽及开片度

发育好的烟叶，长宽比大多在1：0.4～0.5之间。美国的分级标准中，将宽度作为一项分级因素。但是在我国烤烟分级中，宽度未作要求，是我国现行分级标准的一项缺陷。部位或等级相同，而发育程度不同的烟叶，往往会出现烟叶长度相近，而宽度差异较大的现象。因此，采用叶宽与叶长的百分比（开片度）作为评价烟叶外观质量的指标，能更为准确地衡量烟叶的发育状况和工业可用性。

由表5-32、表5-33可知，参试烟叶样品平均值的叶长在52.8～66.9cm、叶宽在17.4～22.8cm、开片度在29.4% ～37.6%，不同水分调控方式之间、不同采收成熟度之间上部6片叶的生长状况良好。

整体上顶4～6叶的叶长均要大于顶1～3叶，且两者之间存在显著性差异。随着采收成熟度的提高，自然排灌区及灌溉区上部叶各叶位叶长均逐渐减小。烟田经灌溉处理后，叶长随成熟度上升而下降的趋势更为明显，M3采收成熟度顶1～3及顶4～6叶位上部叶叶长与M1成熟度间差异性均达显著水平。

整体上顶4～6叶的叶宽均要大于顶1～3叶，两者间差异较显著。随着采收成熟度的提高，上部叶各叶位叶宽逐渐增加，其中顶4～6叶叶宽的增幅较大，M2、M3、M4采收成熟度的顶4～6叶叶宽均与M1成熟度间存在显著差异。而顶1～3叶叶宽的增幅稍小，只有M3、M4采收成熟度的顶1～3叶叶宽与M1成熟度间存在着显著性差异。灌溉处理对叶宽增加的影响不甚明显。

顶4～6叶的开片度与顶1～3叶之间无明显差异。随着采收成熟度的提高，各叶位开片度均逐呈增大趋势，两种水分调控方式中，以自然排灌处理的开片度差异更为显著。

2. 单叶重

由表5-32、表5-33可知，试验样品顶4～6叶单叶重的平均值均大于顶1～3叶，但不同采收成熟度间差别较大，当采收成熟度为M1、M2时，不同叶位间单叶重存在显著性差异，而成熟度提高到M3、M4时，不同叶位间单叶重差异不显著。上部叶单叶重均随采收成熟度的提高而下降，其中对顶4～6叶单叶重降低的影响较顶1～3叶更为明显。

3. 含梗率

含梗率是指主脉重量占单叶重的比率，一般为25% ～35%。从卷烟工业上讲，烟叶含梗率一旦偏高，将会影响出丝率及烟叶的有效利用率。上部叶在成熟过程中，由于主脉重量变化不大，因此其含梗率的变化主要与单叶重的变化有关。随着采收成熟度的提高，上部叶内含物不断消耗，单叶重下降，含梗率上升，但试验样品含梗率的平均值始终保持在33%以下。不同叶位间，顶1～3叶的含梗率稍低于顶4～6叶，差异不显著。

4. 平衡含水率

平衡含水率是指在一定温度和湿度条件下，烟叶经长时间吸湿和解湿后，其水分吸附量达到平衡状态时的含水率。平衡含水率与烟叶的机械性能、燃烧速率和吃味密切相关，是反映烟叶物理特性的一个重要指标。一般平衡含水率适当的烟叶，孔隙容积大，烟叶组织结构疏松，填充力和燃烧性好。由表1-3可见，试验上部叶样品平衡含水率位于12.7% ～14.9%之间，处于适当水平。随着采收成熟度的提高，平衡含水率呈上升趋势，但不同水分调控方式之间、不同成熟度之间及不同叶位之间均未表现出显著性差异。

5. 叶片厚度、叶质重和密度

厚度是指叶片的厚薄程度，叶质重是指平衡水分后单位面积烟叶的重量，密度是指平衡水分后单位体积烟叶的重量，是反映烟叶厚度和组织疏松度的重要综合指标。它们与烟叶的部位、成熟度和填充值密切相关。一般烟叶部位越高，厚度和密度值越大，其燃烧性和填充力也越差。烟叶成熟度好，组织结构越疏松，厚度和密度值越小，燃烧性和填充力也越好。

由表5-41、表5-42可知，试验样品的叶片厚度、叶质重及叶密度均随采收成熟度的提高而减小，随叶位的升高而增大。不同叶位间，上部叶叶片厚度及叶质重存在着显著性差异。采收成熟度对顶1～3叶厚度的影响较顶4～6叶更为明显，当采收成熟度为M3时，顶1～3叶厚度与M1成熟度采收的同叶位烟叶间存在显著差异。

**表5-41　自然排灌作用下不同采收成熟度上部叶物理特性比较**

| 采收成熟度 | 叶位 | 叶长（cm） | 叶宽（cm） | 开片度（%） | 单叶重（g） | 含梗率（%） | 平衡水分（%） | 叶片厚度（μm） | 叶质重（$mg/cm^2$） | 叶密度（$mg/cm^3$） |
|---|---|---|---|---|---|---|---|---|---|---|
| M1 | 顶1～3 | 57.4c | 17.9c | 31.1e | 11.0bc | 25.7d | 12.8cd | 187.1a | 17.5a | 1109.9a |
| | 顶4～6 | 64.1a | 19.2bc | 29.9e | 12.4a | 26.1d | 12.7d | 147.8d | 15.1bc | 1055.0ab |
| M2 | 顶1～3 | 56.3c | 18.0c | 32.0de | 10.8cd | 27.4cd | 13.2bcd | 176.5ab | 15.9ab | 977.3bc |
| | 顶4～6 | 62.9a | 21.4a | 33.9cd | 11.8ab | 30.2abc | 13.5abcd | 140.2de | 13.6cde | 915.1cd |

（续表）

| 采收成熟度 | 叶位 | 叶长（cm） | 叶宽（cm） | 开片度（%） | 单叶重（g） | 含梗率（%） | 平衡水分（%） | 叶片厚度（μm） | 叶质重（$mg/cm^2$） | 叶密度（$mg/cm^3$） |
|---|---|---|---|---|---|---|---|---|---|---|
| M3 | 顶1～3 | 55.9c | 19.4b | 34.7bc | 10.4cd | 27.9bcd | 13.9abcd | 166.3bc | 14.7bcd | 842.5de |
| | 顶4～6 | 62.5a | 22.2a | 35.5abc | 10.7cd | 30.7ab | 14.3abc | 134.6de | 12.7de | 816.7de |
| M4 | 顶1～3 | 53.2d | 20.0b | 37.6a | 9.4e | 29.8abc | 14.5ab | 162.5c | 14.0bcd | 758.3e |
| | 顶4～6 | 60.1b | 22.3a | 37.0ab | 10.2de | 32.8a | 14.9a | 131.3e | 11.8e | 753.1e |

注：同一列数据小写字母不同者表示差异达显著水平（$p<0.05$），下同。

**表5-42 灌溉作用下不同采收成熟度上部叶物理特性比较**

| 采收成熟度 | 叶位 | 叶长（cm） | 叶宽（cm） | 开片度（%） | 单叶重（g） | 含梗率（%） | 平衡水分（%） | 叶片厚度（μm） | 叶质重（$mg/cm^2$） | 叶密度（$mg/cm^3$） |
|---|---|---|---|---|---|---|---|---|---|---|
| M1 | 顶1～3 | 57.6c | 17.4c | 30.3de | 10.9cd | 26.1d | 12.9de | 192.0a | 17.8a | 956.6a |
| | 顶4～6 | 66.9a | 19.7b | 29.4e | 13.0a | 28.0bcd | 12.6e | 156.2cde | 14.9bc | 939.9a |
| M2 | 顶1～3 | 55.1cd | 17.6c | 32.0cde | 10.6cd | 27.1cd | 13.0de | 180.9ab | 15.8b | 884.1ab |
| | 顶4～6 | 65.3ab | 21.5a | 32.9bcde | 12.4ab | 32.0a | 13.5cd | 149.6def | 13.8cd | 871.8ab |
| M3 | 顶1～3 | 53.4d | 18.1bc | 33.9abcd | 10.3cd | 30.3ab | 13.6bcd | 173.3bc | 14.9bc | 821.3abc |
| | 顶4～6 | 63.3b | 22.1a | 35.0abc | 11.4bc | 30.5ab | 14.1abc | 139.8ef | 12.9de | 761.9bc |
| M4 | 顶1～3 | 52.8d | 19.7b | 37.4a | 10.1d | 29.7abc | 14.3ab | 166.5bcd | 14.1cd | 746.7bc |
| | 顶4～6 | 62.3b | 22.8a | 36.5ab | 10.9cd | 32.2a | 14.5a | 136.5f | 12.1e | 701.9c |

自然排灌区上部叶的叶密度明显大于灌溉区的上部叶，且在不同采收成熟间存在显著性差异。烟田经灌溉后，上部叶由于吸收水分及细胞膨胀的缘故，叶片厚度和叶质重均有小幅增加，但组织结构更为疏松，叶密度明显减小。

## （四）烤后烟叶常规化学成分分析

对烟株生长和烟叶工业可用性影响较大的烟叶化学品质指标有钾、总氮、总糖、还原糖、淀粉、烟碱等，这些内在成分的含量大小及相互间的比值可以反映出烟叶化学成分的协调性。

### 1. 钾

钾是烟草吸收量最大的生长必需营养元素，烟叶含钾量可在1.0% ～7%。

钾素对烟叶燃烧性影响较大，烟草钾含量提高，可提高烟叶的持火力，增强烟叶阴燃时间，使燃烧形成的低燃点物质减少。钾含量较高时，还可降低烟气中的焦油和一氧化碳含量，提高卷烟燃吸的安全性。

从表5-34、表5-35分析，自然排灌区及灌溉区上部叶试验样品的K含量在2.54～3.08之间，处于适宜水平，其中采收成熟度较低的烟叶K含量要高于采收成熟度高的烟叶，叶位低的烟叶较叶位高的烟叶K含量更高，这可能与烟株中K元素的流动方向及流动性强的特点有很大联系。烟株生长后期，经灌溉处理后，体内水分增多，K等流动性强的矿质元素传输速度加快，因而上部烟叶各叶位的K含量均较自然排灌区的烟叶有所增加，但随成熟度的增加，K含量仍呈下降趋势。此外，受水介质作用的影响，较低叶位的烟叶能更快地吸收到K元素，在较短时间内形成一个K营养源，从而导致叶位间K含量的差异更为显著。

2. 总糖、还原糖及两糖比

烟叶含有的水溶性总糖和还原糖含量是决定烟气醇和度的主要因素。燃吸卷烟时，糖类物质的热解产物呈酸性反应，可以与烟气中的碱性物质起中和作用，减少烟气中的刺、呛味。烤烟水溶性总糖含量一般在15%～35%之间，适宜含量为20%～26%。烤烟的还原糖含量一般在15%～26%之间。还原糖在卷烟燃吸时，可单独热解形成多种香气物质。还原糖含量的提高还有利于烟叶吸食品质的提高。但含糖量过高，特别是非还原糖比例较高时，烟气变得平淡灼热、刺激性增大，烟气酸性过强，产生焦油的可能性增大，安全性变差。因此，在控制烤烟型卷烟焦油含量时，应注意将烤烟原料中糖含量控制在适宜的范围之内，特别是要注意降低其中的非还原糖含量（双糖差）。

表5-34、表5-35可知，自然排灌区及灌溉区的上部烟叶总糖含量在19.29%～26.37%之间，还原糖含量在17.25%～24.22%之间，均处于适宜范围。总体上看，灌溉区试验烟叶样品的总糖、还原糖含量要低于自然排灌区的烟叶，这可能与灌溉后碳水化合物分解加快有关。随着采收成熟度的提高，上部叶总糖、还原糖含量均呈现出先上升后下降的规律，以M3成熟度的糖含量最高，且不同成熟度间存在显著性差异。不同叶位间，上部叶总糖、还原糖含量的差异均不明显。

试验样品还原糖与总糖之比在0.87～0.96之间，也处于适宜范围。不同叶位间，不同采收成熟度间，两糖比均未有明显差异，但总体上看，以M3、M4采收成熟度的上部烟叶两糖比较高。

3．淀粉

烤烟的淀粉含量是衡量烟叶成熟度和烘烤质量的重要指标之一。烘烤调制过程中，大多数淀粉分解为葡萄糖和糊精等，经过烘烤后的干烟叶淀粉含量降低到3%～5%。

从表5-34、表5-35分析，试验样品淀粉含量在1.15～3.34之间，处于适宜范围内。灌溉区上部叶的淀粉含量均低于自然排灌区的烟叶，分析原因，可能与灌溉后烟株体内水分相对较多，有利于淀粉酶在烘烤前期发挥作用有关。此外，不同叶位间、不同采收成熟度间，上部叶淀粉含量均存在显著差异。从叶位上看，低叶位烟叶的淀粉含量要低于高叶位的烟叶。随着采收成熟度的提高，上部叶淀粉含量也呈先上升后下降的变化规律，以M3采收成熟度的淀粉含量最高。

4．烟碱

烟碱是影响烟草品质最重要的化学成分，含量与烤烟的香气呈正相关关系。烤烟烟碱含量一般要求在1.5%～3.5%之间，以2.5%为适宜值。烟碱含量过低，劲头小，吸食淡而无味；烟碱含量过高，则劲头大，使人有呛刺不悦之感。

由表5-34、表5-35可知，试验样品上部叶的烟碱含量在2.84%～3.75%之间，总体偏高。烟田经灌溉后，上部叶样品的烟碱含量均要低于自然排灌区的烟叶，说明灌水处理对降低上部叶烟碱含量有一定效果。此外，随着采收成熟度的增加，上部叶烟碱含量逐渐降低，且不同成熟度间烟碱含量差异达显著水平。低叶位烟叶的烟碱含量要低于高叶位的烟叶，但不同叶位间差异不明显。

5．糖碱比

烟叶水溶性总糖含量与烟碱含量的比值，称为糖碱比。糖碱比通常被用作对烟气强度和柔和性评价的基础。烤烟糖碱比要求在8～10，不宜超过10。若比值过大，超过15，虽然烟味温和，但劲头小，香气平淡；若比值在5以下，烟味强烈，刺激性大并有苦味。

由表5-43、表5-44可见，自然排灌区及灌溉区上部烟叶的糖碱比均在5.34～8.25之间，较为适中。随着采收成熟度的提高，糖碱比均呈先上升后下降的趋势，且存在显著差异，以M3采收成熟度的糖碱比最接近理想值。而不同调控方式之间、不同叶位之间，糖碱比差异不甚明显。

**表5-43　自然排灌作用下不同采收成熟度上部叶化学成分比较**

| 采收成熟度 | 叶位 | 钾（%） | 总糖（%） | 还原糖（%） | 淀粉（%） | 烟碱（%） | 两糖比 | 糖碱比 |
|---|---|---|---|---|---|---|---|---|
| M1 | 顶1～3 | 2.84ab | 20.27d | 18.47c | 1.83e | 3.75a | 0.91a | 5.40c |
|  | 顶4～6 | 2.96a | 21.76cd | 18.79c | 1.40f | 3.66a | 0.87a | 5.95c |
| M2 | 顶1～3 | 2.76bc | 23.51bc | 20.70b | 2.49c | 3.46b | 0.88a | 6.79b |
|  | 顶4～6 | 2.88ab | 23.11bc | 21.31b | 2.07d | 3.41bc | 0.92a | 6.77b |
| M3 | 顶1～3 | 2.67cd | 25.05ab | 23.44a | 3.34a | 3.34bc | 0.94a | 7.49a |
|  | 顶4～6 | 2.77bc | 26.37a | 24.00a | 2.79b | 3.29c | 0.91a | 8.02a |
| M4 | 顶1～3 | 2.54d | 22.69c | 20.80b | 2.40c | 3.02d | 0.92a | 7.51a |
|  | 顶4～6 | 2.66cd | 22.45c | 21.11b | 1.81e | 2.93d | 0.94a | 7.65a |

**表5-44　灌溉作用下不同采收成熟度上部叶化学成分比较**

| 采收成熟度 | 叶位 | 钾（%） | 总糖（%） | 还原糖（%） | 淀粉（%） | 烟碱（%） | 两糖比 | 糖碱比 |
|---|---|---|---|---|---|---|---|---|
| M1 | 顶1～3 | 2.92bc | 19.29e | 17.25f | 1.54e | 3.61a | 0.90ab | 5.34f |
|  | 顶4～6 | 3.08a | 20.80de | 18.50e | 1.15f | 3.55ab | 0.89b | 5.86ef |
| M2 | 顶1～3 | 2.85c | 21.88cd | 20.12d | 2.28c | 3.43ab | 0.92ab | 6.39de |
|  | 顶4～6 | 2.97b | 22.94bc | 21.41c | 1.83d | 3.38bc | 0.93ab | 6.80cd |
| M3 | 顶1～3 | 2.73d | 24.07ab | 22.92b | 3.11a | 3.19cd | 0.96a | 7.56ab |
|  | 顶4～6 | 2.84c | 25.71a | 24.22a | 2.57b | 3.12d | 0.94ab | 8.25a |
| M4 | 顶1～3 | 2.62e | 21.30cd | 19.94d | 2.24c | 2.91e | 0.94ab | 7.32bc |
|  | 顶4～6 | 2.72d | 22.07cd | 20.43cd | 1.53e | 2.84e | 0.93ab | 7.80ab |

### （五）烤后烟叶经济性状比较

总体上看，灌溉田块上部叶的均价和上等烟比例要略高于自然排灌田块，而产量和产值略低于自然排灌田块。随着采收成熟度的提高，上部叶产量及产值逐渐降低，均价及上等烟比例则呈现出先升高后降低的变化规律，以M3采收成熟度的最好。M3成熟度的上部叶产量较M1成熟度低8.8%，产值比M1成熟度低7.0%，两成熟度间均价和上等烟比例相差不大（如表5-45）。

表5-45　烤后烟叶经济性状

| 水分调控方式 | 采收成熟度 | 产量（kg/公顷） | 均价（元/kg） | 产值（元/公顷） | 上等烟比例（%） |
|---|---|---|---|---|---|
| 自然排灌 | M1 | 1113.0 | 13.72 | 15270.3 | 41.25 |
| | M2 | 1090.5 | 13.81 | 15060.0 | 41.56 |
| | M3 | 1027.5 | 13.96 | 14343.9 | 42.26 |
| | M4 | 973.5 | 13.89 | 13521.9 | 41.95 |
| 灌溉 | M1 | 1131.0 | 13.68 | 15472.1 | 40.97 |
| | M2 | 1081.5 | 13.84 | 14967.9 | 41.72 |
| | M3 | 1018.5 | 13.98 | 14238.6 | 42.38 |
| | M4 | 969.0 | 13.92 | 13488.5 | 42.11 |

## 四、小结

通过对上部6片叶一次性采收方式不同采收成熟度灌溉组及自然排灌组的鲜烟叶素质、外观质量、物理性状、化学成分等进行综合分析评价，结果表明上部叶成熟期间适度灌溉及适宜采收成熟度均对烟叶质量有着一定的影响。这些影响主要表现为：灌溉组上部烟叶样品在鲜烟叶素质、外观质量、关键物理特性指标、化学成分协调性、经济性状上都要优于自然排灌组烟叶样品；灌溉组烟叶样品的成熟度、油分以及叶面疏松程度比自然排灌组烟叶样品要好，钾含量、糖碱比更高，淀粉含量及烟碱含量也更低，整体质量向好的方向发展；M3采收成熟度的烟叶样品在外观质量、化学成分协调性上均要好于其他3个采收成熟度的烟叶样品；M3采收成熟度烟叶样品成熟度、油分以及叶面疏松程度比其他3个采收成熟度烟叶样品要好，总糖含量、还原糖含量最高，两糖比、糖碱比最接近理想值，烟碱含量也相对较低。

# 第八节　不同采收方式对上部烟叶产质量影响研究

## 一、试验设计

当烟株采收到上部叶仅剩6片叶时，进行不同采收方式的试验。本试验设两个处理。（1）对照：上部烟叶按宁乡习惯的成熟度和采收方式采收（当顶部第1片叶达到M1成熟特征时，一次性采收上部6片烟叶）；（2）上部6片烟叶一次性成熟采收，顶部第1片叶的成熟采收特征参照M3。两种采收方式所采收的顶部6片烟叶均按试验一的烘烤技术进行烘烤。

## 二、试验方法

试验田与对照田均于3月23日移栽，留叶数16～18片。试验品种为当地主栽品种云烟97；烤烟育苗、田间管理措施及中下部烟叶采收烘烤按当地优质烟叶生产技术方案执行。

试验田和对照田的中部烟叶采收完后，均留下6片上部烟叶供试验操作。当对照田80%的顶部第1片叶呈现M1成熟特征时，一次性采收顶部6片叶，对照田上部叶的采收日期为7月16日；当试验田80%的顶部第1片叶呈现M3成熟特征时，一次性采收顶部6片叶，试验田上部叶的采收日期为7月25日。

编烟时，对照处理和试验处理均按照叶位进行编杆，每杆编烟120片，同时对烟杆进行标识。样品按处理编杆后，分别放入不同烤房进行三段式烘烤，烘烤技术要求同试验一。烘烤结束后，再分别对试验处理和对照处理的烟叶进行样品采集。

## 三、结果与分析

### （一）鲜叶素质调查

1. 叶绿素含量

由图5-62可知，示范采收方式的上部叶由于采收成熟度较高，叶绿素含量均要低于宁乡习惯采收方式。从叶位来看，随着叶位的降低，两种采收方式的叶绿素含量均逐渐降低，说明叶位较低的烟叶成熟度相对较高。

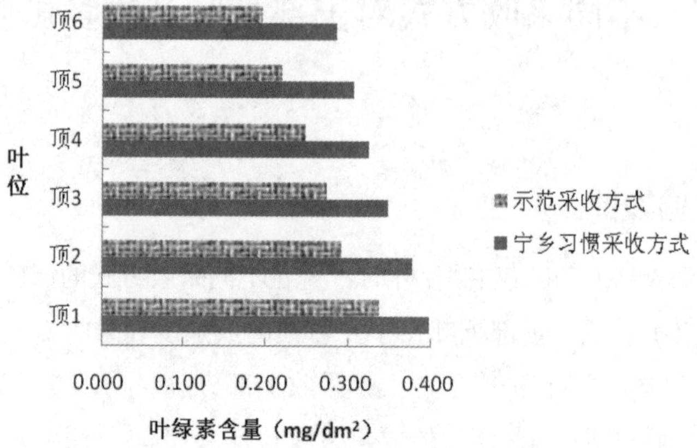


图5-62 不同采收方式上部叶叶绿素含量平均值（$mg/dm^2$）

2. 淀粉含量

从图5-63分析，示范采收方式上部叶各叶位鲜烟叶的淀粉含量均要明显高于宁乡习惯采收方式，经方差分析表明，两种采收方式间存在显著差异。说明上部叶在成熟过程中，随着发育不断充分，淀粉等碳水化合物逐渐积累。此外，顶部叶片光合作用较强，淀粉积累相对较多，因此上部叶各叶位淀粉含量自下而上呈上升趋势。

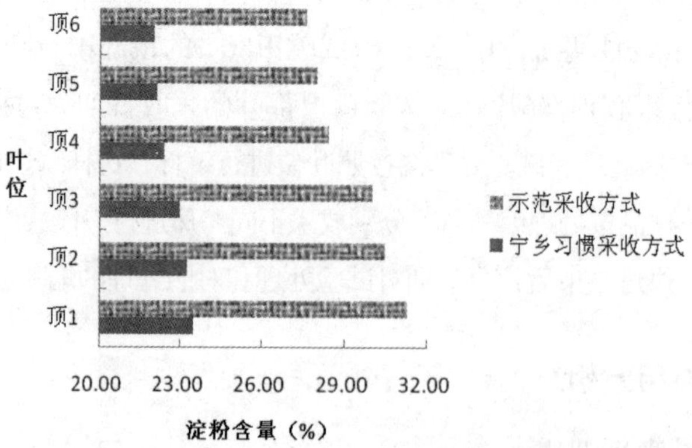


图5-63 不同采收方式上部叶淀粉含量平均值（%）

## （二）烤后烟叶物理特性分析

1．烤后叶叶长、宽及开片度

由表5-46可知，试验样品顶4～6叶的叶长均要大于顶1～3叶，且两者之间存在显著性差异。示范采收方式上部叶的成熟度较高，其各叶位叶长均小于当地习惯采收方式，但差异不显著。

示范采收方式上部叶样品的叶宽及开片度均要大于当地习惯采收方式，且两种方式之间存在显著性差异，说明采收成熟度提高后，叶片发育状况得到改善，开片效果良好。从叶位上看，顶4～6叶的叶宽均要大于顶1～3叶，但示范采收方式叶位间的差异较大，可能与顶4～6叶成熟度提高后叶宽增幅较大有一定联系；而叶位间，开片度的差异不甚明显。

2．单叶重

从表5-46分析，示范采收方式上部叶的单叶重均要低于当地习惯采收方式，说明成熟度的提高会使上部叶部分内含物被消耗，从而导致单叶重的下降。从不同叶位比较，顶4～6叶的单叶重均要大于顶1～3叶。相比按当地习惯方式采收的上部叶，示范采收方式的单叶重在叶位间的差异相对较小。

3．含梗率

由表5-46可见，上部叶含梗率与单叶重之间呈一定的负相关关系。按示范方式采收的上部叶，单叶重相对较低，但含梗率却较当地习惯采收方式有所增加。不同叶位相比，低叶位的含梗率相对较高，且在示范采收方式的上部叶各叶位间表现得较明显。

4．平衡含水率

由表5-46可知，试验上部叶样品平衡含水率位于12.7%～14.3%之间，处于适当水平。按示范方式采收上部叶，由于采收成熟度得到提高，上部叶平衡含水率有所增加，但与当地习惯采收方式之间并未表现出显著差异。同时，不同叶位之间，平衡含水率的差异也不明显。

5．叶片厚度、叶质重和密度

由表5-46可知，不同采收方式之间，上部叶叶片厚度、叶质重及叶密度差异较显著。按示范方式采收的上部叶，由于采收成熟度有所提高，叶片变薄且更为疏松，因此其叶片厚度、叶质重及叶密度均明显小于按习惯方式采收的叶片。不同叶位相比，顶4～6叶的叶片厚度、叶质重及密度均要小于顶1～3叶。叶位之间，仅有叶片厚度存在显著性差异，而叶质重和密度的差异均不明显。

**表5–46 不同采收方式上部叶物理特性比较**

| 采收方式 | 叶位 | 叶长（cm） | 叶宽（cm） | 开片度（%） | 单叶重（g） | 含梗率（%） | 平衡水分（%） | 叶片厚度（μm） | 叶质重（mg/cm²） | 叶密度（mg/cm³） |
|---|---|---|---|---|---|---|---|---|---|---|
| 当地习惯采收 | 顶1～3 | 57.4b | 17.9c | 31.1b | 11.0b | 25.7c | 12.8b | 187.1a | 17.5a | 1109.9a |
| | 顶4～6 | 64.1a | 19.2bc | 29.9b | 12.4a | 26.1bc | 12.7b | 147.8c | 15.1bc | 1055.0a |
| 示范采收 | 顶1～3 | 55.9b | 19.4b | 34.7a | 10.4b | 27.9b | 13.9ab | 166.3b | 14.7bcd | 842.5b |
| | 顶4～6 | 62.5a | 22.2a | 35.5a | 10.7b | 30.7a | 14.3a | 134.6d | 12.7de | 816.7b |

### （三）烤后烟叶常规化学成分分析

1. 钾

从表5–47分析，试验样品的K含量在2.67～2.96之间，处于适宜水平。两种采收方式中，按当地习惯方式采收的上部叶K含量均要高于按示范方式采收的烟叶，并且采收方式间存在着显著性差异。按示范方式采收的上部叶，采收日期较当地习惯采收方式推迟了两周左右，这两周内可能由于K元素流失速度较快，导致了烟叶内K含量的大幅下降。此外，叶位低的烟叶较叶位高的烟叶K含量更高，这可能与烟株中K元素的流动方向有一定联系。

2. 总糖、还原糖及两糖比

表5–47可知，两种采收方式的上部烟叶总糖含量在20.27% ～26.37%之间，还原糖含量在18.47% ～24.00%之间，均处于适宜范围。示范采收方式的上部叶总糖、还原糖含量均高于当地习惯采收方式，并且采收方式间存在显著差异，说明适当提高采收成熟度有利于上部叶总糖、还原糖的积累。但是在不同叶位之间，上部叶总糖、还原糖含量的差异并不明显。

试验样品还原糖与总糖之比（又称两糖比）在0.87～0.94之间，也处于适宜范围。总体上看，按示范方式采收的上部叶，两糖比要高于当地习惯采收方式，说明采收成熟度提高后，总糖中非还原糖所占比例会减小，有利于改善烟叶的评吸质量。但是，上部叶两糖比在两种采收方式间、两组叶位间，并未表现出明显差异。

3．淀粉

从表5–47分析，试验样品淀粉含量在1.40～3.34之间，处于适宜范围内。不同采收方式之间、不同叶位之间，上部叶淀粉含量均存在显著差异。示范采收方式的上部叶淀粉含量明显要高于当地习惯采收方式，可能是由于成熟过程中淀粉不断积累所致。另外，从叶位上看，低叶位烟叶的淀粉含量要低于高叶位的烟叶，这与叶片所受光合作用强弱有一定联系。

4．烟碱

由表5–47可知，试验样品上部叶的烟碱含量在3.29%～3.75%之间，总体偏高。按示范方式采收的上部叶，其烟碱含量均要低于按当地习惯方式采收的烟叶，且两种采收方式间烟碱含量差异达显著水平，说明提高采收成熟度对降低上部叶烟碱含量有一定效果。此外，低叶位烟叶的烟碱含量要低于高叶位的烟叶，但不同叶位间差异不明显。

5．糖碱比

由表5–47可见，两种采收方式上部烟叶的糖碱比均在5.40～8.02之间，较为适中。上部叶糖碱比在采收方式间存在着显著差异，其中示范采收方式的糖碱比要明显优于当地习惯采收方式，说明上部叶采收成熟度提高后，化学成分的协调性会得到明显改善。从叶位来看，顶4～6叶的糖碱比要高于顶1～3叶，但叶位间差异不显著。

**表5–47　不同采收方式上部叶化学成分比较**

| 采收方式 | 叶位 | 钾（%） | 总糖（%） | 还原糖（%） | 淀粉（%） | 烟碱（%） | 两糖比 | 糖碱比 |
|---|---|---|---|---|---|---|---|---|
| 当地习惯采收 | 顶1～3 | 2.84b | 20.27b | 18.47b | 1.83c | 3.75a | 0.91a | 5.40b |
| | 顶4～6 | 2.96a | 21.76b | 18.79b | 1.40d | 3.66b | 0.87a | 5.95b |
| 示范采收 | 顶1～3 | 2.67c | 25.05a | 23.44a | 3.34a | 3.34c | 0.94a | 7.49a |
| | 顶4～6 | 2.77bc | 26.37a | 24.00a | 2.79b | 3.29c | 0.91a | 8.02a |

### （四）烤后烟叶经济性状比较

由表5-48可知，按示范方式采收的上部叶由于受成熟度提高的影响，上部叶单叶重有所降低，因此产量和产值都有所下降，分别比当地习惯采收方式减少7.6%和6.1%，而烤后烟叶质量有一定改善，均价及上等烟比例分别较当地习惯采收方式增加1.7%和2.2%。

表5-48　烤后烟叶经济性状

| 不同采收方式 | 产量（kg/公顷） | 均价（元/kg） | 产值（元/公顷） | 上等烟比例（%） |
|---|---|---|---|---|
| 当地习惯采收 | 1105.5 | 13.74 | 15189.6 | 41.31 |
| 示范采收 | 1021.5 | 13.97 | 14270.4 | 42.23 |

## 四、小结

通过对当地习惯采收方式和示范采收方式两种上部叶采收方式的物理性状、化学成分等进行综合分析评价，结果表明示范采收方式对烟叶质量有着显著的影响。这些影响主要表现为：示范采收方式烟叶样品成熟度、开片度、平衡含水率及叶面疏松程度均比当地习惯采收方式的烟叶样品要好，烟碱含量更低，总糖含量、还原糖含量更高，两糖比、糖碱比也更接近理想值，总体质量明显优于当地习惯采收方式的烟叶样品。

# 第九节　生态栽培技术对烟叶质量和安全性的影响

近年来，随着大量化肥、农药的施用，烟叶的吃香味，尤其是香气量、香气质等方面表现了明显的缺陷，烟叶安全性也受到挑战。减少卷烟产品对人体的危害是当前烟草研究的重要内容，生态烟叶生产是减少卷烟产品有害成分的重要手段之一。针对改善烟叶品质，提高烟叶安全性，各地烟草科技工作者做了大力的科研与示范工作，取得了一定的成绩。张忠锋等对施用秸秆、饼肥、微生物肥等，邓接楼等采用生物有机肥，对烟叶品质的效应进行了研究表明：可改善烟叶质量，尤其对提高香气质、香气量效果较好；赵洪义等利用农田生态调控技术对病虫害进行综合防治可保护生态环境，降低生产成本，提高烟叶质量。根据宁乡的实际情况出发，选取生态条件好，采取有机沼气肥料、农家肥、火土灰、生物活性基肥等有机肥料逐步替代或部分替代化学肥料，同时施用高效、低毒、低残留农药，探索一条确保烟叶安全性，提高烟叶质量，为烟农降本增效的道路，同时为特宁乡特色生态烟叶的开发创造条件。

## 一、材料与方法

### （一）供试品种

云烟87

### （二）示范田选择

试验在湖南宁乡县黄材镇松溪村进行，属亚热带湿润季风气候区，该村环境良好，示范区三面环山，植被资源丰富，生长茂盛，空气新鲜，附近无工业，示范区农户都有沼气池，并且当地沼液、沼渣丰富，示范区排灌方便，水源充足，清洁干净，无污染，供试土壤代表当地土壤为水稻土，略含沙性，耕作层25cm以上，前茬为水稻，示范面积为100亩。

### （三）示范考察田处理设置

示范区按照生态烟叶示范方案执行，其他选择附近10亩左右的烟田作为对照，按照《2012年宁乡县优质烟叶生产技术规程》要求进行管理。

### （四）示范区主要技术措施及要求

冬翻冻坯，稻草还田，要求在12月30日前全部完成，生石灰溶田要求75公斤/亩；育苗方式为浅水育苗，示范区内的烟苗统一出自同一个大棚群，且烟苗健壮、整齐；移栽期为3月17—18日，集中2天内全部完成；合理施肥，重视农家肥，火土灰，突出沼渣、沼液、生物活性肥的施用，50%的纯氮用沼渣、沼液代替，具体施肥情况（见表5-49）；单行高垄，合理密植，种植株行距为1.2米×0.5米；大穴深栽，地膜覆盖；中耕、培土、追肥，追施沼液时，由村统一组织运送沼液到配液池；适时打顶，50%中心花开放实行一次性打顶，化学抑芽；坚持预测预报，统防统治、综合防治制度，100%施用低毒、低残留、生物农药，严禁高毒高残留农药使用；成熟采收，科学烘烤。

表5-49 生态烟叶示范施肥方案

| 种类 | 数量 | 养分含量 | | | 施用方法 |
| --- | --- | --- | --- | --- | --- |
| | | N | P205 | K20 | |
| 农家肥 | 250 | 0 | 0 | 0 | 作基肥宽幅条施、深施。 |
| 专用基肥 | 40 | 3.2 | 4.4 | 4.4 | |
| 磷肥 | 25 | 0 | 2 | 0 | |
| 沼渣 | 250 | 2.875 | 1.375 | 2.375 | |
| 生物活性肥 | 15 | 0 | 0 | 0 | |
| 火土灰 | 1000 | 0 | 0 | 6 | 取两倍量大田本土混拌成移栽营养土。 |
| 提苗肥 | 4 | 0.8 | 0.34 | 0 | 追施 |
| 沼液 | 2000 | 1.2 | 1 | 1 | 每7～10天1次分3次，按沼液：清水=1：2～3浇施 |
| 硫酸钾 | 20 | 0 | 0 | 10 | 揭膜中耕后株间穴施 |
| 合计 | | 8.075 | 9.115 | 23.775 | |
| | | 1 | 1.129 | 2.944 | |

**（五）测定项目与方法**

农艺性状的调查分析按烟草行业标准（YC/T142—1998）进行。在主要病害高发期，调查病害的发病率和病情指数；烟叶采烤完毕后统计经济性状和农药残留情况，并分别取C3F、B2F、X2F各5.0 kg进行化学成分分析，分析在湖南中烟工业公司科研所进行；烟叶收购后，分析烟农成本降低情况以及与正常大田烟叶比较综合效益情况。

## 二、结果与分析

**（一）农艺形状比较**

从表5-50可以看出，对照区平均株高、茎围、节距、有效叶片均略大于示范区，主要由于示范区存在部分比率花叶病，且花叶病发生较早，对烟叶的生长、发育、产量等存在一定的影响。从选取的样品烟中称重发现，生态烟叶的重量较对照区的重，说明有机肥在土壤中淋失较慢，烟株利用率高，有利于产量的形成。

表5-50　农艺形状对比表

| 项目 | 株高（cm） | 茎围（cm） | 节距（cm） | 有效叶数（片） | 单叶重（g/片） |
|---|---|---|---|---|---|
| 示范区 | 103.8 | 9.8 | 4.2 | 16.1 | 9.1 |
| 对照区 | 108.2 | 9.2 | 4.3 | 17.4 | 8.3 |

### （二）病虫害发生情况

示范区主要的病害为花叶病，气候斑点病总体轻微，未见青枯病与黑胫病；主要发生的虫害为蚜虫，未见小地老虎、斜纹夜蛾为害，烟青虫发生轻微。

从表5-51可知，蚜虫迁飞高峰未施药前，百株蚜量示范区与对照区数量分别为19头和20头，无明显差别，示范区施用沼液，对照区施用莫蚜灵，5月5日调查示范区百株蚜量为8头，对照区为2头，说明沼液防治蚜虫效果不如化学药剂莫蚜灵。

示范区发病情况与对照区发病高峰期基本一致，但示范区发病比率和病情指数明显高于对照区，主要原因之一为生态防治（如沼液防治蚜虫）蚜虫防治效果不佳，对传播花叶病起到了一定作用。其二为示范区一农户存在5亩左右大田花叶病发病株率在70%以上，可能因为农事操作前工具和手未进行消毒，并在雨天进行，导致人为传播了花叶病病毒。从而，示范区花叶病发病比率明显高于对照区。

表5-51　主要病虫害发生情况表

| 项目 | 花叶病 | | | 蚜虫（百株蚜量） | | |
|---|---|---|---|---|---|---|
| | 发病比率 | 病情指数 | 发病高峰期 | 4月25日（头） | 5月5日（头） | 迁飞高峰期 |
| 示范区 | 23.40% | 10.50% | 5月底 | 19 | 8 | 4月底5月初 |
| 对照区 | 8.60% | 3.40% | 5月底 | 20 | 2 | 4月底5月初 |

说明：花叶病采用数据调查日期为5月25日

### （三）烟叶烘烤后质量分析

烟叶烘烤后，在对照区和示范区分别取C3F、B2F、X2F各5.0 kg进行化学成分分析，分析在湖南中烟工业公司科研所进行。

1. 外观质量分析

宁乡县生态烟叶中上部烟样品在成熟度、组织结构和油分等方面稍优于对照，下部烟部分指标差于对照。具体情况见表5-52。

表5-52 烟叶外观质量情况表

| 项目 | 等级 | 成熟度 | 发育状况 | 组织结构 | 身份 | 油分 | 色度 |
|---|---|---|---|---|---|---|---|
| 示范区 | C3F | 成熟—尚熟 | 良好 | 疏松—尚疏松 | 中等 | 有—多 | 强 |
| | B2F | 成熟—尚熟 | 良好 | 疏松—尚疏松 | 稍厚 | 有—多 | 强 |
| | X2F | 尚熟 | 好 | 尚疏松 | 中等 | 稍有 | 中 |
| 对照区 | C3F | 成熟—尚熟 | 良好 | 尚疏松 | 中等 | 有 | 强 |
| | B2F | 尚熟 | 良好 | 尚疏松 | 中等—稍厚 | 有 | 强至中 |
| | X2F | 成熟 | 好 | 疏松 | 中等 | 有 | 中 |

2. 主要化学成分

对宁乡生态烟叶及其对照区烟叶的主要化学成分分析，两者化学成分基本协调，具体而言，生态烟叶的中、上部样品两糖含量比对照低，总碱、总氮和氯离子含量比对照高；生态烟叶的下部样品两糖含量比对照高，总碱和总氮含量比对照低。

表5-53 主要化学成分含量情况表

| 项目 | 等级 | 总糖/% | 还原糖/% | 总碱/% | 总氮/% | 钾/% | 氯离子/% | 糖碱比 |
|---|---|---|---|---|---|---|---|---|
| 示范区 | C3F | 36.3 | 31.4 | 2.13 | 1.84 | 2.41 | 0.23 | 14.7 |
| | B2F | 22.9 | 20.8 | 3.23 | 2.51 | 1.97 | 0.49 | 6.43 |
| | X2F | 39.8 | 35.3 | 1.6 | 1.64 | 2.85 | 0.29 | 22.1 |
| 对照区 | C3F | 42.4 | 36.7 | 1.62 | 1.84 | 2.73 | 0.1 | 22.67 |
| | B2F | 26.4 | 23.8 | 2.65 | 2.24 | 1.91 | 0.28 | 8.99 |
| | X2F | 34.3 | 30.8 | 2.6 | 2.02 | 2.18 | 0.25 | 12.31 |

3. 评吸结果

从烟叶感官评吸质量来看，生态烟叶在香气质和余味两方面得分略低于对照，其他指标与对照相当。综合来看，生态烟叶的整体评吸质量相当或略低于对照样品。具体评吸结果见表5-54。

表5-54　烟叶评吸结果情况表

| 项目 | 等级 | 香型 | 香气质 | 香气量 | 浓度 | 杂气 | 劲头 | 刺激性 | 余味 | 燃烧性 | 灰色 | 总分 | 备注 |
|---|---|---|---|---|---|---|---|---|---|---|---|---|---|
| 示范区 | C3F | 浓 | 6.5 | 7 | 7 | 6.5 | 7 | 6.5 | 6.5 | 7 | 7 | 61 | 香气较透发，稍厚实，浓度较大，烟气较爆发，稍干燥，劲头适中，杂气有，余味尚舒适尚干净。 |
| | B2F | 浓 | 6.5 | 7- | 7 | 6 | 6.5 | 6.5- | 6.5- | 7 | 7 | 60 | 香气较透发稍欠明亮，浓度较大，烟气稍欠成团，有枯焦和含氮杂气，劲头稍偏大，口腔上颚有残留。 |
| | X2F | 浓 | 6.5 | 6.5 | 6.5 | 6.5 | 6.5 | 7 | 7 | 7 | 7 | 60.5 | 香气欠厚实，浓度适中-，烟气较散，劲头偏小，刺激较小，余味较舒较干净-。 |
| 对照区 | C3F | 浓 | 7 | 7 | 7 | 6.5+ | 7 | 6.5 | 7- | 7 | 7 | 62 | 香气较明亮较透发，浓度适中-，烟气较细腻，有湿润感，劲头适中，稍有杂气，余味较舒适较干净-。 |
| | B2F | 浓 | 7 | 7 | 7- | 6.5 | 7- | 6.5 | 7 | 7 | 7 | 62 | 香气稍明亮较透发，浓度适中+，烟气较细腻，劲头在喉部稍有集中，稍有杂气，余味较舒适较干净-。 |
| | X2F | 浓 | 6.5 | 7+ | 7.5 | 6 | 6.5 | 6.5- | 6.5- | 7 | 7 | 60.5 | 香气较透发，较厚实，浓度较大，烟气较爆发，稍有湿润感，劲头在喉部稍集中，杂气稍显露。 |

## （四）烟叶农药残留情况表

从农药残留情况来看，所检测的指标除对照区高效氯氰菊酯为0.2以外，且低于全国平均水平，其他均未检测出。具体情况见表5-55。

表5-55 农药残留情况表

| 项目 | 六六六 | 滴滴涕 | 甲胺磷 | 氧化乐果 | 氯氰菊酯 | 高效氯氰菊酯 |
|---|---|---|---|---|---|---|
| 示范区 | 未检出 | 未检出 | 未检出 | 未检出 | 未检出 | 未检出 |
| 对照区 | 未检出 | 未检出 | 未检出 | 未检出 | 未检出 | 0.2 |

### （五）烟叶生产成本情况

按照示范区与对照区肥料、地膜、农药用量情况和2009年烟用物资价格进行计算，示范区相对对照区每亩成本节约220.3元，具体情况见表5-56。

表5-56 烟叶生产成本情况表（单位：元）

| 项目 | 专用基肥 | 硝酸钾 | 提苗肥 | 硫酸钾 | 磷肥 | 地膜 | 农药 | 合计 |
|---|---|---|---|---|---|---|---|---|
| 示范区 | 200.9 | 162.3 | 10.9 | 73.8 | 17.5 | 35.9 | 45.6 | 546.9 |
| 对照区 | 123.6 | 0.0 | 10.9 | 98.4 | 17.5 | 35.9 | 40.2 | 326.6 |
| 差别 | 77.3 | 162.3 | 0.0 | –24.6 | 0.0 | 0.0 | 5.4 | 220.3 |

### （六）经济性状情况

从烟叶经济性状情况来看，示范区亩产量为136.7公斤，比对照区149.6公斤低12.9公斤，收购均价比对照区低0.3元/公斤，亩产值低237.6元/亩，主要原因之一是示范区花叶病发病率高，且相对发病早，对烟叶的产量和质量造成了一定的影响，上中等烟比率示范区略高于对照区。具体情况见表5-57。

表5-57 经济性状统计表

| 项目 | 亩均产量（公斤） | 收购均价（元/公斤） | 亩均产值（元/亩） | 上中等烟比率（%） |
|---|---|---|---|---|
| 示范区 | 136.7 | 14.5 | 1984.0 | 91.7 |
| 对照区 | 149.6 | 14.9 | 2221.6 | 90.6 |
| 差别 | 12.9 | 0.3 | 237.6 | –1.1 |

## 三、小结与讨论

### （一）小结

1. 由于病虫害的影响，除单叶重外，生态烟的其他农艺形状略低于对照烟，生态烟叶选取三个等级的平均单叶重略高于对照。

2．由于示范区采用生态综合防治，不如示范区化学防效，示范区主要病虫害发生情况高于对照区。

3．从烤后质量分析情况来看，除下部叶外，生态烟叶外观质量中上叶稍优于对照烟叶；两者化学成分基本协调；生态烟叶的整体评吸质量相当或略低于对照样品。

4．从农药残留情况来看，两者农药残留指标合格，低于全国平均水平，生态烟叶农残指标优于对照。

5．生产成本及经济性状来看，生态烟叶收购均价、亩产量、亩产值均低于对照区，烟叶生产成本生态烟叶低于对照区220.3元/亩，从烟农的综合效益评价情况来看，生态烟叶亩产值略低于对照区17.3元。

**（二）讨论**

1．试验为第一年，如何减少病虫害的危害，合理搭配施肥，有机肥料对土壤的影响，如何有效合理降低烟叶成本等方面，需进一步研究。

2．从选取样品的单叶重来看，生态烟叶平均单叶重高于对照，说明若排除病虫害为害等客观的因素，在相当施肥的水平下，由于有机肥的淋失慢，生态烟叶亩产量可能略高于对照；总结借鉴施肥方法和肥料品种，在来年试验中，进一步开展如何提高烟叶质量研究，可探索一系列提高质量的方法。因而，生态烟叶开发在提高烟叶产量、改善质量、降低残留，降低烟叶生产成本提高烟农产值方面有一定的研究应用前景，具有很大的推广应用价值。

# 第六章 烟叶原料保障体系运行模式研究

针对政工商研在合作上的困惑与迷茫，以及如何确保卷烟品牌烟叶原料的稳定供应，促进烟叶质量的不断提升，满足主导卷烟品牌对优质烟叶个性化需求，实现卷烟品牌导向的定区域、定量和定生产技术的烟叶原料保障新模式，本研究以利群品牌在宁乡的原料保障基地建设为典型案例，通过工商研政反复探索与实践，最终研究出一套以"卷烟品牌导向烟叶原料保障体系"为纽带的工商研政合作管理模式，即：建立政工商研战略合作发展"一套机制"、建立生产标准化体系和管理标准化体系"两个标准化体系"、搭建政工商研互动交流"三个平台"和建立健全工商研政"四位一体"支撑保障体系。我们将"利群"品牌导向的宁乡烟叶原料保障体系运行模式简称为："1234"模式。

## 第一节 建立政工商研战略合作发展机制的意义和作用

在"利群品牌原料保障体系及宁乡基地建设研究与实践"项目的选题、立题、开题和实施全过程中，我们始终把最大限度满足卷烟工业企业烟叶原料需求作为项目研究的出发点和落脚点，既充分考虑浙江中烟对烟叶品种、种植区域、生产技术措施等方面的客观要求，又注重利群品牌对烟叶原料外观质量、化学成分、感官质量等要素的现实需求，更注重工商研政四方原料保障战略联盟关系的建立和巩固。

2010年5月，浙江中烟工业有限责任公司、湖南省烟草公司长沙市公司、宁乡县人民政府、湖南农业大学在长沙签署了《“品牌原料保障体系及基地区域经济协调发展机制研究与实践”框架合作协议》，明确了项目建设的目的意义、合作原则、目标任务、组织机构、合作内容和合作方式等，共同搭建品牌原料保障体系及基地区域经济协调发展机制研究与实践的合作平台，围绕国家局提出的“532”和“461”的战略构想，实现原料供应基地化、烟叶品质特色化、生产方式现代化，增强浙江中烟“利群”品牌烟叶原料保障能力，优化宁乡烟叶市场资源配置，促进宁乡特色优质烟叶可持续发展，促进烟叶基地区域经济协调发展。拉开了培育新型工商研政合作发展联盟关系和宁乡特色优质烟叶原料生产与卷烟品牌发展对接的序幕，为科学合理规划基地、体制创新共建基地工作实践提供了条件，为引入品牌观念、融入品牌文化，建立工业需求引导烟叶生产的机制奠定了基础。

为确保“利群品牌原料保障体系及宁乡基地建设研究”项目的顺利实施，由合作各方的有关领导，相关业务部门人员共同组成项目工作组，项目工作组下设领导小组和执行小组，全面负责合作项目的管理、协调、督促和实施工作。

项目工作组会议围绕如何搞好“利群品牌原料保障体系及宁乡基地建设研究”多次开展了深入的讨论，在听取了广泛的意见后，确定建立面积为10000亩的2个项目示范区区作为项目实施的载体和成果展示平台。工商研政四方共同参与，形成互动，构建原料与品牌发展平台，这是烟草行业以品牌为导向，围绕品牌抓优质原料的积极探索，是提高烟叶生产水平、进一步提高优质烟保障能力的需要，是烟草产业一体化协同发展的重要举措，它的推行必将对湖南乃至中国烟叶生产模式产生重要的、积极的、深远的影响。

## 一、政工商研合作机制在烟叶产业中的地位与作用

### （一）政府在烟叶产业中的地位和职能

长沙烟叶生产发展历程证明，发展烟叶产业离不开政府的作用。不管是浏阳还是宁乡，烟叶生产的稳定发展时期，都是在政府重视、推动产业发展的时期。之所以强调政府的突出作用，是因为我国已经形成了一条独特的发展路径，政府对经济发展的作用巨大，甚至可以说起到了主导性作用。尽管

政府主导经济发展模式存在不少弊端，但在当前国内外复杂经济形势下，借助政府的“有形之手”来培育和发展烟叶产业，仍不失为一个行之有效的方法与路径选择。

政府在烟叶产业链中是作为管理者和公共服务提供者。其主要职能包括三项：第一，深化烟叶生产体制改革的职能；第二，制定烟叶生产发展战略和政策的职能；第三，提供烟叶生产公共服务和培养烟叶生产人才的职能。

烟叶生产产业链是烟区农业、手工业、金融业等各种相关产业构成的网络状结构，涉及多个部门和利益主体。如何实现烟叶生产的体制改革，适应市场经济环境，不是烟草行业所能掌控。比如，随着烟草行业实力增强，为了保证产业的稳定发展，政府必定会将流通中的平均利润还给烟农，完成经营者和生产者的第一次利益分配。但是，真正在更大范围内对烟农的保护，使烟农获得更大的利益，则要通过政府的财政支付或信贷税收、社会保障等第二次利益分配政策的调控才能实现。同时，基础性体制具有公共物品的性质，具有外部性，改革主体不明确，改革利益具有全民性、共享性，没有明确的利益相关体，因此缺乏改革动力。而另一方面，各个行业的单项改革必然会更多地关注自身的行业利益。在本行业利益与其他行业的利益，以及社会整体利益发生矛盾和冲突的地方，就需要政府来进行规范和协调。只有政府是最合适的体制改革的主体，在对整个体制进行改革中，政府具有无可推卸的进行规范、协调和监管的责任。

政府是烟叶生产经营的管理者，是烟叶产业发展中最重要的软环境。市场—计划配置型资源配置模式是适合我国国情的比较理想的烟叶资源配置模式，也是当前行业烟叶经营改革的趋势。在这一模式中，政府以法律法规、行政、经济等手段对烟叶资源配置进行调控是避免资源短缺或是浪费的重要手段。烟叶产业作为农业的一部分，在基础设施规划、产业布局、政策监管等方面没有政府的组织规划是不可能完成的。政府应结合本地实际，对烟叶产业科学规划，并通过制定、实施合理的税收返成、土地流转、市场监管、公共服务等政策塑造一个优美、和谐、积极向上的软环境，引导、推动规划的实施，以此引导烟叶产业的稳定健康发展，从而形成可持续的烟叶产业发展格局。

烟叶产业的可持续发展，其本质是烟区以烟叶生产为主的产业链的可持续发展，是以人为本的烟区生态、经济、社会的全面可持续发展。而这取决于烟区如水、电、交通、通讯等基础公共服务，如科技推广、咨询、政策性信贷等经济公共服务，如消防、警察、司法等公共安全服务，以及教育、科学普及、医疗卫生、社会保障、环境保护等社会公共服务的供给状况。政府的服务水平和工作效率直接关系到烟农、烟草企业的生产经营效率和交易成本。如何整合各种资源，提高公共服务供给水平，是政府在烟叶产业可持续发展中的基本职能之一。

### （二）卷烟工业企业在烟叶产业中的地位和作用

烟叶原料决定了中式卷烟的风格和质量，占据了品牌发展的核心地位。随着卷烟工业企业联合重组的加快，品牌集中度进一步提高，烟叶原料对品牌的贡献率越来越受到卷烟工业企业的认可，工业企业对优质烟叶原料的需求更加迫切，烟叶资源配置的计划管理与工业企业对优质烟叶原料的需求之间的矛盾日益显露。为了解决这个矛盾，我国烟叶资源的配置方式正由计划配置型向市场-计划配置型转变。卷烟工业企业成为市场竞争、博弈的主体之一。把烟叶生产基地作为企业的“第一生产车间”已经成为各卷烟工业企业提升品牌价值、保障品牌发展的重要手段之一。烟叶产业正走向以工业需求确定生产，品牌发展引导生产基地建设的“工业主导、商业主体、科技主力”生产经营新模式，创造“基地共建、生产共抓、资源共享、品牌共创、发展共赢”的政工商研多方合作新格局。

卷烟工业企业是烟叶原料的最终用户，在产业链中是消费主体，是主导烟叶生产方向的当然主体。随着“卷烟上水平”对烟叶原料品质控制要求的提高，需要卷烟工业企业深度介入烟叶原料生产。工业企业在烟叶产业中的作用主要体现在以下六个方面：一是剖析品牌特征，塑造品牌配方理念。卷烟企业应结合品牌发展历程与未来趋势，通过对各自独特品牌原料配方、原料风格特征、原料品质特性进行动态分析，掌握品牌对烟叶原料的动态需求，进行具有独特企业文化与品牌文化的配方理念塑造。二是定位烟叶原料品质特性。农业生产不同于工业生产，生产周期长而且条件多数不可控，其产品的特性受到复杂的生态经济因素影响，稳定性差，且短期内难以改变。工业企业应当通过区域定位、品种特性定位以及生产种植技术定位等方面对符合自身品牌发展的烟叶原料进行品质特性定位研究，找出其特性，从而确定如何进一步彰显其特色。三是制定具有品牌特征的评价标准。结合独特品牌配方理念与烟叶原料品质特性定位，从生态区域、品种、种植技术、烟叶内在化学指标、感官指标提炼具有自身品牌特点的特色评价指标，构建独特的评价体系，指导烟叶原料生产的方向。四是确定烟叶需求。包括需求的总量、结构和质量要求。工业企业介入烟叶生产的基本方式是订单生产。以订单作为载体向产区传达品牌配方理念和原料品质特性定位。五是建立创新的技术人才体系。为了实现以品牌为主导的卷烟企业深度介入烟叶生产，卷烟工业企业必须加大技术人才体系的构建，拥有一批调香、卷烟叶组配方设计、烟支设计及烟草生态区划、烟叶种植、烟叶调制、烟叶复烤等方面的专业技术人员或专家。这样的技术人才体系更有利于卷烟产品健康、持续发展。六是建立烟叶生产全过程控制体系。结合品牌发展将卷烟配方理念前移，加大卷烟工业企业对烟叶生产的深度介入，通过全面参与烟区规划、科技创新、烟叶生产、制定烟叶生产技术方案、提供技术保障、制定具有品牌特色的烟叶品质评价标准、建立适合品牌发展的质量反馈体系、进行基础设施建设与人才体系建设等方式实现卷烟工业企业对烟叶生产全过程控制。

**（三）烟草商业企业在烟叶产业中的地位和作用**

烟草商业企业是烟叶产业链中的流通经营主体，处于中介地位，承担着连接生产、消费，协调产需平衡的重要作用。现在有一种过分强调卷烟工业企业介入烟叶生产，忽视商业企业烟叶流通经营作用的论调。这种看法高估了卷烟工业企业的资源掌控能力，忽视了烟叶流通的重要性，一旦成为现实，有使工业企业失去经营方向的风险，在市场经济下是不可能实现的。烟草商业企业作为流通主体一旦缺位，必然需要由其他流通主体来填补。随着行业烟叶资源配置模式由计划配置型向市场-计划配置型改革的深化，烟叶经营的市场化程度会逐步提高。市场越发达，烟叶流通越活跃，烟叶流通主体、经营方式的多样性越丰富。但是，不充分发挥烟草商业企业的流通职能，而过分追求流通主体的多元化是对资源的浪费，是不可取的。

烟叶流通业是为烟叶生产和消费提高效率的一个产业，它的职能主要体现在：一是交换职能。通过收购、运输、仓储、工商交接实现烟叶的价值，转移其使用价值。这是其最基本的职能。二是调节职能。促进烟叶生产和消费在时间和空间上的统一。三是信息职能，即引导烟叶生产和消费的功能。其信息传导可以使烟叶生产按照市场需求来进行订单生产，甚至“精准生产和供应”。同时也在一定程度上影响工业的配方。四是生产组织和管理职能。我国的烟草专卖体制决定了烟草商业企业在烟叶生产组织管理上的重要作用，具体体现在根据国家计划和市场需求规划烟叶生产目标及布局并组织生产。五是融资职能，即垫支资本活动。烟叶生产的投入目前是以烟草商业公司投入为主，烟农、政府投入作为补充的形式，烟草公司以烤房、肥料、地膜、农药等物资形式投入烟叶生产。对烟叶生产基础设施建设的投资也可以看作是其融资职能的一个具体体现。六是风险职能，即承担风险的职能。目前，烟草商业企业在烟叶生产上的风险主要体现在经营风险上。

### （四）科研机构在烟叶产业中的地位和作用

推动农业生产力增长的主要因素是科学技术，包括生产工具的进步、优良品种的推广和耕作制度的改进等。要想从根本上持续提高烟草农业的土地生产率和劳动生产率，实现烟叶稳定增产提质，农民持续增收、繁荣农村经济，农村全面协调发展、建设社会主义新农村的目标，归根到底需要依靠科技进步，把农业增长方式从资源依赖型转向科技驱动型，走创新型现代烟草农业的发展道路。

科研机构在烟叶产业中的作用是智力支持，主要体现在以下三个方面：一是科技创新的主要来源。科研机构具备良好的科学研究基础，先进的科学研究设施，高水平的创新队伍，现代化的试验手段和比较充足的科研经费、图书信息资源、网络设备等，是现代社会科技创新的主要来源。二是教育培训的主要基地，是优秀人才的来源。农业科研机构和农业大学是培养农业科学研究人才、农业管理人才、农业技术应用人才和农业成果推广人才的主要基地。三是农业科技信息服务的重要提供者。农业生产由于影响因子多，可控制性差，造成了较大的不稳定性，因此，其对农业科技信息服务的需要更为迫切。农业科研机构集中了大部分的重要农业科研项目，栽培、植保、土壤耕作、生态、育种等多方面的农业专家服务群体和大量的农业科技知识储备，能及时准确地收集外界各种新型科技信息，能通过大量的实地调查、实验，取得第一手农业基础资料和农业生产经验，并将农业资料进行信息化处理，建立品种资源数据库、病虫害资源数据库、土壤资源数据库、土地资源数据库等数据库。同时，科研机构还可以建立一个长期有效的农业信息反馈系统，保证信息渠道的畅通，及时解决农民在生产、管理、销售等实际过程中遇到的各种问题，降低农民运用科技的风险，提高农业推广的效率，提高农民接受农业科技的积极性及提高自愿参与农业推广的意识。这样，通过农业高校的传播和反馈，能迅速地把科技成果转化为现实生产力，提高教育、科技对农业发展、农民增收的贡献。另外，科研机构能充分利用自己的宣传优势，提升烟叶项目的品牌效益（如图6-1所示）。

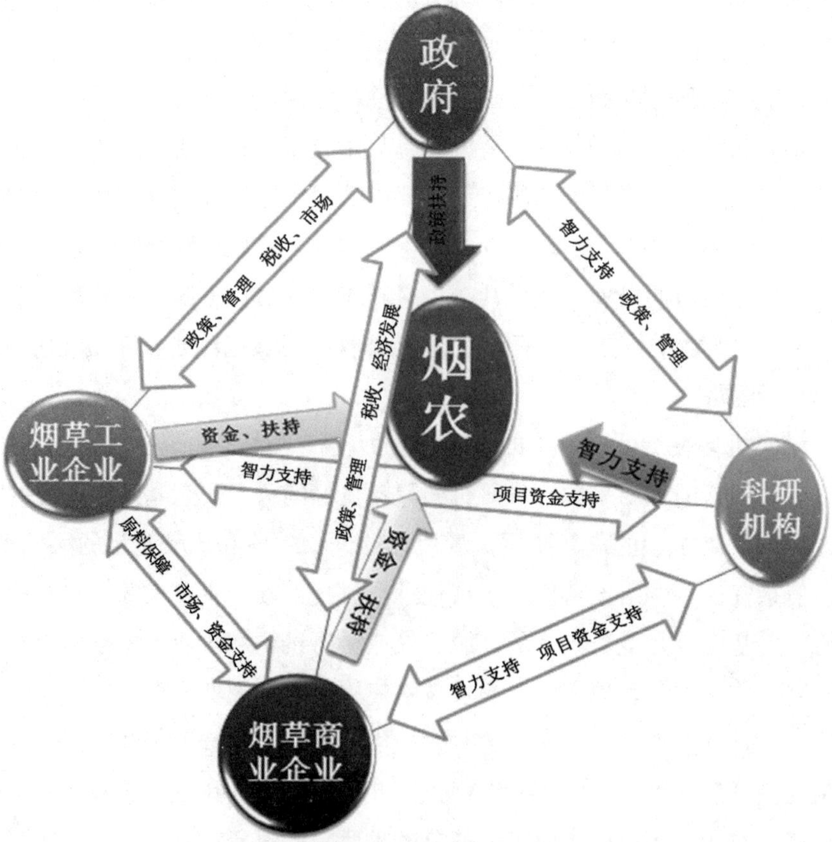


图6-1　四方协同关系图

### （五）烟农在烟叶产业中的地位和作用

烟农是烟叶产业链中的生产主体和烟叶种植的实体，是整个烟叶生产的中心，是政工商研服务和管理的对象。随着烟农合作组织的发展和完善以及生产集中度的提高，其生产力将得以提升，烟农分散、弱小的局面将逐步发生改变，利益也将得到更多保障。

烟农合作组织和烟农的责任主要是在自己的生产活动上和生活管理中努力实施资源节约、环境友好的原则，提供安全优质的产品，监督政府和企业在发展烟叶生产过程中的行为并提出批评建议等。

## 二、政工商研四方在烟叶产业发展中的诉求分析

### （一）政府在烟叶产业发展中的诉求

政府作为管理者，关注的中心是区域社会秩序的和谐稳定和经济社会的发展。烟叶产业作为一个高度组织化的农业特色产业，被政府关注的正是其在区域经济发展中的作用。政府将烟叶产业视作解决“三农”问题的一个有力手段，期望通过发展烟叶产业解决当前农村发展的一些困难。

一是通过烟叶产业的发展促进地方经济社会发展。烟叶产业作为市场风险较小的特色农业支柱产业，每年较稳定地带给地方经济大量的现金，带动了相关的建筑、运输、手工等行业，给农村经济注入了活力。烟叶产业也是科技含量和组织程度较高的农业产业，发展烟叶产业能将新技术带到农村，促进农业生产力的提高。同时，随着烟农合作组织的发展，基础设施的逐步完善，烟农组织程度逐步提高，烟农合作组织同时成为乡村文化社会活动的中心，促进了乡村文化生活的提升。例如宁乡富源烟农合作社利用办公场地在农闲和晚间自发组织了集体广场舞、腰鼓队等丰富的民间文化活动。

二是盘活闲置劳力，促进就业。现在，农村剩余劳动力多是老、幼、妇等难以外出就业人员和无其他就业门路的人员，而种植水稻用工很少，难以消化就业压力。烟叶生产需要大量劳动力，用工类别可覆盖大部分农村留守人员。发展烟叶生产可缓解农村就业压力，促进人民安居乐业。

三是盘活闲置的土地。由于农村劳动力的大量转移，农业比较效益较低等原因，农村逐步“空巢化”，出现了普遍的抛荒现象。而烟叶生产有相对较

高的收益，且在长沙产区实行烟稻轮作，不影响粮食安全，因此发展烟叶生产可提高土地利用率，落实国家不允许抛荒的政策。

四是改善地方农村基础设施。近几年烟草行业投入了大量资金建设烟水、烟路等烟基工程，在改善烟区基础设施上起到了很好的作用。

五是改善基层政府财政状况。长沙虽然经济较为发达，农业在总体经济中占比很小，烟叶占比更小。但在部分农村地区，二、三产业尚不发达，基层乡镇政府和村级财政来源有限。特别是2006年农业税取消后，部分基层财政出现了困难。烟叶是唯一维持了特产税的农作物。通过发展烟叶产业，政府将大部分烟叶特产税返还到乡、村，很大程度上改善了其财政状况。

**（二）卷烟工业企业在烟叶产业发展中的诉求**

烟叶原料是卷烟生产和品牌发展的基础，卷烟工业企业大力投入烟叶基地建设，唯一的目的就是原料保障。

原料保障简而言之就是保证可稳定获得能满足工业生产需要的原料。它包括几层内涵。一是数量满足工业需求。这是原料保障最基本的要求。二是原料的风格特色能满足卷烟配方的要求。烟叶原料的风格要适合卷烟品牌的配方理念。三是等级结构要符合工业生产的需要。高档次的卷烟牌号使用的烟叶等级结构也是较高的。由于工业提升卷烟结构，卷烟工业对高等级的烟叶的需求上升。而每株烟各个部位的叶片数量比例是比较固定的，所能生产的烟叶等级结构也就是相对固定的。这就造成了烟叶供需在等级结构上的矛盾。这一矛盾必须通过工、农两条渠道对烟叶生产和卷烟配方的科研创新，相向而行才能得以解决。四是质量要达到工业的要求。烟叶质量是卷烟产品质量的基础，是工业对烟叶生产的基本要求之一。五是供应的稳定性。随着“532”“461”战略的推进，卷烟品牌集中度进一步提升，单配方模块的原料需求量迅速提高。这就要求烟叶生产基地提升稳定提供大批量原料的能力。

**（三）烟草商业企业在烟叶产业发展中的诉求**

烟草商业企业既是烟叶的经营者，也是卷烟产品的经营者，是烟草行业中的流通主体。烟草商业企业在烟叶经营中一头联系着烟农，一头联系着工厂。而在卷烟经营中又一头联系着烟厂，一头联系着消费者。在生产经营中同时接受政府的管理和指导。因此，烟草商业企业在地方有着广泛的社会生产经营网络，需要协调各方面的关系。由于其生产经营的特点，烟草商业企业在烟叶产业中的诉求主要体现在：一是原料保障。卷烟是烟草商业企业经营的唯一商品，站在行业的高度，没有原料保障上水平，就没有卷烟上水平，也就没有了烟草商业企业生存的基础。因此，原料保障上水平是其重要诉求。二是促进地方经济社会的发展，履行企业的社会责任，树立良好企业形象。对于烟草商业企业而言，良好的社会经济环境和良好的企业形象是其良好生产经营的基础。三是经济利益。在经济较发达的长沙地区，卷烟销售是烟草商业主要的利润来源，烟叶经营获利很少，但是争取盈亏平衡，适当盈利仍是其追求的目标。

### （四）科研机构在烟叶产业发展中的诉求

科研机构具有公共服务属性，在烟叶产业中是智力支持者，承担着引领产业发展方向、促进产业技术进步的重任。在服务烟叶生产的过程中，其诉求主要体现在以下几个方面：一是促进社会经济技术发展。这是科研机构的基本使命，体现了科研机构的社会责任。二是培养人才。人才是科研机构最重要的资源。通过烟叶生产科研实践可以培养、锻炼人才，提升其社会服务能力。三是解决就业。通过向烟叶产业输送大批人才，既促进了产业发展，同时也解决了科研机构所培养的人才的就业问题。四是获得科研项目和研究经费。科研项目是科研机构的基本工作内容。科研经费是科研机构维持运转的主要资金来源。以科技项目为载体进行烟草科研活动也促进了科研机构自身的发展。五是取得研究成果。科研机构进行科研工作的成效主要体现在科研成果上。科研活动实际上是一种科研生产，其产品就是以知识产权体现的研究成果。

## 三、政工商研在烟叶产业中的共同诉求

政工商研战略合作就是要从整体出发，为了长期共赢，考虑相互之间的诉求，基于共同诉求，实现深度的合作，使整体的利益最大化。共同的诉求是合作的基础。积极寻找政工商研在服务烟农、促进烟叶产业发展中的共同诉求，对夯实合作基础、保证合作成效是必要的。政工商研四方在烟叶产业中的共同诉求主要体现在以下几个方面：一是促进社会经济技术发展。社会

经济的发展可以提高人民的生活水平，促进社会和谐稳定，为卷烟工业企业和烟草商业企业提供了繁荣的市场，也为科研机构提供了更为广阔的舞台。二是烟叶产业的平稳可持续发展。烟叶产业的平稳可持续发展为地方基层政府提供了稳定的财政来源，促进了农村社会经济的发展，为卷烟工业企业提供了原料保障，保证了烟草商业企业的平稳经营，也为科研机构提供了稳定的就业市场和项目及经费支持。

## 第二节　搭建工商研政四方互动交流平台

建立了工商研政战略合作发展机制，但没有工商研政四方互动交流的有效平台，项目研究将难以收到实效，工商研政四方将难以保持有效对接。项目组从原料供需深入对接出发，搭建工商研政互动交流“三个平台”，深化四方协同，提高优质烟叶有效供给能力，丰富利群品牌导向原料保障体系的内涵。

### 一、搭建科技研发平台

#### （一）指导思想

以科学发展观为统领，坚持科学技术是第一生产力，以科技创新为动力，卷烟工业企业全程参与，科研单位深度介入，政府整合资源，产区公司实践优化，紧紧围绕提高烟叶质量，开展项目技术研发，实现工商研政科研合作互动，保障重点卷烟品牌优质烟叶原料供应。

#### （二）组织机构

由工商研政四方技术负责人组成领导小组，具体负责协调、沟通、监督和考评执行小组等工作；由工商研政四方从事技术研发的科技人员组成执行小组，具体负责科研研发方案制定、贯彻落实、信息交流沟通和撰写报告等工作。

#### （三）职责分工

1. 卷烟工业企业工作职责：浙江中烟工业有限责任公司负责对项目定

位观测点及所调拨使用烟叶的外观质量、内在质量、化学成分、风格特色等方面进行分析研究，并收集整理长沙烟叶在重点骨干品牌中的使用数量、等级结构、配方地位及使用后的反馈意见，建立长沙烟叶卷烟工业使用价值链。提出原料采购区域的质量目标、烟叶生产改进建议等。根据烟叶质量目标和烟叶质量评价结果，结合产区生态环境、技术、管理情况，与商业企业、科研院（所）共同制订科研研发项目及方案，并共同参与项目的贯彻落实；并全程参与合作区域烟叶生产的过程控制。对示范基地烟叶单收单调。加强与商业企业、政府、科研院（所）沟通交流，为工作开展提供便利条件。

2. 商业企业工作职责：湖南省烟草公司长沙市公司负责长沙烟区气候、土壤、烟叶内在质量化验等相关数据的采集，并与卷烟工业企业、科研院（所）一起制定科研研发项目及方案；完成长沙烟叶生产质量数据库的建立，构建长沙烟叶质量风格特征表征体系，开展相关农业试验和烟叶定向生产示范。严格科研项目工作记录汇报制度，包括工作过程、图片、录像等。建立项目执行档案，确保实施项目可跟踪性；负责制定科研项目田间考核方案，并对实施项目进行考核；加强与卷烟工业企业、政府、科研院（所）的沟通交流，为工作开展提供便利条件。

3. 科研院（所）工作职责：湖南农业大学负责总体策划，提供技术支撑。根据长沙烟区烟叶生产条件，结合浙江中烟对长沙烟叶使用情况，与卷烟工业企业、商业企业共同制定有针对性的科研研究项目及方案并参与实施，完成科技项目的申报、年度考核和结题的相关材料，并派出专门技术人员常驻产区负责科研项目实施，关键时期派专家组织指导和培训，促进科研项目的落实，跟踪了解科研项目实施中存在的问题，提出改进意见，形成分析报告；负责完成科研项目的总结；参与项目烟叶的样品取样和评价工作；加强与卷烟工业企业、商业企业、政府的沟通交流，为工作开展提供便利条件。

4. 政府工作职责：宁乡县人民政府负责积极整合资源投入基地单元烟区建设。负责做好烟叶生产布局、生产组织管理和现代烟草农业建设。加强与卷烟工业企业、商业企业的沟通交流、科研院（所）的沟通交流，为工作开展提供便利条件。

**（四）工作计划**

1. 科研项目研发协议的签订（1月）：卷烟工业企业、商业企业和科研院（所）、政府四方签订科研研发协议，明确责任分工，共同促进工作开展。

2. 科研研发程序：利群品牌原料保障体系及宁乡基地建设研究与实践项目科研研发流程。

（1）品牌需求分析、确定质量目标（2月份）：卷烟工业企业针对产区烟叶质量评价结果，结合卷烟品牌对烟叶原料质量要求，提出改进意见。责任单位：浙江中烟工业公司。

（2）制定配套技术研发方案（2—3月）：科研院（所）针对卷烟工业企业卷烟品牌对烟叶原料质量要求及改进意见，与商业企业、卷烟工业企业、政府共同制定科研研发方案。责任单位：湖南农业大学、长沙市烟草公司、浙江中烟工业公司、宁乡县人民政府。

（3）科研研发方案实施（3—12月）：由科研院（所）、商业企业、卷烟工业企业、政府共同组织实施。

（4）中期评估（7—8月）：针对科研研发方案，由商业企业牵头，工业企业、科研院（所）、政府参与，共同对科研研究项目进行中期评估。责任单位：浙江中烟工业公司、长沙市烟草公司、湖南农业大学、宁乡县人民政府。

（5）烟叶质量评价（11月）：卷烟工业企业针对科研项目烟叶样品，结合卷烟品牌对烟叶质量要求，进行烟叶质量评价。责任单位：浙江中烟工业公司

（6）项目总结（12月）：科研院（所）针对项目实施情况和卷烟工业企业对烟叶质量评价结果，归纳总结，撰写出总结报告，并提出下步意见，提交卷烟工业企业、商业企业和政府。责任单位：湖南农业大学

**（五）保障措施**

1. 加强沟通交流：卷烟工业企业、商业企业、科研院（所）、政府四方加强沟通交流，定期反馈产区科研项目开展和方案落实情况，以便合作各方及时了解项目进展动态，形成工商研政互动、良性循环的科研研发格局。

2. 经费来源及使用：为了确保科研研发项目的顺利实施，项目经费按照

谁主导谁多出的原则，由工商研政四方共同出资；经费使用必须征得出资方的同意，方可使用。

3. 严格考核：针对科研研发实施情况，工商研政四方对执行小组成员进行交互考评，同时卷烟工业企业、商业企业和政府对科研院（所）进行考评，作为支付科研研发协作费的依据（见表6–1、6–2、6–3、6–4）。

4. 成果归属：研究开发完成后，技术成果专利申请权归四方所有；非专利技术成果的转让权归四方所有，所获得利益由四方分享；技术成果的使用权归四方共同享有。

## 二、搭建利群品牌导向烟叶原料基地信息管理及应用平台

### （一）目的意义

通过产学研政紧密结合，了解、监测宁乡烟区利群品牌基地的植烟土壤和对应的烟叶质量情况，建立宁乡县利群品牌基地植烟土壤数据库和烟叶质量数据库，掌握烟区内植烟土壤养分、烟叶质量分布状况及烟叶品质与土壤养分变化趋势，为建立和完善利群品牌原料保障体系建设，进一步挖掘宁乡烟叶质量潜力，突出宁乡烟叶风格特色，稳步扩大利群品牌的烟叶原料生产区域，逐步实现利群品牌原料的基地化生产提供科学依据。

### （二）技术支撑

以GPS构建宁乡县利群品牌基地植烟土壤质量和烟草品质空间演变数据平台，通过土壤养分、烟叶品质的长期监测，研究土壤养分状况和烟草品质的空间演变规律。以利群品牌对烟叶质量的要求为依据，对宁乡烟区的植烟土壤和烟叶质量进行评价，筛选适合利群品牌的植烟区域，并对利群品牌的基地单元进行布局规划。

### （三）功能设置

实现工商研政四方对“利群品牌原料保障体系及宁乡基地建设研究与实践”项目相关资料信息的查询、更新、对主要数据进行统计分析，空间分析和生产辅助管理与决策，并对分析结果实现可视化输出等功能。卷烟工业企业可以迅捷查询基地的生态条件和烟叶质量状况，商业企业可以全面了解卷烟工业企业品牌使用烟叶原料的等级结构、数量和质量状况，实现烟叶原料

与卷烟品牌建设的信息共享。

### （四）平台运行保障

构建宁乡县烟叶生产质量数据库和宁乡烟叶工业使用质量数据库，建立五大应用系统即“宁乡烟叶生产质量管理系统”“宁乡烟叶卷烟工业使用质量管理系统”“三维可视化应用系统”“网络信息交流系统”和“系统管理与维护”，实现界面工具人性化功能、制图功能、高级查询功能、查询统计功能、分析功能、信息传输功能和数据更新维护功能等七大功能。

## 三、搭建工商研政培训交流平台

### （一）主要形式

技术培训、学术交流和定期走访。

### （二）主要做法

1. 增强烟农对品牌的认知度

结合烟农信誉等级评价，把技术培训延伸到烟农，卷烟工业企业组织信誉等级高的烟农到卷烟工业企业进行培训和交流，增强烟农的品牌意识和责任感；工商双方借助烟农学校建设品牌文化园，提高烟农、科技人员对卷烟品牌原料需求特点和品牌文化的认知度。

2. 增强卷烟工业企业驻点人员对烟叶生产收购等工作的熟悉度

卷烟工业企业驻点人员通过对品牌烟叶原料生产全过程的参与，结合卷烟品牌烟叶原料需求特点，掌握配套生产技术生产要点，为进一步完善配套生产技术体系和提高配套生产技术措施的到位率奠定基础。

3. 加强生产标准化体系和管理标准化体系的宣贯

通过建立完整的宣传培训体系，结合各种宣传培训手段，在示范区形成学标准、用标准，落实标准化生产的良好氛围，形成经营上以质量为中心的质量效益型思想，经营战略上实施面向市场的经营机制，并与落实质量职能相结合，把生产标准化体系和管理标准化体系按职能展开，把烟叶质量管理控制体系分解落实到各级领导和全体职工身上，形成以品牌导向为核心的质量管理与考核体系，生产满足客户需要的多品种、多规格、高质量的烟叶产品，提高用户对原料满意度和烟区的经济效益、社会效益及生态效益。

4. 加强工商双方卷烟品牌烟叶生产人才队伍建设

借助培训交流平台，工商联合培养产区烟农、科技人员和评吸人员“三支队伍”以及卷烟工业企业农艺师、配方师和验级师“三师队伍”。

5. 加强政府管理人才队伍建设

借助培训交流平台，提升政府烟叶专干保促产业发展的责任感和工作能力，建设一支精干，有品牌意识和全局意识的管理队伍。为整合资源，改善烟区生产布局和生产条件，提升管理水平打下基础。

6. 增强科研院所对生产实践的研究和指导

通过研究人员长期驻点参与试点研究和生产实践，提高科研人员对一线生产的认识，增加实践经验，完善科研计划，并加强对生产的直接指导，加大科研成果转化力度，培养锻炼了科研队伍。

### （三）保障措施

商业企业建立一支内训师队伍，负责品牌烟叶原料配套生产技术培训；科研院所派专人长期驻点开展项目相关工作；卷烟工业企业技术人员负责配套技术措施落实考核监督；政府烟叶专干队伍参与烟叶生产全过程的管理监督（如表6-1、6-2、6-3、6-4所示）。

**表6-1　科研研发考评表**

考评单位：卷烟工业企业（或政府、商业企业）　考评对象：科研院（所）

| 序号 | 内容 | 分值 | 考评得分 | 备注 |
|---|---|---|---|---|
| 1 | 制定研发方案 | 30 | | |
| 2 | 参与研发方案实施 | 20 | | |
| 3 | 跟踪实施中存在的问题及建议 | 15 | | |
| 4 | 科研研发报告 | 35 | | |
| 合计 | | 100 | | |

考核时间：

**表6–2 科研研发考评表**

考评单位：商业企业（或政府、科研院所）　　考评对象：卷烟工业企业

| 序号 | 内 容 | 分 值 | 考评得分 | 备注 |
|---|---|---|---|---|
| 1 | 提供烟叶质量指标 | 30 | | |
| 2 | 参与制定研发方案 | 10 | | |
| 3 | 参与研发方案的实施 | 10 | | |
| 4 | 烟叶质量评价 | 35 | | |
| 5 | 结果反馈 | 15 | | |
| 合 计 | | 100 | | |

考核时间：

**表6–3 科研研发考评表**

考评单位：卷烟工业企业（或商业企业、科研院所）　考评对象：政府

| 序号 | 内 容 | 分 值 | 考评得分 | 备 注 |
|---|---|---|---|---|
| 1 | 参与制定研发方案 | 20 | | |
| 2 | 研发方案实施 | 40 | | |
| 3 | 定期工作记录汇报 | 10 | | |
| 4 | 田间考评 | 15 | | |
| 5 | 结果反馈 | 15 | | |
| 合 计 | | 100 | | |

考核时间：

**表6–4 科研研发考评表**

考评单位：卷烟工业企业（或政府、科研院所）　考评对象：商业企业

| 序 号 | 内 容 | 分 值 | 考评得分 | 备 注 |
|---|---|---|---|---|
| 1 | 提供烟叶产区生产信息 | 15 | | |
| 2 | 参与制定研发方案 | 10 | | |
| 3 | 研发方案实施 | 35 | | |
| 4 | 定期工作记录汇报 | 10 | | |
| 5 | 田间考评 | 15 | | |
| 6 | 取样、送样 | 15 | | |
| 合 计 | | 100 | | |

考核时间：

## 第三节　生产标准化体系

卷烟品牌导向的烟叶原料保障不仅在于足量供应优质烟叶，其另一内涵是稳定的烟叶产量和质量。

烟叶质量包括产品质量和商品质量，烟叶产品质量形成于烟叶生产过程，是商品质量的基础；商品质量是收购定级之后的烟叶质量。因此，考虑对烟叶质量有影响的各个环节的各种因素，在特定的生态环境下，实现这些环节的标准化是保障烟叶产量、质量稳定的根本措施。

根据利群品牌对烟叶原料外观质量、化学成分、感官质量、风格特色等要素的现实需求而产生的对特定品种的喜好性、对生产基地单元的选择性和对生产技术的要求，结合宁乡烟区气候、土壤等生态条件，在《长沙烤烟综合标准体系》和广泛实践研究的基础上，建立《利群品牌导向的宁乡烟叶原料生产标准化体系》，使从种植区划布局、基本烟田保护、烟草种子、育苗、栽培、植保、调制到收购、加工、储运全过程都控制在标准允许的状态下运行，是实现利群品牌导向的烟叶原料保障的核心措施。

通过生产标准化体系的持续改进，可以有效提高卷烟品牌导向的烟叶原料保障体系的原料保障能力。

## 第四节　管理与服务标准化体系

管理与服务标准是生产经营活动和实现技术标准的重要措施，它把烟叶原料生产管理的各个方面以及各个单位、部门岗位有机地结合起来，统一到烟叶原料质量的管理上，以获得最大的生态、社会及经济效益。

管理与服务标准是对有关生产、技术、经营管理各个环节运用标准化原理所做的规定，它涉及管理的各个方面，包括企业经营决策管理、生产管理与服务、技术管理、质量管理、计划管理、人事管理、财务管理、设备管理、物资供运销管理、经济实体管理以及标准化管理等。

与《利群品牌导向的宁乡烟叶原料生产标准化体系》配套，根据利群品牌原料保障体系的特点，在《长沙烤烟综合标准体系》和广泛实践研究的基础上，建立《利群品牌导向的宁乡烟叶原料保障管理标准化体系》，使合同管理、职业烟农、烟叶技术员、烟叶专干等从烟队伍管理、物资管理、信息系统、水利等基础设施设计建设、技术指导、专业化服务等各个环节都控制在标准允许的状态下运行，对于实现利群品牌导向的烟叶原料保障有重要意义。

通过管理标准化体系的持续改进可以有效提高卷烟品牌导向的烟叶原料保障体系的运行效率。

适应产区基地生态，体现地方特色，符合卷烟品牌原料保障需求的，以生产标准化体系为核心，管理标准化体系为辅助的标准化体系是卷烟品牌导向的原料保障体系运行模式的基本表现形式。其有效宣贯运行是实现卷烟品牌导向的原料保障的根本保障。

## 第五节　烟农专业合作社的主要思路与措施

### 一、烟农专业合作社的主要思路

#### （一）总体思路

以基地单元为载体，以种植在户、服务在社为发展方向，以综合服务型烟农专业合作社为主要模式，以“两头工场化、中间机械化、全程专业化”为主要特征，逐步构建“全面覆盖、全程服务、全体受益”的服务体系，加快转变烟叶生产方式，努力实现规模化种植、专业化分工、集约化经营、标准化生产的现代烟草农业。

### （二）统一综合服务型烟农专业合作社建设模式

根据实践总结，长沙目前为“一社两场三主体、六统两分一中心”的模式。一社：即综合服务型烟农合作社，主要开展专业化服务；两场：即育苗工场和烘烤工场，综合服务社依托两场开展服务；三主体：即种植专业户、家庭农场、种植型合作社三类规模生产经营主体，实施规模化种植；六统：即烟叶生产育苗、机耕、植保、烘烤、分级、运输六个劳动强度大、技术要求高、烟农自行解决难度大、成本高的环节统一起来由综合服务社实施专业化服务，以后逐步拓展到移栽、培管、采收等环节；两分：即烟叶生产大田管理和交售经营由生产经营主体负责；一中心：即综合服务社组建烟农服务中心，开展烟叶种植组织规划、土地流转协调、物资组织供应、生产技术辅导、风险防范互助等全方位的生产服务（如图6-2所示）。

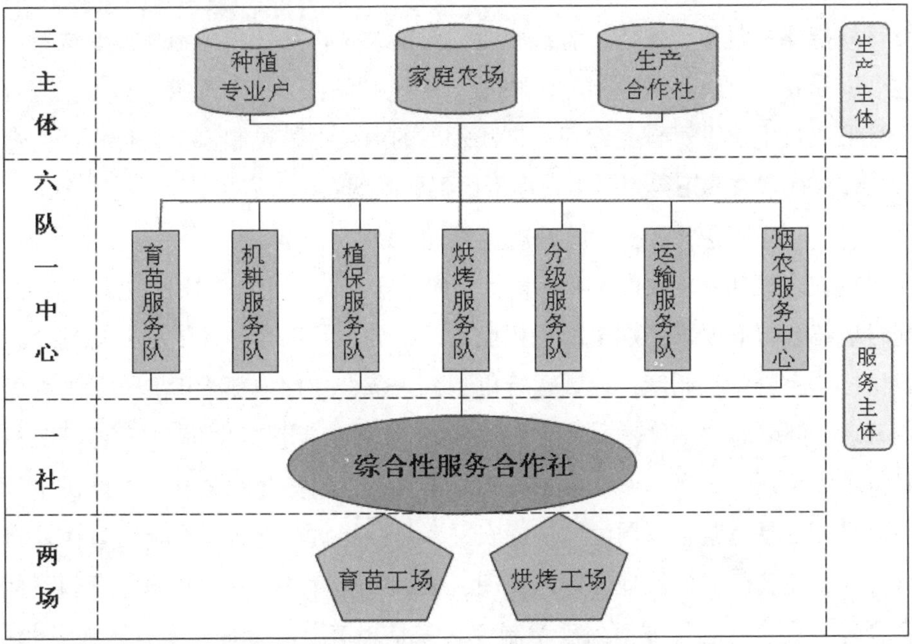


图6-2　综合服务型烟农专业合作社建设模式

### （三）以基地单元建设综合服务型烟农专业合作社的形式

原则上一个基地单元成立一个综合服务型烟农专业合作社，但要保持规模适度，服务半径原则上不超过3千米，对单元内种植区域相对分散的，可按行政区域或烟叶种植片区组建若干个综合社或分社，单元组建合作社联社或联合会。具体来讲，有3种形式：一是对相对集中的单元，采用“1个综合服务合作社+各类专业化服务队伍”形式；二是对相对分散的单元，采用“1个综合服务合作社+若干分社+各类专业化服务队伍”；三是对含多个乡镇更加分散的单元，采用“合作社联社（联合会）+2～3个综合服务合作社+各类专业化服务队伍”形式。

## 二、长沙发展烟农专业合作社的主要措施

### （一）把握建设原则，坚持民办民管

烟农合作社是烟农互助性经济组织，具有独立的法人资格和市场主体地位，不是政府或烟草部门的附属机构，长沙市坚持民办、民管、民受益原则，履行好指导、服务、扶持、监督职能，对烟农合作社“指导不强迫、扶持不包办、服务不干预”，避免出现“村社合一”、“站社合一”现象，努力促进合作社形成自主建设、自我管理、自我发展的内生增长机制，提高合作社生命力，让入社烟农真正得到实惠，逐步达到烟区烟农“人心思社、人心归社”。

### （二）健全组织机制，做好规范管理

烟农合作社属于农民专业合作社，应遵守农民专业合作社相关法规制度，同时应符合行业要求。烟草部门积极主动指导、帮助合作社依法依规健全组织机构，完善章程制度，理顺运行机制，规范合作社内部管理。一是加强民主管理。健全成员（代表）大会、理事会、监事会制度，明确“三会”职责，坚持重大事项“一人一票”民主决策，推行社务财务公示公开，提高民主管理水平。二是完善管理制度。依据农民合作社相关规定，结合烟农合作社自身实际，完善好财务管理、资产管理、项目投资管理、专业化服务管理、档案管理、安全管理等方面的规章制度。三是规范财务管理，实行社帐站管。烟农合作社账务由当地乡镇经管站代为管理，并签订代管协议。建立收支明细台账，规范报账审批程序，规范成员账户管理，严格执行财务审计制度。四是推进信息化管理。当前正在研究建立合作社信息管理平台，进一步提高合作社管理水平。

### （三）坚持统分结合，提升服务水平

按照统分结合、双层经营、专业合作方针，该统则统，宜分则分，实行“种植在户、服务在社”。烟叶生产基本以户为单位签订种植收购合同，自主种植交售烟叶，合作社组织烟农根据个人专长组建育苗、机耕、植保、烘烤、分级、运输等专业化服务队开展契约化、市场化、专业化服务。一是开展协议服务。合作社与烟农签订专业化服务协议，严格按照服务协议约定服务价格、服务标准、服务时间地点开展服务，提升服务质量。二是合理制定服务价格。合作社按“烟草指导监督、成员（代表）大会决议、成员认可、公示公开”的方式合理制定专业化服务价格，制定服务价格时实行差异化价格，对内服务价格原则上为微利价，利润保持在10%左右；对社外烟农服务价格高于社内价格，低于市场价格；对非烟叶产业实行市场价服务。三是严控服务成本。把专业化服务队作为服务实施主体，按照定服务机构、定管理办法、定岗位职责、定作业规程、定人员编制、定人员要求、定工资标准、定成本价格的“八定”要求，推行服务定额管理，分服务环节单独核算每个服务队的成本费用，严格控制服务成本。四是确保服务质量。专业化服务队伍需经烟草部门培训合格后才能上岗，烟草部门联合合作社、烟农代表开展服务验收，参与服务质量仲裁，确保专业化服务质量。在做好专业化服务基础上，综合服务型合作社进一步扩大服务职能，组建烟农服务中心，开展种植规划、土地流转、劳务服务、技术辅导、物资供应、风险保障等生产服务，构建全方位、多方面的服务体系。宁乡县金醇合作社率先探索承担了烟农辅导员聘任管理工作，宁乡县正全县推广，富源合作社率先探索成立劳动力资源服务中心，为烟农解决劳动力短缺问题。

### （四）有效管控可经营性资产，确保普惠共享、持续利用

为支持烟农合作社发展，烟草行业全额投入建设育苗工场和烘烤工场，补贴配套农机具，为确保这些资产能够普惠共享、持续利用，长沙市坚持“投入到社、量化到户、资产社营、烟草监督”的原则，资产经营管理权和管护责任归合作社，资产量化到烟农，收益权归烟农，烟草部门保持资产运营监督权和最终处置权，通过资产移交协议、合作社章程和相关制度进行约定遵守。合作社建立管护制度，统筹管护资金，建立管护工作制度，明确管护

责任到人，确保管护记录齐全。管护资金主要从三个方面保证，一是从烟叶基础设施管护经费中拨付一定比例的管护经费用于育苗、烘烤工场管护。二是合作社按可经营性资产烟草部门补贴资金的0.3%提取年度设施管护费并列入当年设施利用成本，同时提取不低于20%比例的公积金用于设施管护。三是烟草部门负责对育苗、烘烤专业设备维修、更换等。

**（五）做好设施综合利用，增强合作社创收能力**

育苗、烘烤设施为烟叶生产利用的时间每年只有2—4个月，空闲期较长，利用这些设施培育瓜果蔬菜和食用菌可以带来很大的经济效益，长沙市积极引导帮助合作社开展设施综合利用，根据实际情况采取自住经营、合作经营或租赁经营模式，解决资金、技术和市场三大难题，以品种特色化、生产规模化、加工标准化、服务专业化、经营品牌化为核心，走产业化、专业化、市场化发展道路。目前，全市育苗工场基本上得到了利用，金醇合作社利用烤房成功培育了食用菌，并探索改造育苗工场培育反季节高温食用菌，积累了初步经验。下一步，计划以县为单位，统一组织开展综合利用，形成规模和品牌，扩大效益。

**（六）健全扶持政策，引导合作社持续健康发展**

一是配套现代设施装备。烤房、育苗工场、农机具全部投入到合作社，完善合作社服务设施，改善合作社服务条件。二是开展专业化服务补贴。对合作社开展的育苗、机耕、植保、烘烤、分级、运输等专业化服务根据实际情况和行业政策进行补贴。三是加强合作社队伍建设。引导农村能人、烟农辅导员等领办合作社，烟草部门加强培训，培育合作社领头人和骨干人才；积极支持合作社聘请烟农辅导员，开展烟叶生产技术指导与服务；安排新进大学生到合作社锻炼，全面提升合作社人才队伍素质。市、县、站三级建立合作社建设专项工作机构和专业责任队伍，负责合作社建设工作。四是加强项目支持。积极鼓励和支持合作社承担技术推广、科研试验、开展机耕路、土地整理等项目建设，拓宽合作社经营范围和增收渠道。加强与财政、税务、交通等部门的沟通，协调落实合作社各项优惠政策。协助合作社积极争取财政支持项目、社会主义新农村建设项目。五是开展评价激励。按照省局统一部署，每年对合作社开展评价，对被评为省级示范社、规范社的，分别给予10万元和5万元的奖励，督促、引导、协助烟农合作社持续健康发展。六是开展风险保障和社会保障体系建设。开展烟草、政府、合作社和烟农联合投保，设立风险基金，推动合作社建立风险保障机制，增强合作社成员抗御自然灾害的能力。鼓励合作社利用公积金、公益金及盈余开展医疗保险、养老保险、意外伤害保险、贫苦救助、教育助学等，烟草部门探索给予适当补助。

# 第六节　现代烟草农业组织形式的创新研究

## 一、构建“政工商研”共同引导下的烟农专业合作社组织体系

烟农合作社解决的是烟叶生产过程中如何有效地进行专业化分工、社会化服务的问题，是适应烟叶生产周期长、环节多、劳动强度大、生产风险高等诸问题而谋划的提高资源配置效率和促进生产力发展的有效方式。构建“政工商研”共同引导、资助下的烟农专业合作社组织体系（如图6–3所示）。

发动全社会的多方面参与，构建政府、工业企业、烟草公司和科研机构引导下的，以基地单元为单位，以增强核心重点骨干卷烟品牌特需原料可持续保障能力为主要目标的现代烟草农业生产烟农合作社。在合作社的成立与运行过程中，形成一种合作社框架下的共生运行模式。

### （一）政府的引导

现代烟草农业已成为社会的整体工程，相关电力、电信、经管、科技、发改、财政、工商、税务、金融、交通、民政、扶贫、移动、公安等各部门都应有自己的明确职责。并且在部门的合作中应特别强调了烟草部门在整个现代烟草农业生产中的主管与主办的责任及权力，明确烟草部门在烟叶生产各环节的管理与督导任务。在合作社建设过程中，需要政府运用关系协调力（部门之间、民众之间等多重关系），社会调控力（政策、价格、计划等），资源统配力（政治、经济、技术、社会、文化等多方面资源），社会助推力（集

中力量办大事等）等。

**（二）行业的支助**

烟草行业在强化基本烟田建设，完善基础设施（烟水工程、烟路工程、育苗工场、烘烤工场及烤房、农机具等），加强基层站点建设和防灾减灾体系、信息化管理体系、专业化服务体系、生产组织模式建设等方面都做出了极大的努力。工业企业通过基地单元建设，也不断加强优化烟叶结构、订单农业生产、散叶收购、特色优质烟叶开发的科技投入和扶持。

行业投入的资源基础设施使用权移交合作社，烟草公司拥有所有权、监管权与处置权，按照现代企业管理理念，普惠烟农。生产补贴按照烟叶定购合同进行量化到烟农，采用代金券的方式发放给烟农，烟农使用代金券购买服务和享受合作社分红等其他福利。

**（三）科研的智慧**

为了搞好现代烟草农业和基地单元建设规划，有效地开展现代烟草农业建设的基础保障，科研机构从人才培养、马鞍山基地单元建设、特色优质烟叶开发、技术推广应用、合作社全程设计运行实践，按一个合作社服务一个基地单元的基本要求，将会在建设品牌核心原料基地、打造专业烟农队伍、提升生态优质烟叶抽吸品质等方面取得良好的运行效果。

**（四）烟农的投入**

烟农享受反哺服务、价格相应稳定、靠自己的承包地（地力）与活劳动投入（劳力），在基本成本相当的情况下（与种植其他农作物相比），农民选择成立烟农生产合作社，并进行现代烟草农业生产。根据当地合作社发展实际，四种农民力量实际上成了当地合作社的重要组成部分：劳力富裕者成为种植大户；有一技之长者成为各种专业服务的提供者，如进行育苗、耕地、移栽、采收、绑烟、烘烤、分级、物资供应、病虫害防治等服务；德高望重者成为其中的协调者；经济实力强者成为领办人。后两者一般也是当地行政村的负责人。

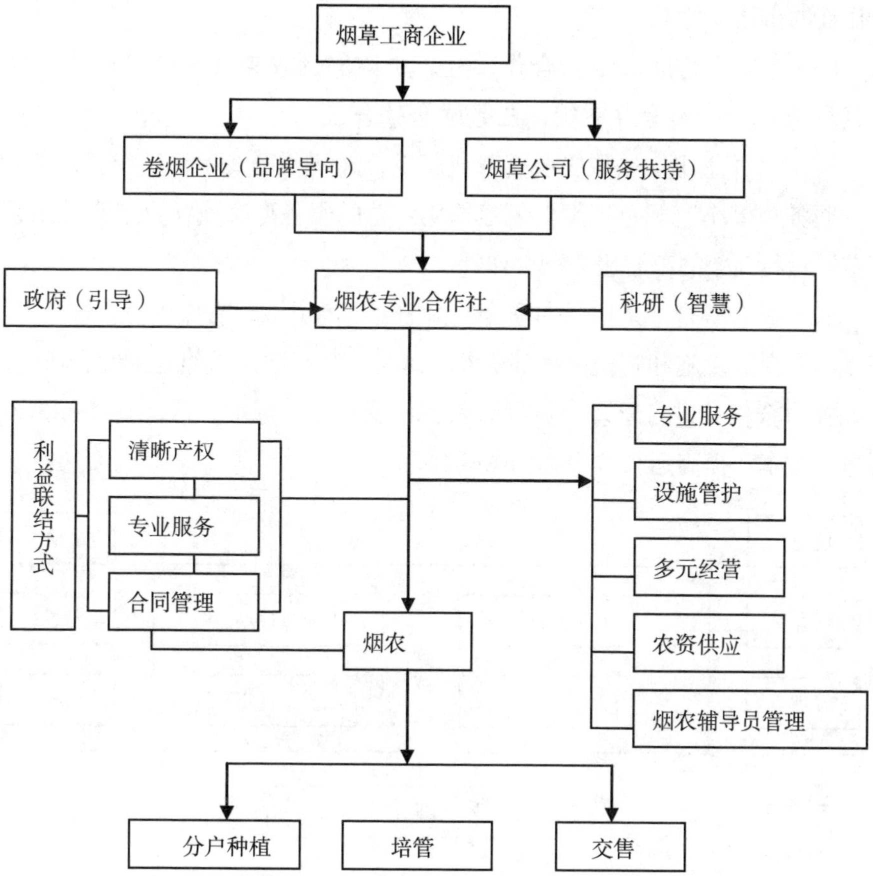


图6–3　“政工商研”共同引导下的烟农专业合作社组织体系图

## 二、造血式自我发展的合作社——构建专业合作联社的组织模式

在合作社的成长发展阶段，随着外部市场竞争的不断加剧和合作社业务的不断扩大，合作社之间可以进行合并与联合，进一步提升市场竞争力、降低生产经营成本。成立联合社，不仅可以通过横向一体化实现规模经济、范围经济，并最大限度地降低合作社的交易成本，提高议价能力，改善为社员的服务，解决合作社依靠自身力量无法解决的问题，而且还可以通过纵向一体化经营，向农产品深加工领域延伸，扩大合作社的业务范围，巩固和增加

合作社的市场地位。

**（一）单纯的烟农专业合作联社。单纯的烟农专业联合社的建立主要有两种方式，一是合并重组，二是联合整合**

（1）合并重组。采取吸收合并或新设合并两种形式，将生产型合作社和单个服务规模小、规范程度低、运行实效差的服务型合作社重组合并为管理规范、运行高效的综合服务型合作社。

（2）联合整合。采取横向联合、由上至下的方式，有效整合合作社人才、技术、资金、设施和管理等内部资源，跨县、乡行政区域组建烟叶合作联社，由联社对合作社进行管理、指导和服务，统一管理标准，规范管理行为，降低管理成本，提高运行效率（如图6–4所示）。

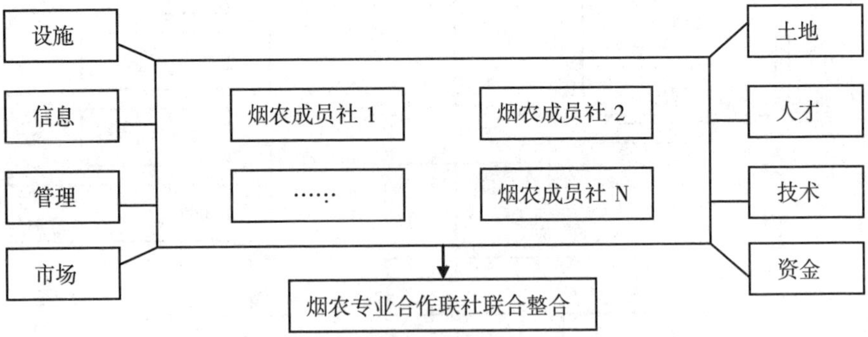


**图6–4 全要素整合式烟农专业合作联社图**

**（二）多种农产品种植的专业联合社**

多种农产品种植的专业联合社建立的设想是基于可以相互综合利用不同农产品的劳动用工的季节性互补、不同农产品收益与风险的年度间不平衡，由不同的农作物种植合作社联合组建而成。联合社可将不同农作物的种植专业合作社作为成员单位，按一定的方式入股，综合利用劳动力、土地、资金、技术、管理、信息等各个方面的资源，建立统一的劳动力资源库，风险共担、利益共享。联合社对成员单位与农户实行“四个统一”：统一组织采购农业生产资料；统一组织农产品的储运、产销；统一引进推广新技术和新品种；统一组织经验交流和信息咨询（如图6–5所示）。

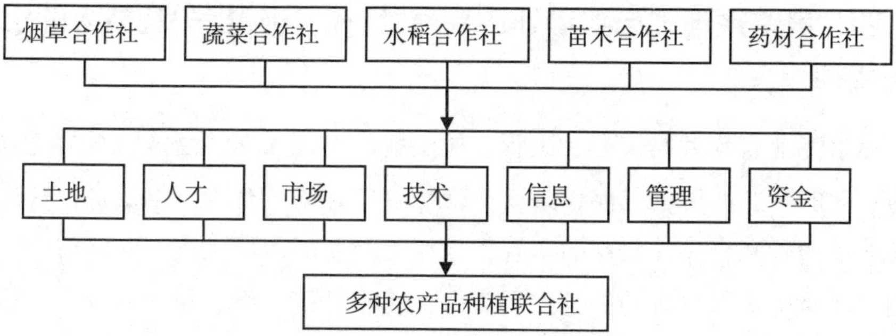


图6-5　多种农产品种植的专业联合社

## 三、发挥要素集约效应的合作社——构建两场设施综合利用联合社的组织模式

充分利用合作社的一些优势要素进行联合，有效发挥其优势要素的集约效应。又如两场设施综合利用联合社的创建，就是充分发挥要素集约效应的合作联社的典型。联社探索取得实质进展，带动合作社向更高水平迈进。两场设施综合利用联合社由多家烟农专业合作社组成，选举产生监事会，制定决策议事、资产管理社务公开、民主监管、内部考勤等规章制度。按照“六统二分”方式运行，即统一种植品种、统一生产资料供应、统一技术标准、统一技术服务、统一品牌经营、统一市场销售；分社组织生产，分社核算和盈余分配，突出为成员服务，联社收取一定比例的管理费（如图6-6所示）。

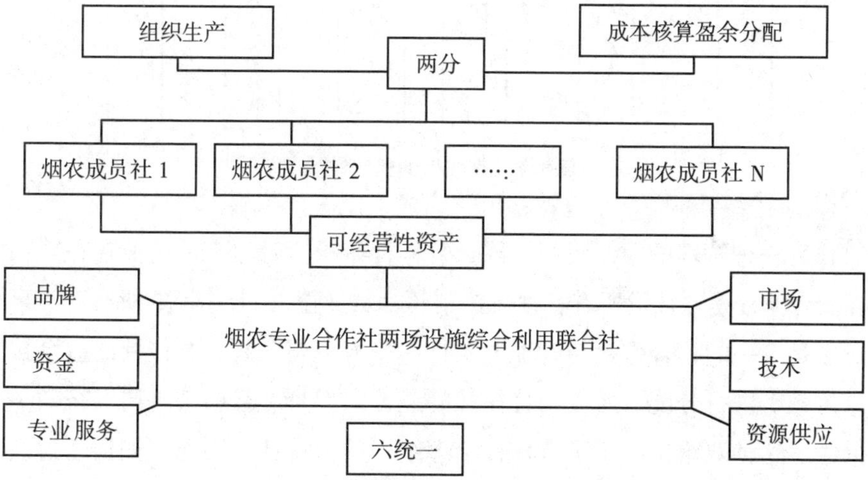


图6-6　两场设施综合利用联合社

## 四、良性循环式自我治理的合作社——构建相关利益人的组织治理结构

烟农专业合作社是民办、民管、民受益的农民互助性经济组织，是以服务为导向的独立的市场主体，其成员既是合作计的所有者，也是合作社提供服务的使用者和合作社收益的享有者。作为独立的市场主体，应该在市场经济的大环境中增强自身的内生发展能力，克服“等、靠、要”的行为，从内部组织管理上深化改革，增强其可持续发展的能力，推动烟农专业合作社不断提高管理水平和服务质量。

现有烟农专业合作社的组织机构是按照直线型设计的组织架构，有成员大会、成员代表大会及理事会、监事会或执行监事，下设业务部、财务部及办公室，管辖六支专业服务队。其组织框架如图6–7所示：

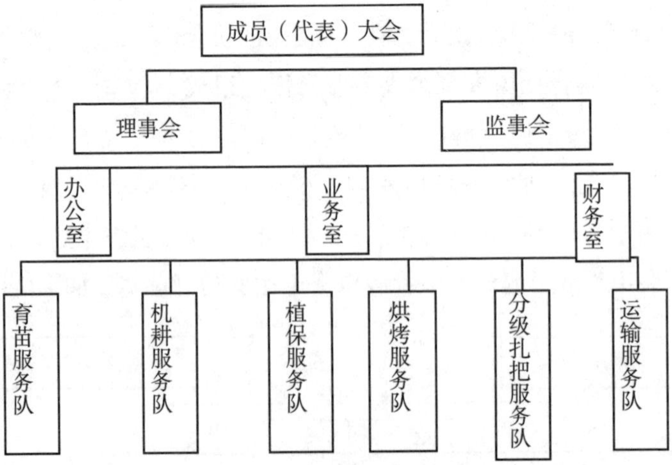


**图6–7　直线型的组织结构**

作为一种特殊的经济组织形式，合作社与投资者所有的企业存在着很多差异。合作社是“社员所有、社员控制和社员受益”；合作社的所有者与惠顾者身份是统一的；合作社在管理上实行“一人一票”制；合作社的盈余按交易量（额）进行分配。所以，合作社的经营宗旨具有社会公平与经济效率的双重性。这种双重性决定了合作社治理结构的独特性，因此，如何通过改善

和提高治理水平寻找公平和效率的最佳平衡点，一直是合作社实践面临的一个难题，也是学术界长期关注的热点问题。目前，很多农民专业合作社兼具劳动合作与资本合作的特点，成员既是所有者，也是劳动者。劳动合作的特点要求合作社以“民主、互助”为宗旨；资本合作的特点要求合作社按出资（股权）行使权利。因此在研究农民专业合作社治理结构时可以参照企业法人治理结构但又不完全模仿企业法人治理结构。

本课题组结合实地调查的情况，构建了基于合作社利益相关者的组织治理结构体系，各利益相关者之间形成相互合作、相互促进、相互监督、相互制约的治理结构，能有效地遵循合作社的基本原则，执行各项规章制度，避免出现“内部人控制”现象的发生。具体结构见图6-8。

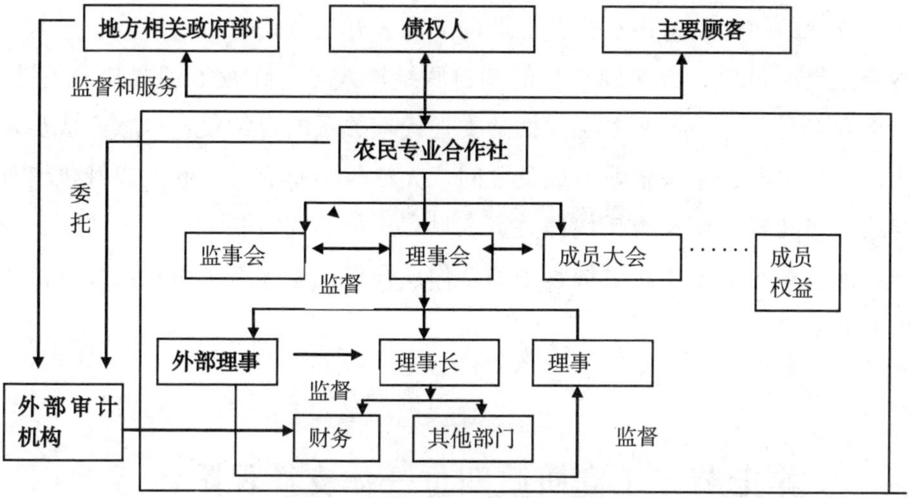


**图6-8　相关利益人治理结构图**

第一，外部利益相关者包括政府、债权人和主要顾客等。（1）政府部门主要是履行监管和服务的职能。一方面，地方政府应该加强对合作社的管理，引导合作社规范化发展；另一方，政府更重要的是要营造一个适合合作社发展的良好制度环境。（2）债权人的治理要求是自身信贷资本的安全和利息收益。债权人为了保障自己的利益，应该有针对性地开发适合于农民专业合作社的金融产品，更多的关注合作社的成长性而不是仅仅只考虑当前的可抵押财产，积极探索其他的抵押形式。(3) 主要顾客对合作社的治理主要体现在对产品质量的要求。一是要生产和加工高品质的产品，提供优质的服务，否则主要顾客会选择“用脚投票”；二是提供的产品要有自身的特色。否则，无差异化的产品竞争会降低利润的空间。

第二，内部利益相关者治理包括监事、理事和成员。完善合作社的内部治理结构是改善治理问题，优化治理机制的前提。首先，充分发挥外部理事和监事会的监督作用。适当地引入独立的外部理事能够改善理事会的构成，有效地减少“搭便车”和“视界”等委托代理问题。其次，充分发挥成员大会在合作社中的作用。成员大会应该积极为中小成员主张利益。再次，规范会计核算和财务管理工作是完善合作社内部治理的重点。农民专业合作社每年应该至少将会计资料交由外部审计机构审核一次，对于审计中发现的问题及时纠正，并定期向成员公开财务信息，允许成员进行查阅和监督。最后，成员间合理的利益联结模式是合作社治理成功的关键。合作社本身是一个存在多层次性的委托代理关系的合约集合：核心成员与普通成员之间、龙头企业与成员之间、大户与中小成员之间，以及供销社与成员之间普遍存在委托代理关系。只有成员的利益联结问题解决了，合作社的各参与主体才能更加紧密的合作，合作社也才有了可持续发展的动力和源泉。

## 第七节　工商研政四位一体支撑保障体系

要保持项目运行管理高效有序，建立健全项目运行支撑保障体系至关重要。我们从项目持续长效发展出发，建立项目运行管理工作“四位一体”支撑保障体系，提高卷烟品牌导向宁乡烟叶生产体系运行管理水平。在项目启动初期，工商研政四方就如何深入持久的推动项目建设展开了细致讨论，探索建立了项目考核评价制度、技术体系运行管理制度、项目基地共建年会制度和项目基地烟叶定向调拨制度，两年多来的实践表明，各项制度的建立健全对项目的深入推进起到了至关重要的作用。

## 一、健全项目考核评价制度

基地单元作为利群品牌原料保障体系及宁乡基地建设研究与实践的实施载体，在项目研究过程中发挥了重大作用，加大项目基地共建考核评价力度至关重要。

**考核评价办法**

1. 考核对象：卷烟工业企业、商业企业、政府和科研单位。

2. 考核内容：卷烟工业企业、政府和科研单位从品种结构、育苗管理、田间管理、成熟采烤、烟叶收购等级纯度、烟叶质量、合作水平等八个方面对商业企业进行考核评价；商业企业、政府和科研单位从原料需求目标、生产收购介入程度、科研立项、工业验证及质量评价、信息反馈、合作水平六个方面对卷烟工业企业进行考核评价；工商双方、政府从科研项目研究、技术服务两个方面对科研单位进行考核评价；卷烟工业企业、商业企业和科研单位从生产布局、生产组织管理和现代烟草农业建设三个方面对政府进行考核评价。

3. 考核方式：工商研政四方互评，实行百分制考核。考核结果将在基地年会中通报，并作为下一年四方合作改进的主要依据（如表6–5、6–6、6–7、6–8所示）。

表6–5　商业企业工作考核评价表

考核对象：商业企业

| 项目 | 考核内容 | 分值 | 考核时间 | 计分标准 | 得分 | 备注 |
|---|---|---|---|---|---|---|
| 品种结构（5分） | 主栽品种 | 3分 | 5月 | 严格落实“一个基地种植一个品种”，主栽品种与工业确定的品种一致得3分，反之0分。 | | |
| | 示范品种 | 2分 | 5月 | 抓好特色品种示范工作，依照品种示范工作完成情况打分。 | | |

（续表）

| 项目 | 考核内容 | 分值 | 考核时间 | 计分标准 | 得分 | 备注 |
|---|---|---|---|---|---|---|
| 育苗管理（15分） | 育苗方式 | 3分 | 2月 | 按照专业化育苗、商品化供苗的方式进行育苗。没有按要求进行浅水育苗的扣1分，缺少育苗合同或供苗合同的扣2分。 | | |
| | 育苗设施 | 2分 | 2月 | 育苗池制作质量差，扣0.5分；无消毒设施、标识牌和管理制度，扣0.5分；苗床地及周围不卫生，扣0.5分。 | | |
| | 规范操作 | 2分 | 2—4月 | 在播种、剪叶等过程中不按标准操作，发现一次扣1分。 | | |
| | 苗床管理 | 4分 | 2—4月 | 出现定苗不及时、烧苗、旱苗、通风不当，每出现一池扣0.5分。 | | |
| | 壮苗培育 | 2分 | 4月 | 壮苗率达不到90%，差一个百分点扣减1分。 | | |
| | 痕迹管理 | 2分 | 2—5月 | 未制定商品化育苗管理办法，扣0.5分；未做好育苗工作记录，每片扣0.5分；未建立育、供苗台账，每片扣0.5分。 | | |
| 田间管理（30分） | 土壤改良 | 2分 | 4月 | 1. 未完成绿肥种植计划面积，每差5%扣0.1分；未按标准实行掩青翻压，每片扣0.1分。<br>2. 未完成堆捂数量，每差2%扣0.1分；未按标准实行高温堆捂，发现一片扣0.1分。 | | |
| | 整地理墒 | 4分 | 4月 | 1. 未在3月10日前完成机械深耕任务目标，每差1%扣0.1分。<br>2. 以连片为单位，整地质量差每片扣0.2分。<br>3. 以连片为单位，行宽未达120cm，每片扣0.5分；烟垄高未达35cm，每片扣0.5分。 | | |
| | 移栽 | 6分 | 4月 | 1. 病苗、弱苗进入大田20%以上，每片扣0.2分；高脚苗每片扣0.5分；移栽成活率未达98%，每差1个百分点扣0.5分；地膜覆盖不严，风吹膜达1%以上，每片扣0.5分。<br>2. 未按照移栽节令在预定时间内完成移栽扣1分，一个连片移栽周期超过7天扣0.5分。 | | |

（续表）

| 项目 | 考核内容 | 分值 | 考核时间 | 计分标准 | 得分 | 备注 |
|---|---|---|---|---|---|---|
| 田间管理（30分） | 中耕管理 | 8分 | 5—7月 | 1. 查缺补苗不及时，每片扣0.2分；追肥不及时或追肥方法不当，每片扣0.1分；垄沟中杂草明显，每片扣0.2分；沟中积水明显，每片扣0.2分；田间卫生工作不到位，每片扣0.1分；抹杈不及时，每片扣0.5分；5亩以上封顶不合理每片扣0.5分。<br>2. 未完成揭膜清沟培土面积扣2分；操作不规范，出现一亩扣0.2分；揭膜时机把握不好，每出现一亩扣0.2分。 | | |
| | 平衡施肥 | 4分 | 4—6月 | 施肥不合理达50亩以上，一个连片扣减1分；发现烟农使用禁用肥料每户扣0.2分。 | | |
| | 田间长势 | 3分 | 7月 | 烟株整齐度差，每个连片扣0.5分。 | | |
| | 病虫害防治 | 3分 | 4—8月 | 1. 同一连片区域内，青枯病田间发病株率达5%以上，每片扣0.2分；野火病田间发病株率达30%以上，每片扣0.2分；病毒病田间发病株率达30%以上，每片扣0.2分；赤星病田间发病株率达30%以上，每片扣0.2分；田间烟株单株平均蚜量达50头以上，每片扣0.2分。<br>2. 未建立农药发放台账及领用记录，每例扣0.2分；烟农使用烟草禁用农药，每例扣0.2分。送检烟叶农残超标，此项为0分。 | | |
| 成熟采烤（15分） | 成熟采摘 | 10分 | 7—9月 | 1. 未按大田成熟标准采收，每连片扣0.5分。<br>2. 以连片为单位，未实行烟叶成熟采摘看守制和准采证制，每发现一例扣0.5分。<br>3. 采青抢烤或采收不及时，每例扣0.5分。 | | |
| | 科学烘烤 | 10分 | 7—9月 | 1. 未做到100%专业化烘烤，不得分。<br>2. 因技术失误导致严重青筋黄片，每出现一次扣0.5分，扣完为止。 | | |

（续表）

| 项目 | 考核内容 | 分值 | 考核时间 | 计分标准 | 得分 | 备注 |
|---|---|---|---|---|---|---|
| 烟叶收购等级纯度（15分） | 烟叶收购 | 5分 | 8—9月 | 未严格实行规范化收购，一个收购点扣1分；运行效果不好，一个收购点扣1分。 | | |
| | 收购等级合格率 | 5分 | 8—9月 | 收购等级综合合格率达不到75%（不含75%），低一个百分点扣0.5分。 | | |
| | 工商交接等级合格率 | 5分 | 8—10月 | 工商交接等级综合合格率达不到65%（不含65%），低一个百分点扣0.5分。 | | |
| 烟叶质量（10分） | 外观质量 | 2分 | 10月 | 外观质量目标与工业完全符合得2分，基本符合的得1分，不符合要求的得0分。 | | |
| | 内在化学成分 | 2分 | 10月 | 化学指标每有一项不在范围内的扣0.5分。 | | |
| | 感官质量 | 3分 | 10月 | 感官质量较好的得3分，稍好得2分，一般得1分，不好得0分。 | | |
| | 安全性和可用性 | 3分 | 10月 | 烟叶农残和重金属含量出现超标情况此项为0分。可用性和配伍性打分为较好得3分，一般得2分，不好得0分。 | | |
| 合作水平（10分） | 方案制定 | 2分 | 3月 | 参与基地建设实施方案、技术方案和项目研究方案的制定工作，未参与不得分。 | | |
| | 组织生产 | 2分 | 2—9月 | 参与技术培训相关工作，没有参与扣1分；烟农户籍化管理工作开展不到位扣1分；未与工业一起制作收购仿制样扣1分。 | | |
| | 痕迹管理 | 4分 | 1—9月 | 痕迹管理工作落实不到位的酌情扣1～3分。 | | |
| | 协调配合 | 2分 | 1—9月 | 积极配合卷烟工业企业和科研单位做好基地建设相关的工作，实现四方资源共享。此项工作落实不到位的酌情扣0.5～1.5分。 | | |
| 合计 | | 100分 | | | | |

组织考核单位：　　　　　　　　　　考核人员签名：

表6-6　政府工作考核评价表

考核对象：政府

| 项目 | 考核内容 | 分值 | 考核时间 | 计分标准 | 得分 | 备注 |
|---|---|---|---|---|---|---|
| 区域布局（30分） | 地块落实 | 3分 | 2月 | 严格落实种烟地块，种烟地点和面积工业认可得3分，反之得0分。 | | |
| | 连片面积 | 2分 | 5月 | 100%连片种植，连片面积少于100亩的，每片扣0.5分。 | | |
| 现代烟草农业建设（25分） | 专业合作社建设 | 3分 | 5月 | 主栽品种与工业确定的品种一致得3分，反之0分。 | | |
| | 示范品种 | 2分 | 5月 | 依照品种示范工作完成情况打分。 | | |
| 生产组织管理（30分） | 育苗方式 | 3分 | 12月 | 按照专业化育苗、商品化供苗的方式进行育苗。没有按要求进行漂浮育苗的扣1分，缺少育苗合同或供苗合同的扣2分。 | | |
| | 育苗设施 | 2分 | 12月 | 育苗池制作质量差，扣0.5分；无消毒设施、标识牌和管理制度，扣0.5分；苗床地及周围不卫生，扣0.5分。 | | |
| | 规范操作 | 2分 | 1—2月 | 在播种、剪叶等过程中不按标准操作，发现一次扣1分。 | | |
| | 苗床管理 | 4分 | 1—2月 | 出现定苗不及时、烧苗、漏水干池、通风不当，每出现一池扣0.5分。 | | |
| | 壮苗培育 | 2分 | 2月 | 壮苗率达不到90%，差一个百分点扣减1分。 | | |
| | 痕迹管理 | 2分 | 1—3月 | 未制定商品化育苗管理办法，扣0.5分；未做好育苗工作记录，每片扣0.5分；未建立育、供苗台账，每片扣0.5分。 | | |
| 合作水平（15分） | 方案制定 | 2分 | 1月 | 参与基地建设实施方案、技术方案和项目研究方案的制定工作，未参与不得分。 | | |
| | 组织生产 | 2分 | 12—7月 | 参与技术培训相关工作，没有参与扣1分；烟农户籍化管理工作开展不到位扣1分；未与工业一起制作收购仿制样扣1分。 | | |
| | 痕迹管理 | 4分 | 12—8月 | 痕迹管理工作落实不到位的酌情扣1～3分。 | | |
| | 协调配合 | 2分 | 12—8月 | 积极配合卷烟工业企业和科研单位做好基地建设相关的工作，实现四方资源共享。此项工作落实不到位的酌情扣0.5～1.5分。 | | |
| 合计 | | 100分 | | | | |

组织考核单位：　　　　　　　　　　考核人员签名：

**表6-7 卷烟工业企业工作考核评价表**

考核对象：卷烟工业企业

| 项目 | 考核内容 | 分值 | 考核时间 | 计分标准 | 得分 | 备注 |
|---|---|---|---|---|---|---|
| 原料需求目标(5分) | 提出需求目标 | 5分 | 12月 | 卷烟工业企业提出5年内的原料需求规划以及各年度原料需求的质量目标，未提出不得分。 | | |
| 生产收购介入程度（35分） | 人员派驻 | 5分 | 12—8月 | 人员派驻不齐的扣3分，派驻人员工作不到位的酌情扣2～4分。 | | |
| | 方案制定 | 5分 | 1月 | 未参与实施方案、技术方案和项目研究方案制定不得分。 | | |
| | 技术培训 | 6分 | 12—7月 | 没有制定培训计划扣2分，生产环节培训不完整或不及时的酌情扣2～4分。 | | |
| | 介入生产管理 | 14分 | 12—5月 | 1. 参与烟叶生产全过程，有日志、照片等相关痕迹记录，每缺少一个环节扣1分。<br>2. 根据生产管理介入情况，提出相关建议，未及时有效提出意见建议不得分。 | | |
| | 介入收购管理 | 5分 | 7—10月 | 验级师工作不到位酌情扣1～3分。 | | |
| 科研立项（20分） | 课题立项 | 20分 | 2—10月 | 基地内无立项科研课题不得分。科研课题经费不能及时足额拨付扣10分。 | | |
| 工业验证及质量评价（20分） | 建立工业使用数据库 | 10分 | 10月 | 没有建立工业使用数据库不得分。 | | |
| | 工业验证 | 10分 | 10月 | 无工业验证报告不得分，烟叶验证报告内容不完善扣5分。 | | |
| 信息反馈（10分） | 信息反馈 | 10分 | 2—10月 | 无质量反馈报告不得分，质量反馈报告内容不完善或反馈不及时酌情扣2～4分。基地建设合理化建议不少于5条，每少一条扣1分，扣完为止。 | | |
| 合作水平（10分） | 组织领导 | 6分 | 1月 | 未成立基地建设领导小组等组织领导机构不得分。 | | |
| | 组织生产 | 4分 | 1—10月 | 积极配合商业企业和科研单位开展基地建设相关工作，实现四方资源共享。此项工作落实不到位酌情扣1～3分。 | | |
| 合计 | | 100分 | | | | |

组织考核单位：　　　　　　　考核人员签名：

**表6–8　科研单位工作考核评价表**

考核对象：科研单位

| 项目 | 考核内容 | 分值 | 考核时间 | 计分标准 | 得分 | 备注 |
|---|---|---|---|---|---|---|
| 科研项目研究（50分） | 方案制定 | 15分 | 1月 | 未参与基地建设实施方案和技术方案制定不得分。 | | |
| | 质量分析 | 15分 | 2月 | 根据卷烟工业企业原料需求，开展生产调研和烟叶质量分析工作，分析产区烟叶质量与生产现状，出具分析报告。无分析报告不得分，分析报告内容不全酌情扣5～10分。 | | |
| | 试验研究 | 20分 | 2—8月 | 1．针对工业需求，结合当地情况，制定基地建设研究方案。未制定研究方案不得分，研究方案可行性不强酌情扣3～6分。<br>2．负责基地试验示范工作的开展。包括试验示范地点的落实，试验观察记载，田间管理等内容。以试验示范的痕迹材料为依据，无痕迹材料和试验观察记载不得分，内容不全酌情扣3～6分。 | | |
| 技术服务（50分） | 技术指导和技术培训 | 30分 | 2—8月 | 1．未制定培训计划不得分，计划可行性不强酌情扣1～3分。<br>2．与工商四方共同开展技术培训，并有培训记录。未参与培训或无培训记录不得分，培训不全或记录不全酌情扣3～6分。<br>3．未参与现场指导或无工作记录不得分，记录不全酌情扣3～6分。<br>4．依据年底技术员，烟农对技术服务的满意度进行打分，90%以上满意得5分，80%～90%满意得3分，60%～80%满意得2分，60%以下满意不得分。 | | |
| | 总结报告 | 10分 | 10月 | 年终出具项目研究总结报告和技术服务总结，无工作总结不得分，总结内容不全酌情扣2～4分。 | | |
| | 合理化建议 | 10分 | 2—10月 | 针对基地单元建设的各项工作提出合理化建议，全年建议不少于5条，每少一条扣3分。 | | |
| 合计 | | 100分 | | | | |

组织考核单位：　　　　　　　　　　考核人员签名：

## 二、完善技术体系运行管理制度

### （一）指导思想

以科学发展观为统领，工商研政全程参与，深度介入，紧紧围绕利群品牌对优质烟叶原料的需求，针对烟叶质量存在的问题，提出改进技术措施意见，整合原有技术，进行技术组装，建立、完善品牌原料配套生产技术体系，实现工商研政合作互动，确保重点卷烟品牌优质烟叶原料生产特色化，保障原料质量稳定供应。

### （二）组织机构

成立由工商研政四方分管领导组成的项目技术体系运行管理领导小组，具体负责协调、沟通、监督和考评执行小组等工作。领导小组下设由工商研政四方技术人员组成的技术执行组，具体负责生产技术体系方案制定、贯彻落实、信息交流沟通和撰写项目报告等工作。

### （三）职责分工

1．卷烟工业企业工作职责：浙江中烟工业有限责任公司负责利群品牌需求分析，提出烟叶质量指标要求；负责烟叶的质量评价（工业验证），提出烟叶质量改进的方向；根据相关配套试验研究结果，参与利群品牌烟叶原料生产技术体系的修改、完善；根据烟叶质量指标和商业企业调卷烟工业企业烟叶质量评价结果，结合产区生态环境、技术、管理情况，与商业企业、科研院（所）、政府共同制订生产技术方案，并共同参与技术措施的贯彻落实；负责对商业企业和科研院（所）、政府的考评，并将结果进行反馈；加强与商业企业、科研院（所）、政府沟通交流，为工作开展提供便利条件。

2．商业企业工作职责：湖南省烟草公司长沙市公司负责提供翔实的烟叶产区生产信息资料，并与卷烟工业企业、科研院（所）、政府一起制订利群品牌原料生产技术体系；根据共同制订的生产技术体系，负责技术措施的落实，并做好生产技术培训；严格项目工作记录汇报制度，包括工作过程、图片、录像等。建立技术执行档案，确保实施项目可跟踪性；负责对卷烟工业企业、政府和科研院（所）的考评，并将结果进行反馈。同时负责制定田间考核方案，对实施内容进行考核；负责研究成果的推广应用工作；烟叶生产期间，每月月初以简报形式向卷烟工业企业、烟草院（所）通报上月烟叶生产进度情况；加强与卷烟工业企业、政府、科研院（所）的沟通交流，为工作开展提供便利条件。

3. 科研院（所）工作职责：湖南农业大学负责根据浙江中烟工业公司利群品牌需求分析，提出的烟叶质量指标及改进方向，综合分析产区烟叶质量特点和生态环境条件，与卷烟工业企业、商业企业、政府共同制订有针对性的生产技术方案，完善相关生产标准体系；派出专门技术人员常驻基地产区进行技术指导和培训，关键时期派专家组织指导和培训，促进生产技术方案的落实，跟踪了解生产过程中存在的问题，提出改进意见，形成分析报告；参与烟叶样品的取样和评价工作；负责对卷烟工业企业、商业企业和政府的考评，并将结果进行反馈；加强与卷烟工业企业、商业企业、政府的沟通交流，为工作开展提供便利条件。

4. 政府工作职责：宁乡县人民政府负责与卷烟工业企业、科研院（所）、商业企业一起制订利群品牌原料生产技术体系；根据共同制订的生产技术体系，积极整合资源投入基地单元烟区建设，做好烟叶生产布局，基地单元生产组织管理和现代烟草农业建设。负责对卷烟工业企业、商业企业和科研院（所）的考评，并将结果进行反馈；加强与卷烟工业企业、商业企业的沟通交流、科研院（所）的沟通交流，为工作开展提供便利条件。

**（四）工作计划**

1. 合作协议的签订（1月）：卷烟工业企业、商业企业和科研院（所）四方签订合作协议，明确责任分工，共同促进工作开展。

2. 建立生产技术标准程序

（1）品牌需求分析、确定质量目标（2月份）：卷烟工业企业针对产区烟叶质量评价结果，结合卷烟品牌对烟叶原料质量要求，提出改进方向与意见。责任单位：卷烟工业企业。

（2）制定生产技术标准体系（2月—3月）：科研院（所）针对卷烟工业企业卷烟品牌对烟叶原料质量要求及改进意见，与商业企业、卷烟工业企业、政府共同制定生产技术标准体系。责任单位：科研院（所）、商业企业、卷烟工业企业、政府。

（3）生产技术标准体系的实施（3月—12月）：科研院（所）、商业企业、卷烟工业企业、政府共同实施。

（4）中期评估（7—8月）：针对生产技术标准实施方案，由卷烟工业企业牵头，商业企业、科研院（所）、政府参与，共同对生产技术标准落实情况进行中期评估。责任单位：卷烟工业企业、商业企业、科研院（所）、政府。

（5）田间生产技术总结（9月）：商业企业针对生产技术标准实施情况，归纳总结，撰写出田间生产技术总结，提交卷烟工业企业、政府和科研院（所）。

（6）烟叶质量评价（11月）：卷烟工业企业针对生产的烟叶，结合卷烟品牌对烟叶质量要求，进行烟叶质量综合评价。责任单位：卷烟工业企业

（7）总结报告（12月）：科研院（所）针对项目实施情况、商业企业田间生产技术总结和卷烟工业企业对烟叶质量评价结果，归纳总结，撰写出总结报告，并提出下步意见，提交卷烟工业企业、商业企业和政府。

## 三、健全项目年会制度

每年6月份左右召开一次项目研讨会，宁乡县政府领导、浙江中烟工业有限责任公司项目负责人、长沙市烟草公司项目负责人、湖南农业大学项目负责人、基地单元负责人、宁乡烟草项目实施全体人员共同就项目实施情况进行总结分析，分析查找问题，提出解决方案。

1. 会议对工商研政四方的考核考评结果进行通报。

2. 政府对烟区建设进行通报。

3. 卷烟工业企业就项目建设过程中亟待解决的问题提请会议讨论。

4. 长沙市烟草公司对项目实施情况进行总体汇报，就卷烟工业企业提出的问题进行现场解答，并提出初步解决方案。

5. 科研单位就科研项目研究、技术服务方面作详细报告，对项目研究重大科技成果作现场讲解。

## 四、健全定向调拨制度

为贯彻落实原料与品牌协同发展机制，工商研政共建原料保障基地，充分体现工商研政全程参与，深度介入，进一步加强工商烟叶购销调拨管理，结合烟叶购销调拨的实际，确保利群品牌优质烟叶原料稳定供应，实现工商研政四方互惠共赢，需健全定向调拨制度。

**（一）适用范围**

长沙市烟草公司宁乡县分公司浙江中烟进行的烟叶购销业务，均应执行本制度。

**（二）调拨原则**

1. 遵循国家（省）局烟叶购销调拨的原则。

2. 享受优先购销调拨烟叶数量、等级的原则。

3. 享受优先选择烟叶基地的原则。

**（三）组织机构**

卷烟工业企业和商业企业共同组成烟叶购销调拨工作领导小组，具体负责协调、沟通、监督和考评执行小组等工作。由工商双方从事烟叶购销调拨的技术人员和业务人员组成烟叶购销调拨工作执行小组，具体负责烟叶购销调拨计划的制定、合同签订、烟叶调拨计划执行和信息交流沟通等工作。

**（四）职责分工**

1. 卷烟工业企业工作职责：负责制订烟叶购销调拨计划，并向国家（湖南省）局提出申请，获得调拨计划；负责与湖南省烟草公司长沙市公司就制订的烟叶购销计划进行衔接；负责烟叶购销调拨时，等级确定、质量把关，以及烟叶交接；负责对商业企业的评价，并将结果进行反馈；加强与商业企业沟通交流，为工作开展提供便利条件。

2. 商业企业工作职责：负责烟叶购销计划的落实，与卷烟工业企业协调烟叶生产地点；按照烟叶购销合同进行烟叶的筹备、质量把关，以及烟叶交接；负责烟叶工商交接业务办理；负责对卷烟工业企业的评价，并将结果进行反馈；加强与卷烟工业企业沟通交流，为工作开展提供便利条件。

**（五）工作计划**

1. 制订烟叶购销计划（1月—3月）：卷烟工业企业与商业企业进行沟通、协商，制订出烟叶购销计划，上报国家（湖南省）局进行审批。

2. 计划衔接（1月—3月）：湖南省烟草公司长沙市公司根据湖南省公司下达的年度计划衔接安排，通过中烟电子商务“烟叶计划合同管理系统”与卷烟工业企业进行计划衔接，形成具体的烟叶调拨流向，经中国烟叶有限责任公司审核批准后，作为年度烟叶交易的核定量。

3．年度购销协议签订（4月—7月）：按照国家（湖南省）局审批的年度烟叶购销核定量，湖南省烟草公司长沙市公司与卷烟工业企业签订年度购销协议，协议内容包括：协议类型、烟叶类型及形态、大等级比例及数量等。工商双方严格履行基地建设协议，按照协议约定的基地布局、面积和产量组织烟叶生产、收购和调拨。

4．购销烟叶的执行（8月—12月）：商业公司按照卷烟工业企业烟叶购销合同所需烟叶进行筹备、质量把关，以及办理烟叶工商交接相关业务；卷烟工业企业确认等级、质量把关，以及烟叶交接。

5．购销合同变更及撤销（8月—12月）：针对工商烟叶交接过程中，没有合同确认的等级、数量时，可以根据核定量变更数量进行调增或调减，同时也可以申请解除协议。

6．工商互评（12月）：按照年度购销合同完成后，工商双方对合同执行情况、服务等方面进行互评（如表6-9、6-10所示）。

**表6-9　工商烟叶购销调拨机制评价表**

评价单位：商业企业　　　　　　　评价对象：卷烟工业企业

| 序号 | 内容 | 分值 | 评价得分 | 备注 |
|---|---|---|---|---|
| 1 | 烟叶购销计划申请及时性 | 16 | | |
| 2 | 年度购销协议签订 | 10 | | |
| 3 | 烟叶购销调拨履约率 | 55 | | |
| 4 | 工商互相协调沟通情况 | 20 | | |
| 合　计 | | 100 | | |

评价时间：

**表6-10　工商烟叶购销调拨机制评价表**

考评单位：卷烟工业企业　　　　　　考评对象：商业企业

| 序号 | 内　容 | 分值 | 评价得分 | 备注 |
|---|---|---|---|---|
| 1 | 年度购销协议签订 | 10 | | |
| 2 | 卷烟工业企业所需协议购销烟叶的筹备 | 40 | | |
| 3 | 业务办理及时性 | 40 | | |
| 4 | 工商互相协调沟通情况 | 10 | | |
| 合　计 | | 100 | | |

评价时间：

# 第八节　实践与应用

四年多来，工商研政四方在“利群品牌原料保障体系及宁乡基地建设研究与实践”项目运行管理模式方面进行了大胆探索和丰富实践，在深化工商研政协同发展关系、富有成效开展技术研发、完善卷烟品牌烟叶原料配套技术生产体系等方面取得了长足的发展，得到了国家局、湖南省局（公司）的高度评价。

## 一、工商研政协同发展关系得到深化

经过工商研政四方的共同努力，目前浙江中烟在宁乡烟叶产区基地所在烟叶站设有项目研究办公室，并配置专业技术人员全程参与项目研究工作。工商研政四方通过三年“卷烟品牌导向的宁乡烟叶生产技术体系研究”项目研究与探索实践，项目运行管理水平得到不断提升，工商双方切实转变了观念，转换了角色，以前卷烟工业企业的代表常说“到基地看看你们的烟叶”，而现在是说“到基地看看我们的烟叶”。

## 二、科技研发成果丰硕

项目实施三年多来，工商研政四方联合立项攻关，共开展了“提高烤烟上部叶可用性研究”“利群品牌品种喜好性研究”等20余项课题研究，累计推广应用面积37.5万亩。

## 三、配套生产技术体系不断完善

围绕卷烟品牌烟叶原料需求，重点开展了精准施肥、专业化植保、成熟采摘和烘烤工艺四个方面技术研究，初步建立了“利群”品牌烟叶原料配套生产技术体系。针对利群品牌对烟叶香气质的需求，改进了以延长变黄期时间、增加变黄期和干筋期湿度为主的特色烟叶烘烤工艺，很好地解决了香气物质转化不充分的问题。中烟通过“利群品牌原料保障体系及宁乡基地建设研究与实践”项目的深入实施，认为横市特色产区烟叶香气质细腻、柔和，劲头、浓度适宜，余味较干净，将其作为“利群”高档卷烟主料烟特色产区。

## 四、品牌烟叶原料稳定调供

2010—2014年，工商研政四方合作力度不断加大、领域不断扩展，卷烟工业企业依托项目平台，累计开展品牌原料基地建设面积12.5万亩，定向调拨烟叶37.5万担。

## 五、工商培训交流顺畅

### （一）“三支队伍”建设

宁乡县职业化烟农比例由项目实施前的30%提高到目前的60%左右，各卷烟品牌烟叶原料基地所涉及烟农对品牌的认知度达到80%以上，对卷烟品牌烟叶原料配套技术要点熟悉度明显提高。

宁乡县技术研发和推广应用体系得到不断完善，建立了长沙市烟草公司生产技术中心、分公司生产经营分部、烟草站（点）的三级研发和推广应用体系，技术中心实行项目负责人制、分公司生产科设立技术推广应用岗、烟叶站（点）配备专业技术人员，保障了项目实施过程中各项技术措施的有效落实。

### （二）“三师队伍”建设

卷烟工业企业技术人员通过深入参与品牌烟叶原料生产收购全过程，进一步掌握各对应烟区烟叶生产技术要点和质量特点，农艺师、配方师和验级师“三师队伍”建设取得了显著成效。卷烟工业企业共派驻项目基地建设人员120人次，其中获得农艺师资格人员78人次、配方师8人次、验级师34人次。

### （三）定期走访

商业企业组织烟农、技术人员到卷烟工业企业学习培训8次、培训145人次；卷烟工业企业组织农艺师、配方师、验级师到商业企业学习培训7次、培训56人次。

# 主要参考文献


［1］张小乐．坚持烟叶可持续发展与行业平稳发展的统一——何泽华副局长谈烟叶可持续发展［J］．中国烟草，2004（12）：19–23.

［2］何泽华．烟叶生产可持续发展的理性思考［J］．中国烟草学报，2005，11（3）：1–5.

［3］黄凤玲．中国烟叶修筑“持续轨道”［J］．中国烟草，2004（12）：24–27.

［4］赵建华．曲靖优质烟叶生产的可持续发展［M］．昆明：云南人民出版社，2005.

［5］姚庆艳，李天飞，邓云龙，等．云南烟草农业科技发展战略及对策［M］．昆明：云南大学出版社，2002.

［6］闻国宇．关于云南烟草可持续发展战略的几点思考［J］．云南烟草，2001（3）：1–7.

［7］王献生．积极推动我国烟草行业跨世纪可持续发展［J］．中国烟草学报，1999（9）：38–41.

［8］张忠锋，徐秀红．试论我国烟草农业可持续发展［J］．中国烟草，2000（1）：30–33.

［9］张虹，苏建东，程多福．开发特色烟叶，夯实中式卷烟发展的原料基础促进中国烟叶生产可持续发展［EB/OL］．http：//www．tobaccochina．com/news/data/ 200412/h_3445744_23162424．htm.

［10］周昌贡．推进烟草业可持续发展的四种关系［J］．学习导报，2004（3）：53.

［11］魏侠利．生态烟叶的环境与科技——国家局科教司司长王彦亭谈烟叶可持续发展的科技保障［J］．中国烟草，2004（12）：28–30.

[12] 苏新宏. 技术创新与烟叶可持续发展 [J]. 中国农学通报，2008，24（5）：519–522.

[13] 马京民. 实现河南烟叶生产可持续发展的主要途径 [J]. 河南农业科学，2005（8）：43–46.

[14] 李帆，李良勇. 浏阳烟叶可持续发展的环境及相应对策分析 [J]. 现代农业科学，2008，15（4）：84–87.

[15] 陆继锋，唐绅. 我国烟叶产业可持续发展问题研究 [J]. 中国烟草科学，2006，27（4）：42–45.

[16] 刘贯山，舒俊生，季学军，等. 皖南烟叶可持续发展的环境及相应对策分析 [J]. 中国烟草科学，2007，28（2）：52–55.

[17] 熊莉. 贵阳市烤烟生产可持续发展对策研究 [D]. 杭州：浙江大学，2005.

[18] 罗柱石. 宜宾市烤烟生产可持续发展研究 [D]. 郑州：河南农业大学，2009.

[19] 徐宸. 重庆市烟叶生产可持续发展研究 [D]. 杭州：浙江大学，2006.

[20] 马京民. 实现河南烟叶生产可持续发展的主要途径 [J]. 河南农业科学，2005（8）：43–46.

[21] 陈贵军. 商丘市烤烟生产可持续发展对策研究 [D]. 杭州：浙江大学，2008.

[22] 李献海. 南阳烟区烤烟可持续发展战略研究 [D]. 郑州：河南农业大学，2009.

[23] 陈毅力，刘昌宝，许家来，等. 山东烟叶生产可持续发展的思考与对策 [J]. 中国烟草科学，2005（3）：9–11.

[24] 杨旭亮等. 对现代农业经济形势下烟叶生产可持续发展的探讨 [J] .中国烟草科学，2004（3）.

[25] 龙丽琴，朱贵川，祝朝东，等. 毕节烟叶品牌可持续发展策略研究 [J]. 中国烟草科学，2009，30（2）：26–30.

[26] 焦敬华，陈晓波. 论烟叶生产可持续发展的系统性 [J]. 现代农业

科技，2009（7）：199–200.

［27］王淑明．湖南烟叶可持续发展的一项保障措施——湖南烟叶生产组织管理模式现状调查及发展建议［J］．湖南烟草，2006（1）：46–50.

［28］柴建国．大户种植对烟叶生产可持续发展的影响［J］．中国烟草学报，2008，14（5）：59–62.

［29］杜传印，王兆群，周建，等．烟叶标准化生产与可持续发展［J］．中国烟草科学，2008，29（3）：16–19.

［30］中共中央国务院．中共中央国务院关于促进农民增加收入若干政策意见（2007年中央1号文件）［R］．2007.

［31］姜成康．实现传统农业向现代烟草农业的转变［R］．2007年全国烟叶基层建设暨收购工作现场会，2007.

［32］赖碧添，邱标仁．加快传统烟叶生产向现代烟草农业转变的对策［J］．中国烟草，2007（18）：9–15.

［33］胡宏超．平顶山：发展现代烟草农业初探［J］．中国烟草，2007（23）：9–15.

［34］林智慧，姜占省．走现代烟草农业之路［J］．中国烟草，2007（23）：17–19.

［35］王现军．发展现代烟草农业势在必行［J］．中国烟草，2007（17）：9–12.

［36］林霖．现代烟叶农业内涵和体系构建的理论探讨［J］．农业经济，2010（9）：46–47.

［37］唐国强，杨柳，袁国龙．宁乡县现代烟草农业发展探索［J］．湖南农业科学，2010（3）：95–97.

［38］王丰．现代烟草农业的分工制度问题［J］．中国烟草学报，2010，16（1）：81–84.

［39］孙文波．论现代烟草农业发展中存在的问题［J］．作物研究，2009，23（4）：153–155.

［40］唐世凯．我国现代烟草农业存在的问题与对策［J］．贵州农业科学，2009，37（11）：211–213.

[41] 何泽华. 贯彻发展现代烟草农业要求精心组织现代烟草农业试点[J]. 中国烟草，2008（2）：32–34.

[42] 朱显灵，王能如，陆继锋. 论建设现代烟叶生产经营制度[J]. 安徽农业科学，2008，36（5）：1905–1907，1992.

[43] 中国农业科学院烟草研究所. 中国烟草栽培学[M]. 上海：上海科学技术出版社，2005.

[44] Tso T C. Production, Physiology and Biochemistry of Tobacco Plant [M]. Beltsville, Maryland, USA: IDEALS Inc, 1990.

[45] 王瑞新. 烟草化学[M]. 北京：中国农业出版社，2003.

[46] 朱尊权. 烟叶的可用性与卷烟的安全性[J]. 烟草科技，2000（8）：3–6.

[47] 朱尊权. 从卷烟发展史看“中式卷烟”[J] 中国烟草学报，2004（2）：4–8.

[48] 尹启生，陈江华，王信民，等. 2002年度全国烟叶质量评价分析[J]. 中国烟草学报，2003（增刊）：59–70.

[49] 艾复清，江锡瑜，肖吉中，等. 烤烟外观成熟特征与品质关系的研究[J]. 中国烟草科学，1999（3）：27–30.

[50] 赵铭钦，于建春，程玉渊，等. 烤烟烟叶成熟度与香气质量的关系[J]. 中国农业大学学报，2005，10（3）：10–14.

[51] 闫克玉，袁志永，吴殿信，等. 烤烟质量评价指标体系研究[J]. 郑州轻工业学院学报（自然科学版），2001（4）：57–61.

[52] 黄忠向. 发展现代烟草农业促进烟叶生产可持续发展的探讨[J]. 广东农业科学，2009（2）：139–140.

[53] 刘剑君. 论现代烟草农业的发展目标与实现途径[J]. 现代农业科技，2009（9）：214–215.

[54] 苏新宏. 推进现代烟草农业建设保持烟叶生产健康发展[J]. 农业科技管理，2009，28（2）：64–67.

[55] 唐国强，杨柳，袁国龙. 宁乡县现代烟草农业发展探索[J]. 湖南农业科学，2010（3）：95–97.

［56］赵志明，李佛琳．现代烟草农业体系建设内容探讨［J］．河北农业科学，2008，10（12）：115-116.

［57］曹国瑶，龚军，张振国．现代烟草农业评价方法及指标体系的应用［J］．耕作与栽培，2008（5）：58-61.

［58］黄东兵．论贵州烟草农业与风险防范机制［J］．现代农业科技，2010（2）：367-368.

［59］李太华，郑娜．蒙阴县建设现代烟草农业的现状与思考［J］．科技信息，2009（27）：766.

［60］程宝玉，张国华，程兰，发展现代烟草农业的实践与思考［J］．河南农业科学，2008（9）：10-12.

［61］张小乐．坚持烟叶可持续发展与行业平稳发展的统一——何泽华副局长谈烟叶可持续发展［J］．中国烟草，2004（12）：19-23.

［62］黄凤玲．中国烟叶修筑“持续轨道”［J］．中国烟草，2004（12）：24-27.

［63］何泽华．烟叶生产可持续发展的理性思考［J］．中国烟草学报，2005，11（3）：1-5.

［64］赵建华．曲靖优质烟叶生产的可持续发展［M］．昆明：云南人民出版社，2005.

［65］姚庆艳，李天飞，邓云龙，等．云南烟草农业科技发展战略及对策［M］．昆明：云南大学出版社，2002.

［66］闻国宇．关于云南烟草可持续发展战略的几点思考［J］．云南烟草，2001（3）：1-7.

［67］王献生．积极推动我国烟草行业跨世纪可持续发展［J］．中国烟草学报，1999（9）：38-41.

［68］张忠锋，徐秀红．试论我国烟草农业可持续发展［J］．中国烟草，2000（1）：30-33.

［69］刘娜．浏阳烟叶探寻可持续发展之路［J］．中国烟草，2004（12）：31-33.

［70］魏侠利．生态烟叶的环境与科技——国家局科教司司长王彦亭谈烟

叶可持续发展的科技保障 [ J ]. 中国烟草，2004 ( 12 )：28-30.

[ 71 ] 苏新宏. 技术创新与烟叶可持续发展 [ J ]. 中国农学通报，2008，24 ( 5 )：519-522.

[ 72 ] 马京民. 实现河南烟叶生产可持续发展的主要途径 [ J ]. 河南农业科学，2005 ( 8 )：43-46.

[ 73 ] 陆继锋，唐绅. 我国烟叶产业可持续发展问题研究 [ J ] [. 中国烟草科学，2006，27 ( 4 )：42-45.

[ 74 ] 刘贯山，舒俊生，季学军，等. 皖南烟叶可持续发展的环境及相应对策分析 [ J ]. 中国烟草科学，2007，28 ( 2 )：52-55.